U0279749

以酒养生，古来有之，既强身健体，又享乐其中，何乐而不为？

学做药酒不生病

尤优　主编

北京联合出版公司
Beijing United Publishing Co.,Ltd.
北京科学技术出版社

图书在版编目（CIP）数据

学做药酒不生病 / 尤优主编 . — 北京：北京联合出版公司，2014.1（2023.9 重印）

ISBN 978-7-5502-2418-6

Ⅰ . ①学… Ⅱ . ①尤… Ⅲ . ①药酒 – 配制 Ⅳ . ① TS262.91

中国版本图书馆 CIP 数据核字（2013）第 293161 号

学做药酒不生病

主　　编：尤　优
责任编辑：丰雪飞
封面设计：韩　立
内文排版：盛小云

北京联合出版公司
北京科学技术出版社　出版
（北京市西城区德外大街 83 号楼 9 层　100088）
德富泰（唐山）印务有限公司印刷　新华书店经销
字数 350 千字　720 毫米 ×1020 毫米　1/16　20 印张
2014 年 1 月第 1 版　2023 年 9 月第 3 次印刷
ISBN 978-7-5502-2418-6
定价：68.00 元

药酒用于治病或保健在中国由来已久，在最早的中医典籍《黄帝内经·素问》中，就有记载酒的治疗作用的“汤液醪醴论”，吴崐注云：“谷之造作成酒者皆名醪醴”。酒用于保健和治病可追溯到上古时期,《黄帝内经》记载的十三方中，就包括有酒剂，如《素问·腹中论》治鼓胀之鸡矢醴，《素问·缪刺论》治尸厥之左角发酒等。东汉张仲景的《伤寒杂病论》也记载了不少酒剂，如栝蒌薤白白酒汤、红蓝花酒等。后世以酒入药或用酒制剂者日益多见，运用与治疗范围日广，疗效颇高，大大丰富了中药的剂型和中医的治疗手段。现在，药酒已成为人们养生保健和临床治病的常见剂型之一。

在浩瀚如海的中医古籍中，有关药酒养生保健或临床治病的记载十分丰富，各种各样的药酒秘方、验方丰富多彩。现代医家在继承前人对药酒使用经验的基础上，对用药酒养生保健或临床治病也多有发挥，新的创见和新创的方法、方剂层出不穷，大大丰富了药酒防病治病的内容。但这些内容大多散见于各种各样的书籍或报刊中，人们检阅与应用颇不容易，宛如一座有待发掘及继承发扬的宝库。

为了方便读者查阅和利用药酒养生祛病，我们组织专人编写了这部《学做药酒不生病》。本书从药酒文献资料中撷取部分取材容易，制作方便，实用性、有效性、安全性较好的配方，介绍给广大读者，以发扬中医药的精粹。全书紧紧围绕药酒养生与健康生活这一中心，共分为三个部分，第一部分即第一篇，主要涵盖了药酒的起源与发展过程，药酒的特色和作用，药酒的泡制、储藏与服用，药酒的适用范围和禁忌等方面，侧重于分析如何选用药酒科学养生以及制备药酒的基本方法。第二部分即第二篇至第七篇，主要针对日常常见的一些病症，分门别类地收录了历代文献所记近500例药酒方，每例药酒方下设药材配方、泡制方法、功能效用、饮用、储藏、注意事项六个子项，让读者可知其然，亦知其所以然。第三部分即附录，为常见中药材功效详解。详细介绍了近50种中药材的功效主治、使用方法、性味归经和用药禁忌，从而让大家真正意识到药材是药酒功效的关键部分，药材及其使用的多样性决定了药酒功效的多样性。

全书药酒方取材容易，制作简单，服用方便，疗效可靠，既可为养生保健爱好者根据实际情况选用药酒提供指引，也可为医疗、科研、生产单位等研究开发药酒提供参考。同时，由于时间等其他因素，书中难免挂一漏万，疏漏之处在所难免，还请广大读者朋友们批评指正。

第一篇 药酒的相关知识

药酒的起源与发展……002
药酒的起源……002
药酒的发展……002
药酒的特色与作用……004
药酒的特色……004
药酒的作用……005
如何泡制药酒……006
泡酒前的准备工作……006
药酒的具体制作方法……007
如何正确选用药酒……009
药酒的服用与贮藏……010
药酒的服用方法……010
药酒的贮藏要点……011
药酒的适用范围与使用禁忌……012
药酒的适用范围……012
药酒的使用禁忌……012

第二篇 防治心脑血管疾病的药酒

高血压病……014
竹酒……014
桑葚降压酒……015
复方杜仲酊……015
高脂血症……016
消脂酒……016
香菇柠檬酒……017
二至益元酒……017
大蒜酒……018
玉竹长寿酒……018
心绞痛……019
灵脂酒……019
桂姜酒……020
冠心酒……020
活血养心酒……021
灵芝丹参酒……021
吴茱萸肉桂酒……022
复方丹参酒……022
心悸……023
安神酒……023
定志酒……024
补心酒……024
养神酒……025
补气养血酒……025

十二红药酒 026
桑龙药酒 026
宁心酒 027
桂圆药酒 027
扶衰五味酒 028
人参五味子酒 028
参葡酒 029
宁心安神酒 029
心律失常 030
缓脉酒 030
怔忡药酒 031
参苏酒 031
眩晕 032
山药白术酒 032
补益杞圆酒 033
菊花酒 033
松鹤补酒 034
白菊花茯苓酒 035
泡酒方 035
面瘫 036
加味酒调牵正散 036
蚕沙酒 037
牵正酒 037
熄风止痉酒 038
葛根桂枝酒 038
牵正独活酒 039
定风酒 039
再生障碍性贫血 040
桂圆补血酒 040
当归酒 041
枸杞熟地酒 041
金芍玉液酒 042
枸杞人参酒 043
虫草黑枣酒 043
壮血药酒 044
玉益酒 044
鹿茸山药酒 045
健身药酒 045
两桂酒 046
桑枣杞圆酒 046
脑卒中 047
复方白蛇酒 047
黑豆白酒 048
爬山虎药酒 048
黄芪酒 049
仙酒方 050
全蝎酒 050
健足酒 051
鲁公酿酒 052
濒湖白花蛇酒 053
复方黑豆酒 053
三七酒 054
牛膝酒 054
独活牛膝酒 055
茵芋防风酒 055
桂枝酒 056
金银地黄酒 056

第三篇 防治泌尿系统疾病的药酒

阳痿 058
助阳酒 058
红参海马酒 059
西汉古酒 059
琼浆药酒 060
参茸酒 061
三草酒 061
冬地酒 062
复方栀茶酒 063
牛膝人参酒 063
延寿获嗣酒 064
补肾健脾酒 065
青松龄药酒 065
回春酒 066
灵脾金樱酒 067
补肾延寿酒 067
肉桂牛膝酒 068
羊肾酒 068
填精补肾酒 069
钟乳粉酒 069
黄芪杜仲酒 070
菟虾酒 070
楮实子酒 071
五子螵蛸酒 071
早泄 072
蛤鞭酒 072
锁阳苁蓉酒 073
蛤蚧菟丝酒 073
仙传种子药酒 074
沙苑莲须酒 075
韭子酒 075
福禄补酒 076
保真酒 076

遗精……077
巴戟熟地酒……077
健阳酒……078
首乌归地酒……078
聚宝酒……079
熙春酒……080
内金酒……080
百补酒……081
地黄首乌酒……082
钟乳酒……082
地黄枸杞酒……083
六神酒……083
白石英酒……084
巴戟二子酒……084
不育症……085
生精酒……085
雄蚕蛾酒……086
九子生精酒……086
补肾生精酒……087
枸杞肉酒……087
沉香五花酒……088
还春口服液……088
种子药酒……089
淫羊交藤酒……089
魏国公红颜酒……090
秦艽酒方……090
晒参山药酒……091
二子内金酒……091
通胞酒……092
鲮鲤酒……092
附睾炎……093
香楝酒……093
天星酒……094
明矾酒……094
慢性前列腺炎……095
荠菜酒……095
二山芡实酒……096
仙茅益智仁酒……096
小茴香酒……097
酸浆草酒……097
山枝根酒……098
萆薢酒……098
肾结核……099
百部二子酒……099
马齿苋酒……100
肉桂鸡肝酒……100
尿频……101
茱萸益智酒……101
尿频药酒……102
消石酒……102
尿失禁……103
益丝酒……103
龙虱酒……104
茴香酒……104
淋症……105
车前草酒……105
地榆木通酒……106
猕猴桃酒……106
石苇酒……107
三黄参归酒……107
核桃仁酒……108
三仙酒……108
金钱草酒……109
竹叶心酒……109
螺蛳酒……110
茄叶酒……110
鸡公柴酒……111
皂角故子酒……111
臌胀……112
丹参酒方……112
薏仁芡实酒……113
石榴酒……113
水肿……114
大生地酒……114
二桑酒……115
皂荚酒……115
桑葚酒……116
菟丝芫花酒……116
黑豆浸酒……117
抽葫芦酒……117
海藻浸酒……118
独活姜附酒……118

第四篇 防治呼吸系统疾病的药酒

感冒 120
桑菊酒 120
附子杜仲酒 121
葱姜盐酒 121
葱豉酒 122
葱须豆豉酒 122
荆芥豉酒 123
葱白荆芥酒 123
姜蒜柠檬酒 124
肉桂酒 124
蔓荆子酒 125
川芎白芷酒 125
咳嗽 126
紫苏子酒 126
红颜酒 127
葶苈酒 127
人参蛤蚧酒 128
桑萸酒 128
哮喘 129
小叶杜鹃酒 129
蝙蝠酒 130
紫苏陈皮酒 130
支气管炎 131
寒凉咳嗽酒 131
丹参川芎酒 132
单酿鼠粘根酒 132
绿豆酒 133
山药酒 133
雪梨酒 134
陈皮酒 134
李冢宰酒 135
灵芝酊 135
肺痈 136
银翘三仁酒 136
腥银酒 137
金荞麦酒 137
肺结核 138
冬虫夏草酒 138
灵芝人参酒 139
西洋参酒 139
百部酒 140
参部酒 140

第五篇 防治消化系统疾病的药酒

呃逆 142
荸荠降逆酒 142
状元红酒 143
姜汁葡萄酒 143
薄荷酊 144
苏半酒 144
紫苏子酒方 145
噎膈酒 145
启膈酒 146
佛手荸荠酒 146
马蹄香酒 147
除噎药酒 147
呕吐 148
复方半夏酊 148
姜附酒 149
吴茱萸姜豉酒 149
二姜酒 150
回阳酒 150
丁香山楂酒 151
高良姜酒 151
人参半夏酒 152
玉露酒 152
干姜酒 153
姜醋酒 153
秦艽丹参酒 154
急救药酒 154
苁蓉酒 155
屠苏酒 155
苁蓉强壮酒 156
参薯七味酒 156
兰陵酒 157
参附酒 157
神仙药酒 158
茱萸姜豉酒 158
麻子酒 159
桑姜吴茱萸酒 159

胃痛 160
玫瑰露酒 160
姜糖酒 161
吴茱萸香砂酒 161
温脾酒 162
元胡止痛酊 162
二青酒 163
佛手酒 163
温胃酒 164
灵脾肉桂酒 164
胃痛药酒 165
龙胆草酒 165
复方元胡酊 166
补脾和胃酒 166
金橘酒 167
核桃仁酒 167
缩砂酒 168
荔枝酒 168
黄疸 169
灯草根酒 169
茵陈栀子酒 170
秦艽酒 170
麻黄酒 171
青蒿酒 171
胃及十二指肠溃疡 172
平胃酒 172
山核桃酒 173
止痛酊 173
元胡酊 174
复方白屈菜酊 174
腹泻 175
党参酒 175
蒜糖止泻酒 176
地瓜藤酒 176
白药酒 177
参术酒 177
杨梅酒 178
地榆附子浸酒方 178
五味子酒 179
二味牛膝酒 179
五香酒料 180
丁香山楂煮酒 181
二术酒 181
便秘 182
秘传三意酒 182
芝麻枸杞酒 183
芝麻杜仲牛膝酒 183
地黄羊脂酒 184
双耳酒 184
三黄酒 185
大黄附子酒 185
松子酒 186
火麻仁酒 186
便血 187
地榆酒 187
附子杜仲酒 188
刺五加酒 188

第六篇 防治皮肤病的药酒

白癜风 190
乌蛇浸酒方 190
白癜风酊 191
骨脂猴姜酒 191
补骨丝子酊 192
菟丝子酒 192
补骨川椒酊 193
复方补骨脂酒 193
乌蛇蒺藜酒 194
带状疱疹 195
雄黄酒 195
稻田皮炎 196
五蛇液 196
樟脑冰酒 197
倍矾酒 197
冻疮 198
当归酊 198
防治冻伤药酒 199
姜椒酒 199
复方樟脑酒 200
复方当归红花酊 200
桂苏酒 201
桂枝二乌酊 201
手癣 202
生姜浸酒 202
大黄甘草酒 203
当归百部酒 203
一号癣药水 204
复方土槿皮酊 204
痱子 205
二黄冰片酒 205
参冰三黄酊 206
豆薯子酒 206

地龙酊 207
苦黄酊 207
鸡眼和胼胝 208
补骨脂酊 208
足癣 209
十味附子酒 209
二味独活酒 210
白杨皮酒 210
二牛地黄酒 211
黑豆酒 211
沃实酒 212
酸枣仁酒 212
崔氏侧子酒 213
石斛独活酒 214
萆薢茱萸酒 215
丹参牛膝酒 216
薏苡仁酒 216
地附酒 217
地黄牛膝酒 217
生地黄酒 218
丹参石斛酒 218
牛膝酒方 219
石斛浸酒方 220
牛膝丹参酒方 221
独活浸酒方 222
五加皮酒 222
独活酒 223
茵陈酒 223
苦参黄蘗酒 224
香豉酒方 224
香犀酒 225
枳壳豆酒方 225
蒜酒方 226
文仲大麻子酒方 226
乌麻酒方 227
三味牛膝酒方 227
岭南瘴脚气酒方 228
豉心酒 228
疥疮 229
十味百部酊 229
苦参酒 230
白藓酊 230
灭疥灵 231
灭疥酒 231
皮肤瘙痒症 232
百部酊 232
枳实酒 233
蝉蜕藓皮酒 233
活血止痒酒 234
枳壳浸酒 234
荨麻疹 235
枳壳秦艽酒 235
丁薄搽剂 236
浮萍酒 236
蝉蜕糯米酒 237
小白菜酒 237
独活肤子酒 238
碧桃酒 238
胡荽酒 239
松叶酒 239
烧烫伤 240
复方儿茶酊 240
复方虎杖酒精液 241
喜榆酊 241
大黄槐角酊 242
鸡蛋清外涂酒 243
复方五加皮酊 243
跌打损伤 244
活血酒 244
风伤擦剂 245
苏木行瘀酒 246
闪挫止痛酒 246
神经性皮炎 247
红花酊 247
外擦药酒方 248
顽癣药酒方 248
复方斑蝥酒 249
神经性皮炎药水 249
苦参酊 250
斑蝥酊 250
复方蛇床子酒 251
四虎二黄酒 251
湿疹 252
蛇床苦参酒 252
苦参地肤酒 253
白藓皮酒 253

苦参百部酒 254
黄檗地肤酒 254
五子黄檗酒 255
除湿药酒 255
银屑病 256
斑蝥百部酊 256
何首乌酒 257
牛皮癣酒 257
癣药酒 258
马钱二黄酒 258
洋金花外用擦剂 259
寻常疣 260
蝉肤白花酒 260
消疣液 261
参芪活血酒 261
洗瘊酒 262
骨碎补酒 262
脂溢性皮炎 263
苦参百部酊 263
皮炎液 264
丝瓜络酒 264
斑秃、脱发 265
枸杞沉香酒 265
十四首乌酒 266
神应养真酒 266
须发早白 267
鹤龄酒 267
首乌当归酒 268
乌发益寿酒 268
固本酒 269
一醉散 269
其他皮肤病 270
花草酊 270
苦百酊 271
当归荆芥酒 271
满天星酊 272
止痒酒 272
甘草生麻酒 273
苦参藓皮酒 273
克癣酒 274
参白藓药水 275
苦楝根皮酒 275
去癣酊 276
南山草酒 276

第七篇 防治风湿痹痛类疾病的药酒

白花蛇酒 278
薏苡仁酒 278
龟潜酒 279
丹参加皮酒 280
冯了性酒 280
独活寄生酒 281
痹酒 281
杜仲丹参酒 282
萆薢防风酒 282
追风活络酒 283
石斛附子酒 284
络石藤酒 285
川乌杜仲酒 286
活血药酒 287
神曲酒 288
黄芪续断酒 289
黄精益气酒 289
秦艽桂苓酒 290
牛膝玉米酒 290
牛膝大豆浸酒方 291
巨胜子酒 291
松叶麻黄酒 292
狗骨木瓜酒 292
当归附子酒 293
苁蓉黄芪酒 293
海藻酒 294
狗骨酒 294
大风引酒 295
长松酒 295
草乌酒 296
芝麻杜仲酒 296

附录 常见中药材功效详解

北沙参……297
枸杞子……297
女贞子……297
桂枝……298
生姜……298
栀子……298
决明子……298
黄连……298
苦参……299
金银花……299
蒲公英……299
赤芍……299
生地黄……299
独活……300
川乌……300
苍术……300
厚朴……300
砂仁……300
茯苓……301
薏苡仁……301
高良姜……301
枳实……301
人参……301
党参……302
黄芪……302
山药……302
白术……302
甘草……302
鹿茸……303
巴戟天……303
冬虫夏草……303
肉苁蓉……303
补骨脂……303
杜仲……304
续断……304
当归……304
熟地黄……304
石斛……304

第一篇

药酒的相关知识

●药酒是将中药材与酒完美结合的一种传统工艺，从古代沿袭至今，是我国历史悠久的传统工艺之一。

药酒的制作，从工具的准备、药材的选取，再到酿制的过程，每一道工序都很重要，稍有差错就可能影响药酒的功效。

本篇为大家介绍了药酒的起源、发展以及各种常识，相信会对读者了解药酒的历史有很大帮助，也能帮助大家泡制出防病保健的药酒！

药酒的起源与发展

药酒是选配适当中药材，用度数适宜的白酒或黄酒为溶媒，经过必要的加工，浸出其有效成分而制成的澄明液体。在传统工艺中，也有在酿酒过程中加入适宜的中药材酿制药酒的方法。

药酒应用于防治疾病，在我国医药史上已处于重要的地位，成为历史悠久的传统剂型之一，至今在国内外医疗保健事业中享有较高的声誉。本文将为大家介绍药酒的起源与发展历史。

药酒的起源

我国最古老的药酒酿制方，是在1973年马王堆出土的帛书《养生方》和《杂疗方》中。从《养生方》的现存文字中，可以辨识的药酒方共有五个：

（1）用麦冬(即颠棘)配合秫米等酿制的药酒(原题：“以颠棘为浆方”治“老不起”)。

（2）用黍米、稻米等制成的药酒(“为醴方”治“老不起”)。

（3）用石膏、藁本、牛膝等药酿制的药酒。

（4）用漆和乌喙(乌头)等药物酿制的药酒。

（5）用漆、节(玉竹)、黍、稻、乌喙等酿制的药酒。

《杂疗方》中酿制的药酒只有一方，即用智(不详何物)和薜荔根等药放入瓶(古代一种炊事用蒸器)内制成醴酒，其中大多数资料已不齐。比较完整的是《养生方》“醪利中”的第二方。该方包括了整个药酒制作过程，服用方法，功能主治等内容，是酿制药酒工艺最早的完整记载，也是我国药学史上的重要史料。

药酒的发展

早在新石器时代晚期的龙山文化遗址中，就曾发现过很多陶制酒器。远古时代的酒保藏不易，所以大多数将药物加入酿酒原料中一起发酵的。采用药物与酿酒原料同时发酵的方法，由于发酵时间较长，药物成分可充分溶出。

殷商时代，酿酒业更加普遍。当时已掌握了曲蘖酿酒的技术。从甲骨文的记载可以看出，商朝对酒极为珍重，把酒作为重要的祭祀品。

到了周代，饮酒之风盛行，已设有专门管理酿酒的官员，称“酒正”，酿酒的技术也日臻完善，到西周时期，已有较好的医学分科和医事制度。

先秦时期，中医的发展已达到可观的程度，中国的医学典籍《黄帝内经》也出于这个时代。

到了汉代，随着中药方剂的发展，药酒便渐渐成为中药的一部分，其表现是临床应用的针对性大大加强，疗效也进一步得到提高。酒煎煮法和酒浸渍法大约始于汉代。

隋唐时期，是药酒使用较为广泛的时期，许多经典典籍都收录了大量的药酒和补酒的配方和制法。记载最丰富的当数孙思邈的《千金方》，共有药酒方80余种，涉及补益强身，内、外、妇科等几个方面，对酒及酒剂的不良反应也有一定认识，针对嗜酒纵欲所致的种种病状，研制了不少相应的解酒方剂。

宋朝时期，由于科学技术的发展，制酒事业也有所发展。由于雕版印刷的发明，加上政府对医学事业的重视，使得当时中医临床和理论得到了发展，对药酒的功效认识也渐渐从临床上升到理论。

元代，大都是当时世界各国最繁华的都城。国内外名酒荟萃，种类繁多，更成为元代宫廷的特色。由蒙古族营养学家忽思慧编撰的《饮膳正要》就是在这个时期产生的，它是我国第一部营养学专著，共3卷，于天历三年（1330年）成书。

明代宫廷建有御酒房，专造各种名酒，尚有“御制药酒五味汤、珍珠红、长春酒”。当时民间作坊也有不少药酒制作出售，有的流传至今，成为人们常酿的传统节令酒类，其中有不少就是药酒。举世闻名的《本草纲目》是由明代医学家李时珍编撰而成，收集了大量前人和当代人的药酒配方，据统计有200多种，绝大多数是便方，具有用药少、简便易行的特点。

清代乾隆初年，酒品之多，就以京师为最。清代王孟英所编撰的一部食疗名著《随息居饮食谱》中的烧酒一栏就附有7种保健药酒的配方、制法和疗效，这些药酒大多以烧酒为酒基，可增加药中有效成分的溶解。在清宫佳酿中，也有一定数量的药酒，如夜合枝酒，即为清宫御制之著名药酒。

在元、明、清时期，我国已经积累了大量的医学文献，前人的宝贵经验受到了元、明、清时期医家的普遍重视，因而出版了不少著作，如元代忽思慧的《饮膳正要》、明代朱橚等人的《普济方》、方贤的《奇效良方》、王肯堂的《证治准绳》等；其中明清两代更是药酒新配方不断涌现的时期，如明代吴旻的《扶寿精方》、龚庭贤的《万病回春》《寿世保元》、清代孙伟的《良朋汇集经验神方》、陶承熹的《惠直堂经验方》、项友清的《同寿录》等，都载由药酒配方。

民国时期，由于战乱频繁，药酒研制工作和其他行业一样，也受到一定影响，进展不大。中华人民共和国成立以后，政府对中医中药事业的发展十分重视，建立了不少中医医院、中医药院校，开办药厂，发展中药事业，使药酒的研制工作呈现出新的局面。

由于现代科学技术的发展，对中医药理论有了更深的理解和深层次的阐述，特别是对中药成分的分类、结构、性质等有了更加明确的认识。目前，药酒的酿造工艺日臻完善，质量标准的制定使得药酒质量大大提高，并且逐渐趋于产业化。

我们有理由相信，中华药酒在继承和发扬传统药酒制备方法优点的基础上，结合先进的现代酒剂制备工艺，必定会发生质的突破，在预防和治疗疾病方面的功效也将会更加显著。

药酒的特色与作用

药酒就是将一些药合理搭配，按照一定比例和方法，与酒配制成一种可用于保健、治疗的酒剂。药酒的特点表现在适应范围广、便于服用、吸收迅速、易于掌握剂量，比其他剂型的药物容易保存、见效快、疗效高等优点上。

从根本上讲，药酒的医疗保健作用大致分为两种：一种是对人体有滋补作用的补益性药酒；另一种是针对某些疾病起防治作用的治疗性药酒。

药酒的特色

（1）药酒本身就是一种可口的饮料。一杯口味醇正，香气浓郁的药酒，既没有古人所讲“良药苦口”的烦恼，也没有现代打针补液的痛苦，给人们带来的是一种佳酿美酒的享受，所以人们乐意接受。

（2）药酒是一种加入中药材的酒，而酒本身就有一定的保健作用，它能促进人体胃肠分泌，帮助消化吸收，增强血液循环，促进组织代谢，增加细胞活力。

（3）酒又是一种良好的有机溶媒，其主要成分乙醇，有良好的穿透性，易于进入药材组织细胞中，可以把中药里的大部分水溶性物质，以及水不能溶解，需用非极性溶媒溶解的有机物质溶解出来，更好地发挥生药原有的作用；服用后又可借酒的宣行药势之力，促进药物最大程度地发挥疗效。

（4）中国药酒适应范围较广，几乎涉及临床所有科目，可按不同的中药配方，制成各种药酒来治疗各种不同的病症。当然，其中有些可能是古代某位医者个人的经验，是否能普遍应用，还须进一步验证，但是从总体来看，当以可取者多。

（5）由于酒有防腐消毒作用，当药酒含乙醇40％以上时，可延缓许多药物的水解，增强药剂的稳定性。所以药酒久渍不易腐坏，长期保存不易变质，并可随时服用，十分方便。

（6）药酒还能起到矫臭的作用。

药酒的作用

1.理气活血

气是构成人体和维持人体生命活动的最基本物质；血具有濡养滋润全身脏腑组织的作用，是神志活动的主要物质基础。药酒能起到益气补血、振奋精神、增强食欲、调理身心等作用，效果显著。

2.滋阴壮阳

阴虚则热、阳虚则寒，阴阳的偏盛、偏衰都有可能产生病症。药酒的作用在于，通过调和阴阳，利用其相互交感、对立制约、互根互用、消长平衡、相互转化的特点，达到壮肾阳、滋肾阴的目的，对人体健康至关重要。

3.舒筋健骨

肾主骨生髓，骨骼的生长、发育、修复，全赖肾的滋养；肝主筋，肝之气血可以养筋。药酒可以起到补肾、补肝的作用，从而达到舒筋健骨的功效。

4.补脾和胃

脾主运化、主升清、主统血；胃主受纳、主通降，脾和胃相表里，共同完成饮食的消化吸收及其精微的输布，从而滋养全身。肺病日久则可影响到脾，导致脾的功能失调、气虚，从而出现不良症状。

5.养肝明目

肝开窍于目，又有藏血功效；眼依赖于血濡养来发挥视觉功能，而肝病往往反映于目。药酒可以起到保肝护肝、增强视力的作用。

6.益智安神

在现代生活中，人们承受着内在和外在的双重压力，身体不堪负荷，常会出现“亚健康”的症状。心主血脉、主藏神，应养心血、补心气，使心的气血充盈，才能有效推动血行，达到精神旺盛的目的，也应时常注意情志调节，凝神定心。

由此可见，药酒的作用是多种多样的，既有医疗作用，又有滋补保健作用，乃一举两得之功，真可谓善饮也。

如何泡制药酒

泡制药酒，是决定药酒成品的质量好坏的重要环节。从器具挑选、药材准备到具体制作，每一个步骤都需要精准到位。不熟悉泡酒酿制过程的人，可以先向其他有经验的人学习之后再实践，或者在专业人士指导下完成，以便更快掌握泡制方法。本文将告诉大家如何正确泡制药酒。

泡酒前的准备工作

药酒服用简便，疗效显著，家庭中亦可自制，但要掌握正确的方法。在制作药酒前，必须做好几项准备工作：

（1）保持作坊清洁，严格按照卫生要求执行。要做到“三无”，即无灰尘、无沉积、无污染，配制人员亦要保持清洁，闲杂人等一律不准进入场地。

（2）不同的药酒都有不同的配方和制作工艺要求，并不是每种配方都适合家庭配制，如果对药性、剂量不甚清楚，又不懂药酒配制常识，则切勿盲目配制饮用药酒。所以要根据自身生产条件来选择安全可靠的药酒配方。

（3）选择配制药酒，按配方选用中药，一定要选用正宗中药材，切忌用假冒伪劣药材。对于来源于民间验方中的中药，首先要弄清其品名、规格，要防止同名异物而造成用药错误。

（4）准备好基质用酒。目前用于配制药酒的酒类，除白酒外，还有医用酒精（忌用工业酒精）、黄酒、葡萄酒、米酒和烧酒等多种，具体选用何种酒，要按配方需要和疾病而定。选择酒时，一定要辨清真伪，切忌用假酒配制，以免造成不良后果。

（5）制作前，一般都要将配方中的植物药材切成薄片，或捣碎成粒状。凡坚硬的皮、根、茎等药材可切成3毫米厚的薄片，草质茎、根可切成3厘米长碎段，种子类药材可以用棒击碎。同时，在配制前要将加工后的药材洗净、冻干后方能使用。

（6）处理动物药材时，宜先除去内脏及污物(毒蛇应去头)，用清水洗净，用火炉或烤箱烘烤，使之散发出微微的香味。烘烤不仅可除去水分，还可以达到灭菌的效果，并保持浸泡酒的酒精浓度。还可使有效成分更易溶于酒中，饮用起来也更加香醇。

（7）药酒制作工具按照中医传统的习惯，除了一些特殊的药酒之外，煎煮中药一般选用砂锅等非金属的容器。

（8）要熟悉和掌握配制药酒常识及制作工艺技术。

药酒的具体制作方法

一般来说，现代药酒的制作多选用50%~60%的白酒，因为50%或以上的酒在浸泡的过程中能最大程度杀灭中草药材中夹带的病菌，以及有害的微生物、寄生虫及虫卵等，使之能安全饮用，更有利于中药材中有效成分的溶出。对于不善于饮酒的人，或者根据病情需要，可以选用低度白酒、黄酒、米酒或果酒等基质酒，但浸出时间要适当延长，或浸出次数适当增加，以保证药物中有效成分的溶出。

制作药酒时，通常是将中药材浸泡在酒中一段时间，致使中药材中的有效成分充分溶解在酒中，随后过滤去渣，方可使用。

目前一般常用的泡酒制作方法有如下几种：

1.冷浸法

冷浸法最为简单，尤其适合家庭配制药酒。

以消脂酒为例，泡酒方法步骤如下：

①将所用药材切薄片。

②装入洁净纱布袋中。

③将纱布袋放入容器。

④加入白酒，密封浸泡15日。

⑤拿掉纱布袋，加入蜂蜜混匀。

⑥取药液饮用。

2.煎煮法

以当归荆芥酒为例，制作过程如下：

①将所用药材切薄片。

②将药材放入砂锅，加白酒。

③用火熬煮。

④取药液饮用。

①

②

③

④

3.热浸法

热浸法是一种古老而有效的药酒制作方法。

①将药材和白酒（或其他类型的酒）放在砂锅或搪瓷罐等容器中，然后将容器放到更大的盛水锅中隔水加热。

②一般在药面出现泡沫时，即可离火。

③趁热密封，静置半月左右，过滤去渣即得药酒。

4.酿酒法

①将药材加水煎熬，过滤去渣后浓缩成药汁，也可直接压榨取汁。

②将糯米煮成饭。

③将药汁、糯米饭和酒曲搅拌均匀，放入干净的容器中，密封浸泡10天左右，待其发酵后滤渣，即得药酒。

5.渗漉法

渗漉法适用于药厂生产。

①将药材研磨成粗粉，加入适量的白酒浸润2～4小时，使药材充分膨胀。

②将浸润后的药材分次均匀地装入底部垫有脱脂棉的渗漉器中，每次装好后用木棒压紧。

③装好药材后，上面盖上纱布，并压上一层洗净的小石子，以免加入白酒后使药粉浮起。

④打开渗漉器下口的开关，慢慢地从渗漉器上部加进白酒，当液体自下口流出时，关闭上开关，从而使流出的液体倒入渗漉器内。

⑤加入白酒至高出药粉面数厘米为止，然后加盖放置1～2天，打开下口开关，使渗源液缓缓流出。

⑥按规定量收集渗源液，加入矫味剂搅匀，溶解后密封静置数日，再滤出药液，添加白酒至规定量，即得药液。

如何正确选用药酒

药酒将药以酒的形式应用，可以从整体调节人的阴阳平衡、新陈代谢，具有吸收快、安全灵活、作用缓慢、服用方便等特点。药酒虽好，选择时还是需要因人而异。

懂得如何选用药酒非常重要。一要熟悉药酒的种类和性质；二要针对病情，适合疾病的需要；三要考虑自己的身体状况；四要了解药酒的使用方法。

药酒既可治病，又可强身，但并不是每一种药酒都包治百病。饮用者必须仔细挑选，认清自己的病症和身体状况，要有明确的目的选用，服用药酒要与所治疗的病症相一致，切不可人用亦用，见酒就饮。

（1）气血双亏者，宜选用龙凤酒、山鸡大补酒、益寿补酒、十全大补酒等。

（2）脾气虚弱者，宜选用人参酒、当归黄芪酒、长寿补酒、参桂营养酒等。

（3）肝肾阴虚者，宜选用当归酒、枸杞子酒、蛤蚧酒、桂圆酒等。

（4）肾阳亏损者，宜选用羊羔补酒、龟龄集酒、参茸酒、三鞭酒等。

（5）有中风后遗症、风寒湿痹者宜选用国公酒、冯了性药酒等。

（6）风湿性及类风湿关节炎、风湿所致肌肉酸痛者，宜选用风湿药酒、追风药酒、风湿性骨病酒、五加皮酒等。如果风湿症状较轻者可选用药性温和的木瓜酒、养血愈风酒等；如风湿多年，肢体麻木、半身不遂者则可选用药性较猛的蟒蛇药酒、三蛇酒、五蛇酒等。

（7）筋骨损伤者，宜选用跌打损伤酒、跌打药酒等。

（8）阳痿者，宜选用多鞭壮阳酒、助阳酒、淫羊藿酒、海狗肾酒等。

（9）神经衰弱者，宜选用五味子酒、宁心酒、合欢皮酒等。

（10）月经病者，宜选用妇女调经酒、当归酒等。

对于药酒的药材选取，也是相当讲究的。一般要选择补益药，分别有补气药、补血药、补阴药和补阳药四种。同时，还需要考虑饮酒的剂量，药量切勿过多，以免造成身体不适。

药酒所治疾病甚多，可参考本书所列病症之药酒方，随症选用。

总之，选用药酒要因人而异、因病而异。选用滋补药酒时要考虑到人的体质；形体消瘦的人，多偏于阴虚血亏，容易生火、伤津，宜选用滋阴补血的药酒；形体肥胖的人，多偏于阳衰气虚，容易生痰、怕冷，宜选用补心安神的药酒；妇女有经带胎产等生理特点，所以在妊娠、哺乳时不宜饮用药酒；儿童脏腑尚未发育完全，一般也不宜饮用药酒；选用以治病为主的药酒，要随证选用，最好在中医师的指导下选用为宜。

药酒的服用与贮藏

服用药酒，需要通过药酒的具体效用来决定应该使用哪些药酒。哪些药酒用于内服，哪些药酒用于外敷，服用时的剂量、方法等，都是需要注意的地方。

配制好的药酒，若不能立即服用完毕，还有如何贮藏药酒的问题。根据药酒的特性，选取合适的环境封存药酒，使药酒得以完好保存，发挥更大的药效，也是非常重要的一个步骤。

药酒的服用方法

大多数药酒为中药材加上酒泡制而成的，因此药酒也属于药的一种形式，也有其适宜的症状、不良反应以及毒性，所以在服用药酒时掌握服用方法和剂量是非常重要的。

药酒一般分为内服和外用两种用法，但有些药酒会同时具备内服和外用两种方法。外用法一般按照要求使用即可，内服法则要严格根据药酒的功效来使用。

1.服用药酒时要适度

根据不同情况，一般每次可饮用10~30毫升，每天2~3次，或根据病情以及所用药物的性质和浓度来调整。酒量小的患者，可在服用药酒的同时，加入适量清水，或加入其他饮品一同服用，以减小高度数药酒的刺激性气味。饮用药酒应病愈即止，不宜长久服用。

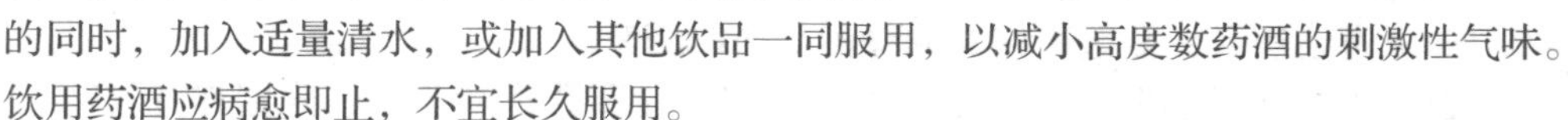

2.服用药酒时要注意时间

通常在饭前或睡前服用，一般佐膳服用，以温饮较佳，使药性得以迅速吸收，更好地发挥药材的温通补益作用。有些药酒也应按季节的变化而增减用量，一般夏季炎热可适当减少服用量，冬季寒冷则可适当增加服用量。

3.服用药酒时要注意年龄和生理特点

若老人或小孩服用，要适当减少药量，也要注意观察服用后有无不良反应，或尽量采用外敷法；女性要注意在妊娠期和哺乳期一般不宜饮用药酒，在行经期不宜服用活血功能较强的药酒。

4.尽量避免同时服用其他药物

服用药酒时要尽量避免同时服用其他药物，若不同治疗作用的药酒交叉使用，可能影响治疗效果。

5.不宜加糖或冰糖

服用药酒时，不宜加糖或冰糖，以免影响药效，最好加一点蜂蜜，因为蜂蜜性温和，加入药酒后不仅可以减少药酒对肠胃的刺激，还有利于保持和提高药效。

6.药酒出现酸败味时忌服

一旦药酒出现质地混浊、絮状物明显、颜色变暗、表面有一层油膜、酒味转淡、有很明显的酸败味道等情况时，证明该药酒不适宜再服用了。

药酒的贮藏要点

如果药酒的贮藏方法不当，不仅容易影响药酒的疗效，而且还会使药酒受到污染甚至变质。因此，对于一些服用药酒的人来说，掌握一些药酒的贮藏方法是十分必要的。通常情况下，贮藏药酒应注意以下几个要点：

（1）首先应该将用来盛装药酒的容器清洗干净，然后用开水烫一遍，这样可以消毒。

（2）药酒配制完毕后，应及时装入合适的容器中，并盖上盖密封保存。

（3）贮藏药酒的地方最好选择在阴凉、通风、干燥处，温度在10℃～20℃为宜。夏季储藏药酒要避免阳光的直接照射，同时要做好防火措施，因强烈的光照可破坏药酒内的有效成分，使药物功效降低；用黄酒或米酒配制的药酒，冬天要避免受冻变质，一般贮藏在不低于-5℃的环境下。

（4）贮藏药酒时切忌与汽油、煤油、农药以及带强烈刺激性味道的物品一同存放，以免药酒变质、变味。

（5）配制好的药酒最好贴上标签，并写上药酒的名称、作用、配制时间、用量等详细的内容，以免时间久了发生混乱辨认不清，造成不必要的麻烦，甚至导致误用错饮而引起身体不适。

（6）当药酒的颜色不再加深，表明药物的有效成分已经停止渗出，药酒浓度已达到最大，就可以服用了。一般来说，动物类药酒浸泡1～2周才可以服用，而植物类药酒3～5天就可以了。有些贵重药材，可反复浸泡，喝至尚有1寸的液高时，再次倒入新酒继续浸泡。

酒 药酒的适用范围与使用禁忌

由于药酒所含的药物成分不同，其功能、效用也会有所不同，所适合的群体、病症往往也大不相同，因此，在选择药酒之前，首先应该弄清楚所选药酒的适用范围以及禁忌，综合考虑之后再做出选择，只有对症选药酒，才能产生较好的疗效，否则，药酒选用不当或随意服用，可能会产生负面的影响，严重时甚至危及生命。因此，本篇将告诉您药酒的适用范围以及使用禁忌，希望对您有帮助！

药酒的适用范围

（1）防治疾病。由于所选取的药材不同，不同的药酒可以治疗内科、外科、骨科、男科、儿科等近百种疾病。很多疾病都可以通过药酒来治疗，药酒相对于西药来说，对身体的副作用较小，而且效果也甚佳。

（2）延年益寿。选择合适的中药材来制作药酒，能增强人体免疫功能，改善体质，可以保持旺盛的精力，对中老年人有很大的益处，可以延长人的寿命。

（3）美容养颜。选择合适的药酒对女性朋友来说也有很多好处，可以补血养颜、美白护肤，是爱美女性的很好选择。

（4）防癌抗癌。选择合适的药材来制作药酒，可以达到防癌抗癌的作用。

药酒的使用禁忌

（1）儿童、青少年最好不要采用药酒疗法。

（2）对酒精过敏、患皮肤病的人，应禁用或慎用药酒。

（3）高血压患者宜戒酒，或尽量少服药酒。

（4）冠心病、心血管疾病、糖尿病患者病情较为严重时，不宜采用药酒疗法。

（5）消化系统溃疡较重者不宜服用药酒。

（6）肝炎患者由于肝脏解毒功能降低，饮酒后酒精在肝脏内聚集，会使肝细胞受到损害而进一步降低解毒功能，加重病情，因此不宜服用药酒。

（7）女性在妊娠期和哺乳期不宜服用药酒，在正常行经期也不宜饮用活血功能强的药酒。

（8）育龄夫妇忌饮酒过多，容易影响性行为，并抑制性功能。

（9）药酒治病可单用，必要时也可与中药汤剂，或其他的外治法配合治疗。

（10）外用药酒绝不可内服，以免中毒，危及身体。

第二篇

防治心脑血管疾病的药酒

●心脑血管疾病是心血管和脑血管疾病的统称,泛指由于高血压、高脂血症、血液黏稠、动脉粥样硬化等所导致的心脏、大脑及全身组织发生缺血性或出血性疾病的通称。

心脑血管疾病具有发病率高、致残率高、死亡率高、复发率高、并发症多，即“四高一多”的特点。

本章将为您介绍多个适合防治心脑血管疾病的药酒，通过药酒辅助治疗心脑血管疾病，帮助您走向健康长寿。

高血压病

◎高血压是指收缩压（SBP）和舒张压（DBP）升高的临床综合征，规定SBP≥140毫米汞柱（18.67kPa）和DBP≥90毫米汞柱（12.0kPa）为高血压。医学调查表明，血压有个体和性别的差异。一般说来，肥胖人的血压稍高于中等体格的人，女性在更年期前血压比同龄男性略低，更年期后血压有较明显的升高。

高血压患者早期多无症状或症状不明显，常见的症状有：

（1）头晕：有些是一过性的，常在突然下蹲或起立时出现，有些是持续性的。

（2）头痛：多为持续性钝痛或搏动性胀痛，甚至有炸裂样剧痛。常在早晨睡醒时发生，起床活动及饭后逐渐减轻。疼痛部位多在额部、太阳穴和后脑勺。

（3）烦躁、心悸、失眠：心悸、失眠较常见，入睡困难或早醒、失眠多梦、易惊醒。这与大脑皮质功能紊乱、自主神经功能失调有关。

（4）注意力不集中，记忆力减退：早期不明显，随着病情发展而逐渐加重。

（5）肢体麻木：常见手指、足趾麻木，皮肤如蚁行感或项背肌肉酸痛。

竹酒

【使用方法】口服。每日2次，每次20毫升。
【贮藏方法】放在干燥、阴凉、避光处保存。
【注意事项】低血压患者忌服。

【药材配方】

嫩竹120克

白酒1升

【功能效用】

嫩竹性寒味甘淡，清热除烦，生津利尿。此款药酒具有降低血压、强筋健骨、清热利窍的功效，适用于原发性高血压、痔疮、便秘等疾病。

【泡酒方法】

①将嫩竹捣碎，装入洁净纱布袋中；
②将洁净纱布袋放入合适的容器中，倒入白酒，密封；
③密封12日后即可服用。

桑葚降压酒

【使用方法】口服。每日2次，每次15毫升。或视情况适量饮用。
【贮藏方法】放在干燥、阴凉、避光处保存。
【注意事项】脾胃虚寒、便溏者忌服。

【药材配方】

桑葚200克

糯米1千克

酒曲40克

【功能效用】

养肝明目，滋阴补肾，润燥止渴，生津润肺。主治高血压、眩晕耳鸣、心悸失眠、内热消渴、血虚便秘、神经衰弱、肝肾阴亏等。

【泡酒方法】

①把桑葚捣碎入锅，加入800毫升的水煎汁，浓缩至100毫升左右待用；
②把糯米用水浸后沥干，放入锅中蒸到半熟；
③把桑葚汁倒入蒸好的糯米中，加入研成细末的酒曲，搅拌均匀后密封，使其发酵，如周围温度过低，可用稻草或棉花围在四周进行保温，约10日后味甜即可饮用。

复方杜仲酊

【使用方法】口服。每日2次，每次2～5毫升。
【贮藏方法】放在干燥、阴凉、避光处保存。
【注意事项】低血压患者忌服用。

【药材配方】

生杜仲200克

桑寄生200克

黄芩200克

金银花200克

当归100克

通草10克

红花2克

白酒2升

【泡酒方法】

①把诸药材捣碎，入纱布袋中；
②把布袋放入容器，加入白酒；
③密封浸泡约15日后拿掉纱布袋即可饮用。

【功能效用】

杜仲具有补肝肾、强筋骨、安胎气、降血压的功效。此款药酒具有镇静降压功效，适用于高血压、肾虚腰痛等症状。

高脂血症

◎血脂的成分有胆固醇、三酰甘油、磷脂及游离脂肪酸和微量的类固醇激素等。血脂是人体代谢活动的物质载体之一。当机体脂质代谢异常，血清中低密度蛋白质增高以及高密度脂蛋白降低，血清中总胆固醇增高及脂蛋白比例失调时，称为高脂血症。

一般高脂血症的症状多表现为：头晕、神疲乏力、失眠健忘、肢体麻木、胸闷、心悸等。大量研究资料表明，高脂血症是脑卒中、冠心病、心肌梗死、猝死的危险因素。

此外，高脂血症也是促进高血压、糖耐量异常、糖尿病的一个重要危险因素。高血脂还可导致脂肪肝、肝硬化、胆石症、胰腺炎、眼底出血、失明、周围血管疾病、跛行、高尿酸血症。

必须高度重视高血脂的危害，并做好积极的预防和治疗。

消脂酒

【使用方法】口服。每日2次，每次20～30毫升。
【贮藏方法】放在干燥、阴凉、避光处保存。
【注意事项】孕妇不宜服用。

【药材配方】

山楂片60克　泽泻60克

丹参60克

香菇60克

蜂蜜300克

白酒1升

【功能效用】泽泻具有显著的利尿、降压、降血糖、抗脂肪肝的功效；丹参具有凉血消痈、清心除烦、养血安神的功效。此款药酒具有补脾健胃、活血祛脂的功效，适用于高脂血症。

【泡酒方法】
①把上述药材切成薄片，装入洁净纱布袋中；
②把装有药材的纱布袋放入合适的容器中，倒入白酒后密封；
③浸泡约15日后拿掉纱布袋；
④加入蜂蜜混匀后即可饮用。

香菇柠檬酒

【使用方法】口服。每日2～3次，每次15～20毫升。

【贮藏方法】放在干燥、阴凉、避光处保存。

【注意事项】低血压者不宜服用。

【药材配方】

香菇100克

柠檬4个

蜂蜜160克

白酒2升

【功能效用】

香菇具有化痰理气、益胃和中、透疹解毒的功效；柠檬具有生津祛暑、健脾消食的功效。此款药酒具有补脾健胃、清热去脂的功效，适用于高血脂、高血压。

【泡酒方法】

①把香菇和柠檬分别洗净，晾干切片后分别装入洁净纱布袋中；

②把两个纱布袋放入合适的容器中，倒入白酒后密封；

③浸泡约7日后拿掉装有柠檬的纱布袋；

④继续浸泡10日左右，加入蜂蜜混匀即可饮用。

二至益元酒

【使用方法】口服。每天2次，每次20毫升。

【贮藏方法】放在干燥、阴凉、避光处保存。

【注意事项】脾胃虚寒、大便溏薄者慎服。

【药材配方】

女贞子15克

旱莲草15克

熟地黄10克

桑葚10克

白酒250毫升

黄酒500毫升

【功能效用】

女贞子具有增加冠状动脉血流量、降血糖、降低血液黏度的功效。此款药酒具有养肝护肾、活血养元的功效，适用于高血脂、神经衰弱、肝肾阴虚、失眠发白等症。

【泡酒方法】

①将女贞子、旱莲草、熟地黄、桑葚分别粗研，放入布袋中，然后将此布袋放入容器中；

②加入白酒、黄酒的混合液；

③密封浸泡7日，过滤留渣，取药液；

④压榨液渣取滤液，将滤液和药液混合，过滤后方可服用。

大蒜酒

【使用方法】口服。每天2次，每次10毫升，同时食大蒜3瓣。
【贮藏方法】放在干燥、阴凉、避光处保存。
【注意事项】阴虚火旺者、痔疮患者忌服。

【药材配方】

大蒜400克

白酒750毫升

【功能效用】

大蒜具有降血脂、预防冠心病和动脉硬化、防止血栓形成的功效。此款药酒具有温血通脉、降脂的功效，适用于高脂血症、冠心病、动脉硬化、高血压、中老年肥胖等症。

【泡酒方法】

①将大蒜剥去外皮，捣成烂泥，放入容器中；
②将白酒倒入容器中，与大蒜泥混匀；
③密封，浸泡30天；
④过滤去渣，取药液服用。

玉竹长寿酒

【使用方法】口服。每天2次，每次10～20毫升。
【贮藏方法】放在干燥、阴凉、避光处保存。
【注意事项】痰湿气滞者忌服，脾虚便溏者慎服。

【药材配方】

玉竹60克　白芍60克

当归40克

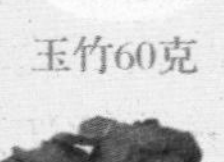
制首乌40克　党参40克

白酒2升

【功能效用】

益气活血、健脾和胃、降脂减肥。适用于高血脂、伴有阴气不足、身倦乏力、食欲不振者。

【泡酒方法】

①将玉竹、白芍、当归、制首乌、党参分别捣碎，放入布袋中，再将此布袋放入容器中；
②加入白酒；
③密封浸泡7日，过滤留渣，取药液；
④压榨液渣取滤液，将滤液和药液混合，过滤后方可服用。

心绞痛

◎心绞痛是指由于冠状动脉粥样硬化导致冠状动脉供血不足，心肌暂时缺血、缺氧所引起的以心前区疼痛为主要临床表现的一组综合征。

心绞痛的主要病理改变是不同程度的冠状动脉粥样硬化，临床上常将心绞痛分为以下两种类型。

1.稳定型心绞痛

稳定型心绞痛是指在一段时间内的心绞痛的发病均由劳累诱发，发作特点保持相对稳定，无明显变化，属于稳定劳累性心绞痛。

2.不稳定型心绞痛

不稳定型心绞痛包括猝发性心绞痛、自发性心绞痛、梗死后心绞痛、变异性心绞痛和劳力恶化性心绞痛。主要的特点是疼痛发作不稳定、持续时间长、自发性发作，大多容易演变成心肌梗死。

灵脂酒

【使用方法】口服。每日2～3次，每次10毫升。

【贮藏方法】放在干燥、阴凉、避光处保存。

【注意事项】孕妇慎服。

【药材配方】

五灵脂60克

延胡索60克

没药60克

白酒1升

【功能效用】

五灵脂具有活血散瘀、炒炭止血的功效。此款药酒具有活血化瘀、通络止痛的功效，适用于女性功能失调性子宫出血、男性脾胃积气、心绞痛。

【泡酒方法】

①把五灵脂、延胡索、没药略炒后研成粗末，装入洁净纱布袋中；
②把装有药材的纱布袋放入合适的容器中；
③将白酒倒入容器中后密封；
④浸泡约15日后拿掉纱布袋即可饮用。

桂姜酒

【使用方法】口服。每日2次，每次15～20毫升。
【贮藏方法】放在干燥、阴凉、避光处保存。
【注意事项】孕妇慎服。

【药材配方】

干姜100克　白酒1升　肉桂50克

【功能效用】

干姜具有温中散寒，回阳通脉、祛湿消痰、温肺化饮的功效；肉桂具有健胃的功效。此款药酒具有温中散寒、行气止痛的功效，适用于寒凝引起的心绞痛。

【泡酒方法】

①把肉桂和干姜分别切成薄片装入洁净纱布袋中；
②把装有药材的纱布袋放入合适的容器中；
③将白酒倒入容器后密封；
④浸泡10日左右拿掉纱布袋即可饮用。

冠心酒

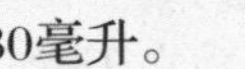

【使用方法】口服。每日2次，后1次临睡前服，每次10～30毫升。
【贮藏方法】放在干燥、阴凉、避光处保存。
【注意事项】孕产妇慎服。

【药材配方】

三七40克　栀子40克　丹参60克　瓜蒌120克
薤白120克　豆豉120克　冰糖200克　白酒2升

【泡酒方法】

①除冰糖外，其余诸药全部切片捣碎，装入洁净纱布袋中；
②把布袋放入容器中，加入冰糖和白酒后密封；
③浸泡约7日后去布袋饮用。

【功能效用】

行气解郁，清心除烦，通阳散结，化痰宽胸，祛瘀止痛。长期饮用可预防和治疗冠心病和心绞痛。

活血养心酒

【使用方法】口服。每日2次，每次15～20毫升。
【贮藏方法】放在干燥、阴凉、避光处保存。
【注意事项】正在服用抗凝药物的心脏病患者慎服。

【药材配方】

丹参60克

白酒500毫升

【功能效用】

丹参具有凉血消痈、清心除烦、养血安神的功效。用于心绞痛、血栓性脉管炎等。此款药酒也具有调经的功效，适用于妇女月经不调。

【泡酒方法】

①把丹参切成薄片装入洁净纱布袋中；
②把装有药材的纱布袋放入合适的容器中；
③将白酒倒入容器后密封；
④浸泡约15日后，拿掉纱布袋，过滤后即可饮用。

灵芝丹参酒

【使用方法】口服。每日2次，每次20～30毫升。
【贮藏方法】放在干燥、阴凉、避光处保存。
【注意事项】孕妇慎服。

【药材配方】

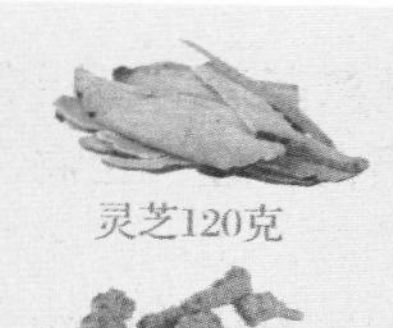
灵芝120克
三七20克

丹参20克
白酒2升

【功能效用】

此款药酒具有活血祛瘀、养血安神、滋补肝肾的功效。主治神经衰弱、腰膝酸软、眩晕失眠、头昏等病症，适用于心绞痛、冠心病、神经衰弱。

【泡酒方法】

①把灵芝、丹参、三七分别切碎，装入洁净纱布袋中；
②把装有药材的纱布袋放入合适的容器中；
③将白酒倒入容器后密封；
④每日摇动至少1次；
⑤浸泡约15日后拿掉纱布袋即可饮用。

吴茱萸肉桂酒

【使用方法】口服。每日2次，每次25毫升。
【贮藏方法】放在干燥、阴凉、避光处保存。
【注意事项】儿童忌服。

【药材配方】

吴茱萸150克　肉桂30克　白酒1.2升

【功能效用】

吴茱萸具有止痛止泻的功效；肉桂具有健胃的功效。此款药酒具有温中散寒的功效，适用于呕吐身冷、突发性心绞痛等疾病，对寒凝、阳虚所引起的心绞痛效果更佳。

【泡酒方法】

①将吴茱萸和肉桂放入容器中；
②将白酒倒入容器中；
③用文火慢煮至600毫升；
④过滤药渣后，取药液饮用。

复方丹参酒

【使用方法】口服。每日2次，每次20毫升。
【贮藏方法】放在干燥、阴凉、避光处保存。
【注意事项】宜饭前空腹饮用；饮用期间应节制房事。

【药材配方】

丹参50克　延胡索25克　韭菜汁15毫升　白酒500毫升

【功能效用】

此款药酒具有活血化瘀、通络行滞、理气止痛、抗菌降压的功效。主治心绞痛，能改善心血管系统的疾病和肝脏的生理功能，提高耐缺氧能力。

【泡酒方法】

①把丹参和延胡索分别切成薄片装入洁净纱布袋中；
②把装有药材的纱布袋放入合适的容器中；
③将韭菜汁和白酒倒入容器后密封；
④浸泡10日左右拿掉纱布袋即可饮用。

心悸

◎心悸指患者自觉心中悸动，不能自主的一类症状。心悸发生时，患者自觉心跳快而强，并伴有心前区不适感。本病症可见于多种疾病，多与失眠、健忘、眩晕、耳鸣等并存，凡各种原因引起心脏搏动频率、节律发生异常，均可导致心悸。

引起心悸的原因很多，大体可见于以下几类疾病：

（1）心血管疾病。常见于各种类型的心脏病，如心肌炎、心肌病、心包炎、心律失常及高血压等。

（2）非心血管疾病。常见于贫血、低血糖、大量失血、高热、甲状腺功能亢进症等疾病以及胸腔积液、气胸、肺部炎症、肺不张、腹水、肠梗阻、肠胀气等；还可见于应用肾上腺素、异丙肾上腺素、氨茶碱、阿托品等药物后出现的心悸。

（3）神经因素。自主神经功能紊乱最为常见，神经衰弱、更年期综合征、惊恐或过度兴奋、剧烈运动后均可出现心悸。

安神酒

【使用方法】口服。每日2次，每次20毫升。

【贮藏方法】放在干燥、阴凉、避光处保存。

【注意事项】宜饭前空腹饮用。

【药材配方】

白酒3升

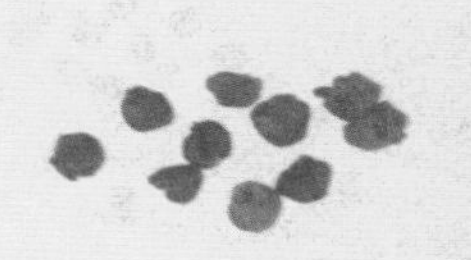

桂圆肉500克

【功能效用】

此款药酒具有健脾养心、滋补气血、益智安神的功效。主治心悸怔忡、虚劳羸弱、健忘失眠、倦怠乏力、面色不华、精神不振等症。

【泡酒方法】

①把桂圆肉装入洁净纱布袋中；

②把装有桂圆肉的纱布袋放入合适的容器中；

③将白酒倒入容器后密封；

④浸泡1个月后拿掉纱布袋即可饮用。

定志酒

【使用方法】口服。每日2次，每次10～15毫升。
【贮藏方法】放在干燥、阴凉、避光处保存。
【注意事项】最好空腹服用。

【药材配方】

远志120克

菖蒲120克

人参90克

茯苓75克

柏子仁60克

朱砂30克

白酒4.5升

【泡酒方法】

①将整支人参，其他药材捣碎装入布袋；
②把布袋放入容器，加白酒；
③经常摇动，密封浸泡，15日左右拿掉纱布袋；
④撒上朱砂细粉，摇匀饮用。

【功能效用】

此款药酒具有补心安神、养肝明目的功效。主治神经衰弱、心悸健忘、食欲不佳、体倦乏力等症。

补心酒

【使用方法】口服。每日2次，每次10毫升。
【贮藏方法】放在干燥、阴凉、避光处保存。
【注意事项】感冒及实热证所致的心烦失眠者忌服。

【药材配方】

当归50克

白茯神50克

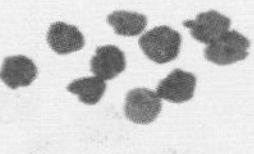
桂圆肉50克

生地黄75克

麦冬100克

柏子仁50克

白酒10升

【泡酒方法】

①将麦冬去心、柏子仁去油；
②把诸药材切碎入纱布袋；
③把纱布袋放入容器，加白酒密封，每日摇动至少一次；
④浸泡约7日后去纱布袋饮用。

【功能效用】

安神定心，补血养心。适用于阴血亏虚所致的心悸心烦、多梦健忘、口干舌燥、严重失眠、面色无华、疲倦等症。

养神酒

【使用方法】口服。每日2次，每次20～30毫升。

【贮藏方法】放在干燥、阴凉、避光处保存。

【注意事项】酒尽后可再加入白酒，直至药材气味淡薄为止。

【药材配方】

大熟地90克　枸杞15克　木香15克　大茴香15克　白茯苓15克　山药60克　当归身60克

薏苡仁45克　酸枣仁45克　麦冬45克　续断45克　丁香6克　莲子6克　桂圆肉250克　白酒1升

【泡酒方法】

①把诸药材捣碎入纱布袋中；

②把布袋入容器加白酒密封；

③把装有药酒的容器隔水加热至药材全部浸透后取出放凉；

④浸泡约15日后去布袋饮用。

【功能效用】

补血健脾，养心安神。主治心脾两虚、精血亏虚所致的神志不安、心悸失眠、健忘多梦、精神萎靡、腰膝酸软。

补气养血酒

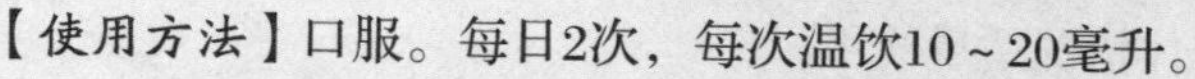

【使用方法】口服。每日2次，每次温饮10～20毫升。

【贮藏方法】放在干燥、阴凉、避光处保存。

【注意事项】感冒病人不宜服用。

【药材配方】

熟地黄60克　生地黄60克　人参60克　麦冬60克　天门冬60克　柏子仁60克　当归60克

云茯苓60克　川芎60克　白芍60克　砂仁60克　石菖蒲60克　远志60克　木香30克　白酒4升

【泡酒方法】

①把诸药材切碎入纱布袋中；

②把布袋放入容器，加白酒；

③煮沸，冷却后密封；

④浸泡约7日后拿掉纱布袋即可饮用。

【功能效用】

此款药酒具有补气血、理脾胃的功效。主治心悸健忘、头晕眼花、倦怠乏力、气血不足、脾胃虚弱。

十二红药酒

【使用方法】口服。每日2次，每次20～30毫升。早晨及临睡前饮用效果更佳。
【贮藏方法】放在干燥、阴凉、避光处保存。
【注意事项】①感冒病人不宜服用；②忌油腻食物。

【药材配方】

地黄90克 续断90克 黄芪75克 牛膝75克 山药45克 桂圆肉45克 当归45克 制首乌60克

党参60克 茯苓60克 杜仲60克 大枣60克 红花15克 甘草15克 红糖1.2千克 白酒12升

【泡酒方法】

①把诸药材捣碎入布袋中；
②把布袋入容器，加7升白酒；
③密封浸泡15日，布袋入另一容器，加5升白酒再浸15日；
④合并两次白酒，加红糖饮。

【功能效用】

补气养血，健脾壮腰，养心安神，舒经通络。主治脾肾两亏、气血不足、神不守舍所致的神经衰弱、惊悸健忘、失眠多梦、头晕目眩。

桑龙药酒

【使用方法】口服。视个人身体情况适量饮用。
【贮藏方法】放在干燥、阴凉、避光处保存。
【注意事项】脾胃虚寒便溏者忌服。

【药材配方】

桑葚60克 桂圆肉60克 白酒2500毫升

【功能效用】

滋阴养血，补益心脾，养心安神，清肝明目，生津润肠。适用于阴虚血少所致的心悸失眠、心脾不足、耳聋目暗、老弱体虚、腰酸耳鸣、津伤口渴、肠燥便秘等症。

【泡酒方法】

①把桑葚和桂圆肉捣碎装入洁净纱布袋中；
②把装有药材的纱布袋放入合适的容器中；
③将白酒倒入容器中；
④经常摇动，浸泡约10日后拿掉纱布袋即可饮用。

宁心酒

【使用方法】口服。每天2次，每次15～20毫升。
【贮藏方法】放在干燥、阴凉、避光处保存。
【注意事项】糖尿病患者忌服。

【药材配方】

桂圆500克　桂花120克
白糖240克　白酒5升

【功能效用】

桂圆具有补益心脾、养血宁神的功效；桂花具有散寒破结、化痰止咳的功效。此款药酒具有安神宁心、定志养颜的功效。主治心悸、神经衰弱、失眠健忘等症。

【泡酒方法】

①将桂圆去核取肉，洗净后沥干备用；
②将桂圆肉、桂花、白糖放入容器中；
③将白酒倒入容器中；
④密封浸泡，愈久愈佳，每取药液服用。

桂圆药酒

【使用方法】口服。每日不超过30毫升。
【贮藏方法】放在干燥、阴凉、避光处保存。
【注意事项】儿童慎服。

【药材配方】

牛膝90克　杜仲90克　五加皮90克　金银花90克　红花30克
甘草30克　枸杞120克　桂圆肉120克　生地120克　当归身120克
大枣500克　白糖1千克　蜂蜜1千克　低度白酒8升

【泡酒方法】

①把诸药材捣碎入纱布袋中；
②把纱布袋放入容器，倒入白酒、白糖和蜂蜜后密封；
③把容器隔水加热后放凉；
④浸泡约15日后去布袋饮用。

【功能效用】

安神补血，补肝益肾，强壮筋骨。主治心悸失眠、肝肾精血不足、腰膝乏力、筋骨不利、头晕目眩等症。

扶衰五味酒

【使用方法】口服。每日2次，每次10～20毫升。
【贮藏方法】放在干燥、阴凉、避光处保存。
【注意事项】感冒发热、消化不良者不宜服用。

【药材配方】

五味子20克

党参30克

桂圆肉30克

柏子仁20克

丹参20克　白酒1.5升

【功能效用】

养心安神，补气养血，滋肺益肾。适用于脾肺肾皆虚所致的心悸不安、体弱无力、懒言气短、食欲不佳、四肢乏力、怔忡健忘、烦躁失眠等症。

【泡酒方法】

①把上述药材捣碎，装入洁净纱布袋中；
②把装有药材的纱布袋放入合适的容器中；
③将白酒倒入容器中；
④每日摇动数次，浸泡约15日后拿掉纱布袋即可饮用。

人参五味子酒

【使用方法】口服。每日2次，每次20～30毫升。
【贮藏方法】放在干燥、阴凉、避光处保存。
【注意事项】感冒患者不宜服用。

【药材配方】

鲜人参180克　生晒参45克

黄芪100克

五味子200克

白酒4升

【功能效用】

滋阴敛汗，益气强肝，补肾宁心。主治体虚气弱、疲劳过度、久嗽残喘、心悸气短、汗多肢倦、头晕干渴、少寐健忘、面色少华、舌淡苔白。

【泡酒方法】

①把生晒参切片、五味子捣碎入纱布袋，放入容器，加500毫升白酒；
②密封浸泡约15日后拿掉纱布袋备用；
③加水500毫升煎黄芪，箭2次，合并滤液再过滤，浓缩至500毫升；
④把浸泡过生晒参和五味子的白酒与黄芪浓缩液混匀，静置一周；
⑤加入鲜人参和3.5升白酒后密封，浸泡约15日后即可饮用。

参葡酒

【使用方法】空腹口服。每天2次，每次10～20毫升。

【贮藏方法】放在干燥、阴凉、避光处保存。

【注意事项】湿重者忌服。

【药材配方】

【功能效用】

人参具有大补元气的功效。此款药酒具有养心益气、健脾宁神、强筋壮骨的功效，适用于心悸失眠、脾虚气血不足、食欲缺乏、盗汗痨嗽、津亏口渴等症。

【泡酒方法】

①将人参切成小段；

②将葡萄去核捣烂，取汁备用；

③将人参、葡萄汁一起放入容器中；

④密封浸泡，每天晃动1次，7天后取药液饮用。

宁心安神酒

【使用方法】口服。每日1次，每次20毫升，睡前用温水服。

【贮藏方法】放在干燥、阴凉、避光处保存。

【注意事项】切勿食用辛辣、不易消化食物，忌过量饱食。

【药材配方】

白酒2升

【功能效用】

此款药酒具有健脾养心、益智安神的功效。主治心悸烦闷、失眠健忘、倦怠乏力、口臭咽干、夜寐不安等症。

【泡酒方法】

①把桂圆肉、桂花放入布袋，然后将此布袋放入容器；

②将白糖放入容器中；

③密封浸泡14天；

④过滤去渣后，取药液服用。

心律失常

◎正常人心脏起搏点位于窦房结，并按正常传导系统顺序激动心室和心房。如果心脏激动起源异常或传导异常，称为心律失常。

引起心律失常的原因主要分生理性因素和病理性因素两大类。生理性因素主要包括运动、情绪波动、进食、体位变化、睡眠、吸烟、饮酒或咖啡、受冷热刺激等；病理性因素包括心血管、内分泌、代谢异常、药物影响、食物中毒、药物中毒、电解质紊乱、心导管检查以及物理因素几方面。

心律失常主要表现为心慌、头晕、胸闷憋气、脉率不齐。严重时失去知觉，血压下降，心跳停止。一旦心律失常发作时，如不及时正确处理，常可发生意外。

按心律失常发生原理，分为冲动发生异常、传导异常以及冲动发生与传导联合异常；按心律失常时心率的快慢，可分为快速性和缓慢性心律失常。

心律失常常见于各种器质性心脏病，其中以冠心病、心肌疾病和风心病（风湿性心脏病）为多见，尤其在发生心力衰竭、急性心肌梗死的时候发生心律失常，重者易发生猝死。

缓脉酒

【使用方法】口服。每日3次，每次10~15毫升。
【贮藏方法】放在干燥、阴凉、避光处保存。
【注意事项】心动过速者忌服。

【药材配方】

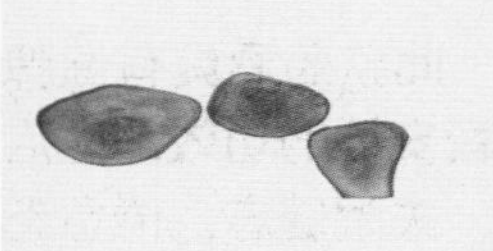
鹿茸20克

低度白酒2升

【功能效用】

鹿茸具有降低血压、减慢心律、扩张外周血管的功效。此款药酒具有增加心率、生精益血、补髓健骨的功效。主治病态窦房结综合征、窦性心动过缓。

【泡酒方法】

①把鹿茸切片装入洁净纱布袋中；
②把装有鹿茸的纱布袋放入合适的容器，加入1升白酒后密封；
③浸泡约7日后取出纱布袋放入另一容器中；
④倒入1升白酒后密封，再次浸泡7日左右；
⑤拿掉纱布袋，合并两次浸泡后的白酒即可饮用。

怔忡药酒

【使用方法】口服。早晚各1次，每次15~20毫升。
【贮藏方法】放在干燥、阴凉、避光处保存。
【注意事项】心动过速者忌服。

【药材配方】

茯苓10克

柏子仁10克

当归身10克

生地15克

枣仁15克

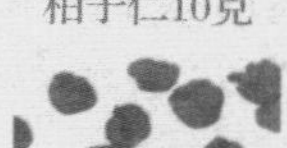
桂圆肉20克

白酒1升

【泡酒方法】

①将上述6味药捣碎，装入洁净纱布袋中；
②将洁净纱布袋放入合适的容器中，倒入白酒密封；
③浸泡7天后，过滤即可服用。

【功能效用】

养血安神，宁心益智。主治心血虚少所致的头昏乏力、惊悸怔忡，有养血宁心作用，对于心血虚所致的各种心律失常有一定作用。

参苏酒

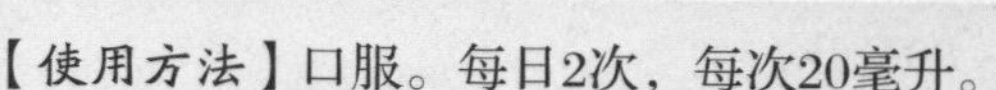

【使用方法】口服。每日2次，每次20毫升。
【贮藏方法】放在干燥、阴凉、避光处保存。
【注意事项】阴虚火旺或阳盛之人不宜饮用。

【药材配方】

红参20克

苏木20克

陈皮20克

甘草20克

红花10克

白酒1升

【功能效用】

此款药酒具有益气活血、安神宁心的功效。主治气虚血瘀所导致的心律失常、胸闷心悸和失眠。

【泡酒方法】

①将上述药材捣碎，装入洁净的纱布袋中；
②将洁净纱布袋放入合适的容器中；
③将白酒倒入容器中；
④浸泡一周后，过滤即可服用。

眩晕

◎眩晕包括由视觉、本体觉、前庭功能障碍所致的一组症候，是一种运动性和位置性的幻觉。这些感觉中，凡是有旋转感觉的，为前庭系统受累，统称为真性眩晕；而无旋转感觉的，即波浪起伏感、不稳感、摇摆感、头重脚轻感等。除前庭系统可能受累外，常因视觉系统或本体感觉系统受累而引起，这些感觉称为眩晕。

一般认为，眩晕是人的空间定位障碍所致的一种主观错觉，对自身周围的环境、自身位置的判断发生错觉。通常可分为两类：

（1）旋转性眩晕

多由前庭神经系统及小脑的功能障碍所致，以倾倒的感觉为主，感到自身晃动或景物旋转。

（2）一般性眩晕

多由某些全身性疾病引起，以头昏的感觉为主，感到头重脚轻。

山药白术酒

【使用方法】口服。每日2次，每次20～30毫升。

【贮藏方法】放在干燥、阴凉、避光处保存。

【注意事项】饮用期间忌食桃、李、雀肉等。

【药材配方】

山药240克

白术240克

五味子240克

丹参240克

防风300克

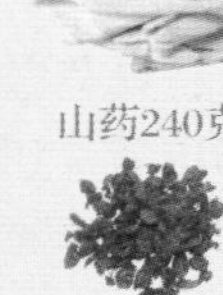

山茱萸2000克

人参60克

生姜180克

白酒7升

【泡酒方法】

①把诸药材捣碎，放入纱布袋中；

②把纱布袋入容器，加白酒；

③密封浸泡约15日后拿掉纱布袋即可饮用。

【功能效用】

此款药酒具有补益精髓、强壮脾胃、养肝补肾、活血祛风的功效。主治头风眩晕、不能食证。

补益杞圆酒

【使用方法】口服。每日2次，每次10～20毫升。
【贮藏方法】放在干燥、阴凉、避光处保存。
【注意事项】孕妇慎服。

【药材配方】

枸杞60克
桂圆肉60克
白酒500毫升

【功能效用】

养肝补肾，补益精血，养心健脾。适用于肾虚血虚所致的头晕目眩、腰膝酸软、乏力倦怠、健忘失眠、神志不宁、目昏多泪、食欲不佳等症。

【泡酒方法】

①把枸杞子和桂圆肉捣碎，装入洁净纱布袋中；
②把装有药材的纱布袋放入合适的容器中，倒入白酒后密封；
③每日摇动数次；
④浸泡约10日后拿掉纱布袋即可饮用。

菊花酒

【使用方法】口服。每日2次，每次20毫升。
【贮藏方法】放在干燥、阴凉、避光处保存。
【注意事项】高血压患者忌服。

【药材配方】

菊花500克

糯米1千克

生地黄200克

枸杞200克

当归200克

酒曲适量

【功能效用】

菊花具有预防心脑血管疾病的功效。此款药酒具有延缓衰老、疏风清热、滋阴健脑、养肝明目的功效。适用于头晕目眩、耳鸣耳聋、头风、手足震颤等。

【泡酒方法】

①把4味药材放入锅中，加水煎汁，过滤待用；
②把糯米用水浸后沥干，放入锅中，熬煮至半熟后放凉；
③把药汁倒入冷却后的糯米中，加入酒曲，搅拌均匀后密封；
④用稻草或棉花围在四周保温使其发酵，约7日后味甜即可饮用。

松鹤补酒

【使用方法】口服。每日2次，每次15～20毫升。
【贮藏方法】放在干燥、阴凉、避光处保存。
【注意事项】泽泻应用盐制。

【药材配方】

山药350克　玉竹350克　茯苓300克　泽泻300克
麦冬300克　灵芝50克　五味子10克　人参80克
丹皮30克　熟地黄80克　山茱萸20克　红曲100克
蔗糖4.8千克　白酒40升

【泡酒方法】

①把山药、玉竹、茯苓、泽泻、麦冬、灵芝、五味子、人参、丹皮、熟地黄、山茱萸、红曲分别捣碎，装入洁净纱布袋中；
②把装有药材的纱布袋放入合适的容器中；
③将白酒倒入该容器中，加盖密封；
④浸泡约15日取出，拿掉纱布袋；
⑤把蔗糖制成糖浆倒入装有白酒的容器内搅匀，待其静置溶匀后，方可取药液饮用。

【功能效用】

山药具有补脾养胃、生津益肺、补肾涩精的功效；玉竹具有滋阴润肺、生津止渴的功效；泽泻具有降压、降血糖、抗脂肪肝的功效。此款药酒具有养肝补肾、强身健体、延年益寿的功效，适用于眩晕、精神不振、失眠健忘、心悸气短、自汗盗汗、腰膝无力、舌红苔薄、脉细数等症。

白菊花茯苓酒

【使用方法】口服。每日3次，每次15～30毫升。
【贮藏方法】放在干燥、阴凉、避光处保存。
【注意事项】高血压患者慎服。

【药材配方】

白菊花500克

白茯苓500克

白酒3升

【功能效用】

此款药酒具有疏风除热、养肝明目、调理血脉、补气益脾、延年不老的功效，适用于眼目昏花、视物不清、头痛眩晕、目赤肿痛等症。

【泡酒方法】

①把白菊花和白茯苓捣碎，装入洁净纱布袋中；
②把装有药材的纱布袋放入合适的容器中；
③把白酒倒入容器中；
④浸泡约15日后拿掉纱布袋即可饮用。

泡酒方

【使用方法】口服。每日1次，每次20毫升。早晨饮用效果最佳。
【贮藏方法】放在干燥、阴凉、避光处保存。
【注意事项】儿童慎服。

【药材配方】

鲜石菖蒲30克　鲜木瓜30克　桑寄生50克
小茴香10克　九月菊根30克　白酒3升

【功能效用】

此款药酒具有清心柔肝，明目开窍，助阳通络，补肾祛湿的功效，适用于肝肾虚弱引起的眩晕耳鸣、消化不良、阳虚恶风、步履无力等症。

【泡酒方法】

①把上述药材捣碎装入洁净纱布袋中；
②把装有药材的纱布袋放入合适的容器中；
③把白酒倒入容器中；
④浸泡约7日后，拿掉纱布袋，取药液饮用。

面瘫

◎面瘫，又称为“面神经麻痹症”“歪嘴巴”“歪歪嘴”“吊线风”，通常是指由各种原因引起的非进行，面神经异常所导致的中枢性运动障碍，是以面部表情肌群运动功能障碍为主要特征的一种常见病。发病之初表现为面神经发炎，随着病情发展，会出现眼角下垂、口眼歪斜等症状，患者面部往往连最基本的抬眉、闭眼、鼓嘴等动作都无法完成。

面瘫的症状主要有以下两种：

1.唾液分泌障碍

这是在临床上比较常见的一种病症，唾液分泌障碍就是面神经麻痹患者的一侧会呈现唾液分泌量很少的病症。

2.泪腺分泌障碍

在面神经麻痹发病期间，患者经常会有不由自主流泪的情况发生，同时还有眼睛干涩不能正常分泌眼泪的病症。

加味酒调牵正散

【使用方法】口服。每天1剂，分3次服用。
【贮藏方法】放在干燥、阴凉、避光处保存。
【注意事项】全蝎为有毒之品，用量宜慎。

【药材配方】

当归30克　黄芪200克　僵蚕20克
全蝎20克　白酒20毫升

【功能效用】

当归具有增强心肌血液供应、促进血红蛋白及红细胞生成、促进淋巴细胞转化的功效。此款药酒具有熄风止痉、化痰通络的功效。主治面瘫。

【泡酒方法】

①将黄芪、当归、僵蚕、全蝎放入容器中；
②加适量清水，煎煮药材；
③将药液过滤去渣，取澄清滤液备用；
④将白酒倒入滤液中，待其混匀，取汁液服用。

蚕沙酒

【使用方法】口服。每日3次，每次10～15毫升。
【贮藏方法】放在干燥、阴凉、避光处保存。
【注意事项】阴虚火旺，上盛下虚及气弱之人忌服。

【药材配方】

晚蚕沙200克

川芎120克

白附子200克

白酒2升

【功能效用】

晚蚕沙具有祛风除湿、和胃化浊、活血通经的功效；川芎具有活血祛瘀、行气开郁、祛风止痛的功效；白附子具有燥湿化痰、解毒散结的功效。此款药酒具有祛风除湿、活血行瘀、通络化痰的功效。主治口眼歪斜。

【泡酒方法】

①把上述药材捣碎，装入洁净纱布袋中；
②把装有药材的纱布袋放入合适的容器中；
③把白酒倒入容器中；
④浸泡约7日后拿掉纱布袋即可饮用。

牵正酒

【使用方法】口服。每日3次，每次10～15毫升。临睡前饮用效果更佳。
【贮藏方法】放在干燥、阴凉、避光处保存。
【注意事项】病属痰热及阴虚肝阳上亢者忌用，孕妇慎用。

【药材配方】

独活50克

白附子10 克

僵蚕16 克

全蝎10 克

大豆100 克

白酒1升

【功能效用】

独活具有祛风止痛的功效；白附子具有燥湿化痰、解毒散结的功效。此款药酒具有熄风止痉、化痰通络的功效。主治口眼歪斜。

【泡酒方法】

①把上述药材捣碎，装入洁净纱布袋中；
②把装有药材的纱布袋放入合适的容器中；
③把白酒倒入容器中；
④浸泡3～5日或放在火上煮沸几次，拿掉纱布袋即可饮用。

熄风止痉酒

【使用方法】口服。每日2次，每次40毫升。
【贮藏方法】放在干燥、阴凉、避光处保存。
【注意事项】津衰血少、口干舌燥、血虚头痛及痛风的患者，慎用天麻。

【药材配方】

天麻60克　钩藤60克　羌活60克

防风60克　黑小豆120克　黄酒800毫升

【功能效用】

天麻具有熄风止痉、平肝潜阳、祛风通络的功效。此款药酒具有祛风止痉的功效。主治口眼歪斜、中风口噤、四肢强直、角弓反张、神经麻痹。

【泡酒方法】

①把上述药材捣碎，装入洁净纱布袋中；
②把装有药材的纱布袋放入合适的容器中；
③倒入黄酒后密封；
④放在火上煮至微沸，拿掉纱布袋即可饮用。

葛根桂枝酒

【使用方法】口服。每日3次，每次15～20毫升。配合本药酒涂擦按摩患处，效果更佳。
【贮藏方法】放在干燥、阴凉、避光处保存。
【注意事项】每次不可多服，否则伤胃。

【药材配方】

葛根100克　桂枝60克　丹参60克

炒白芍10克　甘草20克　白酒1升

【功能效用】

葛根具有降血压、抗癌的功效；桂枝具有温经通脉、散寒止痛的功效。此款药酒具有祛风活血、舒筋通络的功效。主治项背强直、拘急。适用于颈椎病、面神经麻痹。

【泡酒方法】

①把上述药材捣碎，装入洁净纱布袋中；
②把装有药材的纱布袋放入合适的容器中；
③倒入白酒后密封；
④浸泡约15日后拿掉纱布袋即可饮用。

牵正独活酒

【使用方法】口服。每日2～3次，每次10～15毫升。

【贮藏方法】放在干燥、阴凉、避光处保存。

【注意事项】儿童慎服。

【药材配方】

独活100克

白附子20克

大豆400克

白酒2升

【功能效用】

独活具有祛风止痛的功效；大豆具有防止贫血、促发育、降低血脂胆固醇的功效。此款药酒具有祛风通络的功效，适用于口眼歪斜等症。

【泡酒方法】

①把上述药材捣碎，装入洁净纱布袋中；

②把装有药材的纱布袋放入合适的容器中；

③将白酒倒入容器后，反复煮沸几次；

④冷却后拿掉纱布袋即可饮用。

定风酒

【使用方法】口服。视个人身体情况适量饮用。

【贮藏方法】放在干燥、阴凉、避光处保存。

【注意事项】孕产妇及儿童慎服。

【药材配方】

天门冬100克

麦冬50克

生地黄50克

熟地黄50克

川芎50克

五加皮50克

牛膝30克

秦艽50克

川桂枝30克

蜂蜜100克

红砂糖100克

陈米醋100毫升

白酒2升

【泡酒方法】

①把蜂蜜、红糖、陈米醋和白酒入容器拌匀，其余诸药入布袋；

②把布袋入容器密封，隔水煮3小时后放凉，浸泡10日后去布袋即可饮用。

【功能效用】

养肝补肾，补血散风，健筋壮骨。主治中风后半身不遂、筋骨疼痛、头晕目眩、头痛耳鸣、失眠多梦、突发性口眼歪斜或手足重滞。

再生障碍性贫血

◎再生障碍性贫血是一种骨髓造血功能衰竭症，主要表现为骨髓造血功能低下、全血细胞减少和贫血、出血、感染症候群。再生障碍性贫血分为重型、轻型。

1.贫血

有苍白、乏力、头昏、心悸和气短等症状。急重型者多呈进行性加重，而轻型者呈慢性过程。

2.感染

以呼吸道感染最常见，其次为消化道、泌尿生殖道及皮肤黏膜感染等。急重型者多有发热，体温在39℃以上。轻型者少见高热，感染相对易控制，很少持续1周以上。

3.出血

有程度不同的皮肤黏膜及内脏出血。皮肤表现为出血点或大片瘀斑，口腔黏膜有血疱，鼻出血、牙龈出血、眼结膜出血等。轻型者以皮肤黏膜出血为主。

桂圆补血酒

【使用方法】口服。每日2次，每次20～30毫升。

【贮藏方法】放在干燥、阴凉、避光处保存。

【注意事项】儿童慎服。

【药材配方】

桂圆肉250克

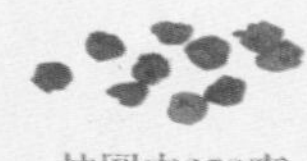

何首乌250克

鸡血藤250克

白酒3升

【功能效用】

益精补髓，养心安神。主治血虚气弱所致的贫血、面色无华、容颜憔悴、头晕心悸、失眠健忘、四肢乏力、神经衰弱、须发早白等症。

【泡酒方法】

①把上述药材捣碎，装入洁净纱布袋中；

②把装有药材的纱布袋放入合适的容器中；

③将白酒倒入容器中；

④浸泡约15日后拿掉纱布袋即可饮用。

当归酒

【使用方法】口服。每日3次，每次20～30毫升。
【贮藏方法】放在干燥、阴凉、避光处保存。
【注意事项】中满便溏者忌服。

【药材配方】

当归60克　白酒700毫升

【功能效用】

补血活血，调经止痛，润肠通便。主治月经不调、闭经痛经、虚寒腹痛、产后瘀血阻滞、产后风瘫、血虚萎黄、眩晕心悸、风湿痹痛、跌扑损伤、肠燥便秘等。

【泡酒方法】

①把当归切成薄片装入洁净纱布袋中；
②把装有当归的纱布袋放入合适的容器中；
③将白酒倒入容器中；
④每日摇动数次；
⑤浸泡约7日后拿掉纱布袋即可饮用。

枸杞熟地酒

【使用方法】口服。每日2次，每次10～15毫升。空腹饮用效果更佳。
【贮藏方法】放在干燥、阴凉、避光处保存。
【注意事项】痰湿内盛者忌服。

【药材配方】

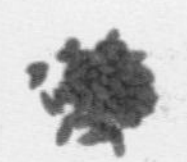

枸杞100克

熟地黄20克

远志10克

百合10克

黄精20克

白糖200克

白酒2升

【泡酒方法】

①把诸药材捣碎，入纱布袋中；
②把纱布袋放入容器，倒入白糖和白酒后密封；
③浸泡约15日后去布袋饮用。

【功能效用】

养肝补肾，清心宁神，补血益精。主治失眠多梦、肝肾阴虚、心悸健忘、口干舌燥、面色不华、舌质偏红、脉虚无力、眩晕、贫血等。

金芍玉液酒

【使用方法】口服。每日3次，每次15～30毫升。
【贮藏方法】放在干燥、阴凉、避光处保存。
【注意事项】①阴虚火旺者忌服；②孕妇、感冒患者不宜服用。

【药材配方】

人参16克　熟地黄48克　玉竹48克　桑葚48克　麦冬48克
白芍48克　枸杞48克　白术36克　黄芪36克　茯苓36克
丹参36克　陈皮24克　红花24克　川芎24克　甘草24克
党参40克　玫瑰花8克　白糖3.6千克　白酒10升

【泡酒方法】

①把人参、熟地黄、玉竹、桑葚、麦冬、白芍、枸杞子、白术、黄芪、茯苓、丹参、陈皮、红花、川芎、甘草、党参、玫瑰花分别捣碎成细粉，再装入洁净纱布袋中；
②把装有药材的纱布袋放入合适的容器中，倒入白酒后密封；
③把白糖加水适量，煮沸溶解后放冷；
④把放冷后的白糖水倒入容器中与白酒混匀；
⑤加入冷开水至总量为10升；
⑥浸泡约7日后拿掉纱布袋即可饮用。

【功能效用】

此款药酒具有补气益血、柔肝通络的功效。主治因气血不足所致的虚损贫血、心悸气短、自汗盗汗、失眠健忘、头晕眼花、眩晕耳鸣、肌肉酸痛、爪甲不荣、神倦体乏、食欲不佳、懒言声低、四肢麻木、遗精早泄、舌质偏红、脉虚无力等症。

枸杞人参酒

【使用方法】口服。每日2次，每次15毫升。

【贮藏方法】放在干燥、阴凉、避光处保存。

【注意事项】孕妇及小孩不宜饮用。

【药材配方】

枸杞180克　人参12克　白酒5升

冰糖200克　熟地黄60克

【功能效用】

益气补血，养心安神，活血通络，清热生津。主治肾气不足所致的健忘耳鸣、头晕目眩、腰膝酸痛、贫血、阳痿早泄、食少倦怠、须发早白等。

【泡酒方法】

①人参用湿布润软后切片，与捣碎的枸杞子、熟地黄同入布袋，再入容器，加白酒密封浸泡15日，每日晃1次，至药材色淡味薄后去布袋；

②冰糖入锅，加适量清水加热溶化煮沸，炼至色黄时，趁热用纱布过滤去渣，放在一边使其自然冷却；

③把炼好的冰糖浆加入药酒中搅拌均匀，静置后即可饮用。

虫草黑枣酒

【使用方法】口服。每日2次，每次20毫升。

【贮藏方法】放在干燥、阴凉、避光处保存。

【注意事项】感冒发热者忌服。

【药材配方】

冬虫夏草120克　黑枣120克　白酒2升

【功能效用】

冬虫夏草具有扩张支气管平滑肌的功效。此款药酒具有补虚益精、养肝护肾、强身健体的功效。主治贫血、吐血、虚喘久咳、久病体虚、食欲不佳等症。

【泡酒方法】

①把冬虫夏草、黑枣洗净沥干，捣碎，装入洁净纱布袋中；

②把装有药材的纱布袋放入合适的容器中；

③将白酒倒入容器中；

④浸泡约60日后拿掉纱布袋即可饮用。

壮血药酒

【使用方法】口服。每日2次，每次15～20毫升。
【贮藏方法】放在干燥、阴凉、避光处保存。
【注意事项】①忌油腻辛辣食物；②孕妇、儿童、感冒患者不宜服用。

【药材配方】

当归500克

钻地风240克

何首乌240克

五指毛桃700克

骨碎补340克

白术70克

鸡血藤500克

甘草40克

白酒9升

【泡酒方法】

①炒白术、炙甘草，然后与其他药材一起蒸2小时，入布袋；②把布袋入容器加白酒，密封浸泡40日，去布袋饮用。

【功能效用】

此款药酒具有补气养血、疏经通络、强壮筋骨、健脾养胃的功效。主治贫血、病后体虚、腰膝酸痛、妇女带下、月经不调。

玉益酒

【使用方法】口服。每天1次，每次15毫升。睡前温服。
【贮藏方法】放在干燥、阴凉、避光处保存。
【注意事项】痈疽初起或溃后热毒尚盛、阴虚阳亢者忌服。

【药材配方】

黄芪200克

白术80克

熟地黄200克

枸杞200克

玉竹200克

白酒1.2升

【功能效用】

黄芪具有理气固表、止汗固脱、消疮生肌、利水消肿的功效。此款药酒具有补气养血、滋阴补肾的功效，适用于再生障碍性贫血等症。

【泡酒方法】

①将黄芪进行蜜炙，白术进行翻炒；
②将诸药材洗净后研成细粉，放入纱布袋，再放入容器中；
③将白酒倒入容器中，浸没纱布袋；
④用文火煎煮30分钟后离火；
⑤过滤去渣后，取药液服用。

鹿茸山药酒

【使用方法】口服。每天3次，每次15～20毫升。
【贮藏方法】放在干燥、阴凉、避光处保存。
【注意事项】大便燥结者慎服。

【药材配方】

鹿茸75克　山药30克　白酒500毫升

【功能效用】

鹿茸具有提高机体抗氧化能力、降血压、调整心律的功效。此款药酒具有补肾壮阳的功效。主治阳痿早泄、再生障碍性贫血及其他贫血。

【泡酒方法】

①将鹿茸、山药放入容器中；
②将白酒倒入容器中；
③密封浸泡7天后取出；
④过滤去渣，取药液服用。

健身药酒

【使用方法】口服。每日2次，每次30毫升。
【贮藏方法】放在干燥、阴凉、避光处保存。
【注意事项】孕妇慎服。

【药材配方】

女贞子50克

菟丝子50克

金樱子50克

肉苁蓉50克

黄精50克

熟地黄150克　当归30克

炙甘草30克

锁阳120克

淫羊藿120克

远志120克

制附子90克

黄芪180克

白酒9升

【泡酒方法】

①把诸药材捣碎入纱布袋中；
②把纱布袋放入容器；
③将白酒倒入容器中；
④密封浸泡约45日后拿掉纱布袋即可饮用。

【功能效用】

提神补气，壮腰固肾。主治身体虚弱、头晕目眩、健忘疲倦、贫血萎黄、夜多小便、食欲不佳。

两桂酒

【使用方法】口服。每日1次，每次20毫升。
【贮藏方法】放在干燥、阴凉、避光处保存。
【注意事项】儿童慎服。

【药材配方】

桂花120克

桂圆肉500克

白糖250克

白酒2.5升

【功能效用】

桂花具有散寒破结、化痰止咳的功效。此款药酒具有滋阴补血、除口臭、祛痰化痰的功效。主治气血不足、头晕目眩、四肢乏力等症。

【泡酒方法】

①将桂花和桂圆肉加白糖搅拌均匀；
②将混匀的药材放入合适的容器中；
③将白酒倒入容器中；
④密封15天后，过滤去渣，即可取药液饮用。

桑枣杞圆酒

【使用方法】口服。每日2次，每次15~20毫升。
【贮藏方法】放在干燥、阴凉、避光处保存。
【注意事项】孕妇、儿童慎服。

【药材配方】

桑葚100克　大枣50枚

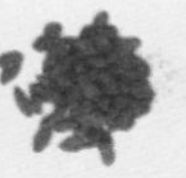
枸杞100克

桂圆肉100克

白酒2升

【功能效用】

桑葚具有滋阴补血、生津润燥的功效。此款药酒具有安神补血、滋阴壮骨的功效。主治因血亏所致的头晕目眩、心悸气短、神经衰弱等症。

【泡酒方法】

①将桑葚、大枣、枸杞子、桂圆肉分别捣碎，放入容器中；
②加入白酒；
③密封浸泡14天，经常摇动；
④待其颜色呈深红色，过滤去渣，取药液服用。

脑卒中

◎脑卒中也称为中风，是中医学对急性脑血管疾病的统称。它是以猝然昏倒，不省人事，伴发口角歪斜、语言不利、半身不遂为主要症状的一类疾病，可以分为两种类型：缺血性脑卒中和出血性脑卒中。

由于本病发病率高、死亡率高、致残率高、复发率高以及并发症多的特点，所以医学界把它同冠心病、癌症并列为威胁人类健康的三大疾病之一。本病常留有后遗症，发病年龄也趋向年轻化，是威胁人类生命和生活质量的重大疾患。

西医学的急性脑血管病，例如脑梗死、脑出血、脑栓塞、蛛网膜下腔出血等属本病范畴。西医学将本病主要划分为出血性和缺血性两类，高血压、动脉硬化、脑血管畸形、脑动脉瘤常可导致出血性脑卒中；风湿性心脏病、心房颤动、细菌性心内膜炎等常形成缺血性脑卒中。另外高血糖、高血脂、血液流变学异常及情绪的异常波动与本病的发生密切相关。

复方白蛇酒

【使用方法】口服。每日2次，每次30～50毫升。
【贮藏方法】放在干燥、阴凉、避光处保存。
【注意事项】孕、产妇和儿童慎服。

【药材配方】

白花蛇90克

炙全蝎90克

当归300克

独活300克

天麻180克

赤芍300克

糯米7.5千克

酒曲适量

【泡酒方法】

①把糯米入锅蒸到半熟放冷，与酒曲拌匀密封，待其出酒；
②将其余诸药捣碎入布袋再入容器，加糯米酒密封，隔水煮沸后浸泡10日，去布袋饮用。

【功能效用】

此款药酒具有祛风除湿、通经活络、平肝止痛的功效。主治中风偏瘫、半身不遂、口眼歪斜、风湿痹痛等。

黑豆白酒

【使用方法】口服。徐徐灌服，视个人身体情况适量饮用。
【贮藏方法】放在干燥、阴凉、避光处保存。
【注意事项】儿童慎服。

【药材配方】

黑豆500克

白酒2升

【功能效用】

黑豆具有活血解毒、利尿明目、滋补肾阴的功效。此款药酒具有活血化瘀、温经祛风、通窍止痛的功效，适用于中风口噤、筋脉挛急等症。

【泡酒方法】

①把黑豆放入锅中，炒至烟出；
②把炒好的黑豆装入洁净纱布袋中；
③将装好药材的纱布袋趁热投入准备好的白酒中；
④密封浸泡约2日后，拿掉纱布袋即可饮用。

爬山虎药酒

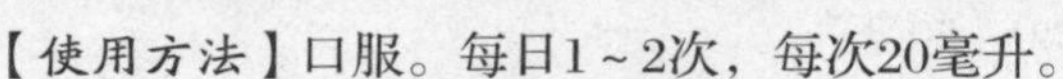

【使用方法】口服。每日1～2次，每次20毫升。
【贮藏方法】放在干燥、阴凉、避光处保存。
【注意事项】阳虚体质者慎服。

【药材配方】

爬山虎180克

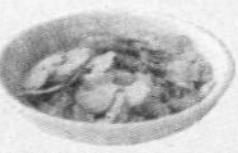
西洋参360克

麝香3.6克

白酒4.5升

【功能效用】

爬山虎具有祛风通络、活血解毒的功效；西洋参具有清热去烦、止渴生津的功效。此款药酒具有扶正祛邪、疏经通络的功效。主治重型瘫痪等中风后遗症。

【泡酒方法】

①爬山虎和西洋参捣碎，麝香研成细粉，一并装入洁净纱布袋中；
②把装有药材的纱布袋放入合适的容器中；
③将白酒倒入容器中；
④密封浸泡约15日后拿掉纱布袋即可饮用。

黄芪酒

【使用方法】口服。每日2次，每次10~20毫升。
【贮藏方法】放在干燥、阴凉、避光处保存。
【注意事项】泡过一次的药渣可以再加酒浸泡饮用。

【药材配方】

【泡酒方法】

①将甘草进行炙制；
②将乌头进行炮制；
③把黄芪、独活、山茱萸、桂心、川椒、白术、牛膝、葛根、防风、川芎、制附子、细辛、甘草、大黄、干姜、乌头、秦艽、当归分别捣碎，再装入洁净纱布袋中；
④把装有药材的纱布袋放入合适的容器中；
⑤把白酒倒入容器中；
⑥密封浸泡约15日后拿掉纱布袋即可饮用。

【功能效用】

黄芪具有益气固表、敛汗固脱、托疮生肌、利水消肿的功效；独活具有祛风止痛的功效；山茱萸具有止汗补虚、清热止渴的功效；白术具有消肿止汗、除烦止泻的功效。此款药酒具有祛风除湿、养肝补肾、活血通络的功效。主治半身不遂、四肢无力等症。

仙酒方

【使用方法】口服。每日3次，每次温饮30~50毫升。空腹饮用效果更佳。
【贮藏方法】放在干燥、阴凉、避光处保存。
【注意事项】饮用期间忌食鱼、面；

【药材配方】

牛膝24克　秦艽24克　桔梗24克　天麻100克　天麻子400克
当归36克　羌活24克　防风24克　枸杞800克　牛蒡根200克
牛蒡子100克　苍术24克　枳壳24克　晚蚕沙24克　白酒6升

【泡酒方法】

①将苍术去皮蒸烂，其余诸药捣碎后入纱布袋中；
②把纱布袋放入容器；
③将白酒倒入容器中；
④密封浸泡约7日，去布袋饮用。

【功能效用】

此款药酒具有疏经通络、活血通脉、柔肝熄风、健脾燥湿的功效。主治半身不遂、大风虚冷、手足拘挛、左瘫右痪等。

全蝎酒

【使用方法】口服。每日2~3次，每次10~15毫升。
【贮藏方法】放在干燥、阴凉、避光处保存。
【注意事项】开封时，脸不要靠近酒，以免酒气伤眼。

【药材配方】

全蝎24克　白附子24克
僵蚕24克　白酒2升

【功能效用】

白附子具有燥湿化痰、解毒散结的功效。此款药酒具有祛风除湿、活血化痰、通络止痉的功效。主治中风瘫痪、半身不遂、口眼歪斜等症。

【泡酒方法】

①把全蝎、白附子、僵蚕分别捣碎，再装入洁净纱布袋中；
②把装有药材的纱布袋放入合适的容器中；
③将白酒倒入容器中密封；
④浸泡约7日后拿掉纱布袋即可饮用。

健足酒

【使用方法】口服。每日2次，每次30~50毫升。
【贮藏方法】放在干燥、阴凉、避光处保存。
【注意事项】①体质虚寒者慎服；②久痛可加制附子90克。

【药材配方】

生地黄150克　牛膝150克　当归150克　黄檗150克　杜仲150克
白芍150克　秦艽150克　木瓜150克　防风150克　陈皮150克
苍术120克　川芎120克　羌活120克　独活120克　白芷105克
槟榔75克　肉桂60克　甘草60克　油松节80克　白酒4.5升

【泡酒方法】

①将黄檗盐炒，杜仲姜翻炒；
②将白芍、苍术分别进行翻炒；
③把生地黄、牛膝、当归、黄檗、杜仲、白芍、秦艽、木瓜、防风、陈皮、苍术、川芎、羌活、独活、白芷、槟榔、肉桂、甘草、油松节分别捣碎，再装入洁净纱布袋中；
④把装有药材的纱布袋放入合适的容器中，倒入白酒后密封；
⑤隔水煮约1小时后取出；
⑥浸泡约7日后拿掉纱布袋即可饮用。

【功能效用】

生地黄具有降低血压，预防关节炎、传染性肝炎的功效；牛膝具有补肝益肾、强筋壮骨、活血通经、利尿通淋的功效；杜仲具有降低血压、舒筋通络的功效。此款药酒具有祛风除湿、疏经通络的功效。主治半身不遂、瘫痪腿痛、手足麻痒、肢体无力等症。

鲁公酿酒

【使用方法】空腹口服。每天2次，每次10～15毫升。
【贮藏方法】放在干燥、阴凉、避光处保存。
【注意事项】体质虚寒者慎服。

【药材配方】

【泡酒方法】

①将踯躅、附子、桂心、秦艽、天雄、石膏、紫苑、川芎、葛根、黄花菜、石斛、通草、甘草、川续断、柏子仁、防风、巴戟天、山茱萸、细辛、牛膝、天门冬、乌头、川椒、干姜分别捣碎，放入容器中；
②加入清水，浸渍3天；
③加酒曲入容器中合渍；
④将糯米浸湿、沥干，煮熟后放凉；
⑤将糯米加入容器中，与药液拌匀合酿，密封浸泡约3天；
⑥过滤去渣，取药渣晒干研细末，与药液分开备用。

【功能效用】

附子具有回阳救逆、补火助阳、散寒止痛的功效；桂心具有益精明目、消瘀生肌的功效；秦艽具有祛风祛湿、舒筋通络、清热补虚的功效。此款药酒具有补肾壮阳、散风祛湿、疏经活络的功效。主治中风偏瘫、产乳中风、五劳七伤等症。

濒湖白花蛇酒

【使用方法】口服。每日2次，每次40～50毫升。
【贮藏方法】放在干燥、阴凉、避光处保存。
【注意事项】①阴虚内热者忌用；②饮用期间忌食鱼、羊、鹅、面。

【药材配方】

白花蛇1条

秦艽100克

天麻100克

羌活100克

当归身100克

五加皮50克

糯米酒3升

【泡酒方法】

①白花蛇用白酒润透去骨分肉，其余诸药捣碎，共入布袋；
②把纱布袋入容器加糯米酒；
③隔水煮1日，密封浸泡15日去纱布袋饮用。

【功能效用】

祛风除湿，熄风止痉，活血通络。主治中风伤湿、半身不遂、偏身麻木、口眼㖞斜、肌肉麻痹、骨节疼痛、年久疥癣恶疮等。

复方黑豆酒

【使用方法】口服。每日早、中、晚及临睡前各服1次，每次温饮20～30毫升。
【贮藏方法】放在干燥、阴凉、避光处保存。
【注意事项】儿童慎服。

【药材配方】

黑豆500克

桂枝300克

丹参300克

制川乌300克

黄酒6升

【功能效用】

祛风除湿、调中下气、活血、解毒等功效。此款药酒具有祛风除湿、通络止痛、温经活血、除痹祛瘀的功效。主治中风瘫痪、半身不遂。

【泡酒方法】

①把除黑豆外的药材捣碎，装入洁净纱布袋中；
②把装有药材的纱布袋放入合适的容器中，倒入黄酒；
③把黑豆炒熟，趁热投入酒中，密封；
④浸泡约7日后过滤即可饮用。

三七酒

【使用方法】口服。早、晚各1次，每次10毫升，30天1个疗程，用温水服。
【贮藏方法】放在干燥、阴凉、避光处保存。
【注意事项】①孕妇、口舌生疮、胃肠湿热、溃疡者忌服；②忌食生冷辛辣、油腻食物。

【药材配方】

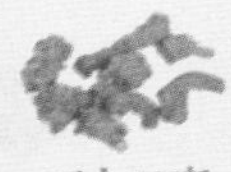

三七50克　薏苡仁50克　生地黄50克　海桐皮40克　地骨皮50克

五加皮50克　牛膝50克　川芎50克　羌活50克　白酒5升

【泡酒方法】

①将诸药材分别捣碎入布袋，然后将此布袋放入容器中；
②加入白酒，密封浸泡14天；
③过滤去渣后，取药液服用。

【功能效用】

散风祛湿，消肿止痛，益气活血，强筋壮骨。主治中风偏瘫、骨性关节炎、气血不畅、风湿痛痹等症。

牛膝酒

【使用方法】口服。不拘时温饮，每次10～15毫升。
【贮藏方法】放在干燥、阴凉、避光处保存。
【注意事项】每日不宜多饮，2～3次为宜。

【药材配方】

牛膝30克　丹参30克　五加皮30克　薏苡仁30克　秦艽30克

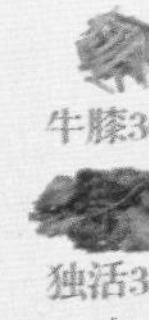

独活30克　制附子30克　桂心30克　杜仲30克　酸枣仁30克

淫羊藿30克　天门冬45克　细辛15克　晚蚕沙60克　白酒10升

【泡酒方法】

①将晚蚕沙微炒，其余诸药捣碎入纱布袋中；
②把布袋入容器，倒入白酒；
③密封浸泡15日去布袋饮用。

【功能效用】

此款药酒具有祛风除湿、补肾壮阳、舒筋通络的功效。主治半身不遂、偏瘫麻木、湿热腰痛等中风后遗症。

独活牛膝酒

【使用方法】口服。每日2次，每次40毫升。早饭前及临睡前饮用效果更佳。
【贮藏方法】放在干燥、阴凉、避光处保存。
【注意事项】内热较重、舌红无苔、阴虚火旺者慎服。

【药材配方】

独活90克

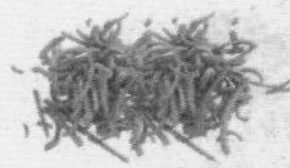
肉桂90克

防风90克

制附子90克

大麻仁150克

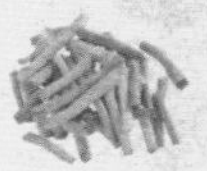
牛膝90克

川椒150克

白酒4.5升

【泡酒方法】

①将大麻仁炒香，其余诸药捣碎入纱布袋中；
②把布袋入容器，倒入白酒；
③密封浸泡约7日去布袋饮用。

【功能效用】

此款药酒具有祛风除湿、温经和血、舒筋通络的功效。主治半身不遂、关节疼痛、关节屈伸不利。

茵芋防风酒

【使用方法】口服。每日2次，每次10～15毫升。
【贮藏方法】放在干燥、阴凉、避光处保存。
【注意事项】阴虚火旺、血虚发痉者慎服。

【药材配方】

茵芋36克

防风60克

独活80克

制附子40克

肉桂36克

制川乌36克

牛膝24克

白酒3升

【泡酒方法】

①把诸药材捣碎入纱布袋中；
②把纱布袋放入合适的容器中，倒入白酒后密封；
③浸泡约7日后去纱布袋饮用。

【功能效用】

祛风除湿，温中止痛，活血通脉，强壮筋骨。主治半身不遂、筋脉拘挛、关节疼痛、关节屈伸不利、肚腹冷痛等。

桂枝酒

【使用方法】口服。每日临睡前视个人身体情况适量空腹饮用。
【贮藏方法】放在干燥、阴凉、避光处保存。
【注意事项】血虚发痉者慎服。

【药材配方】

桂枝120克　云茯苓120克　防风105克　独活90克　甘草90克

牛膝90克　山药90克　川芎90克　制附子90克　茵芋60克

杜仲90克　炮姜90克　白术105克　踯躅花90克　白酒7.5升

【泡酒方法】
①将14味药材分别捣碎，放入布袋中，然后将此布袋放入容器中；
②加入白酒，密封浸泡14天，过滤去渣，取药液服用。

【功能效用】
祛风除湿，补肾健脾，温经通络。主治中风口噤、口眼歪斜、言语不利、四肢抽搐、肌肉疼痛、偏身麻木、体虚乏力、关节屈伸不利。

金银地黄酒

【使用方法】口服。每日2～3次，每次20～30毫升。
【贮藏方法】放在干燥、阴凉、避光处保存。
【注意事项】脾胃虚寒、腹泻便溏者慎服。

【药材配方】

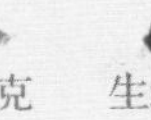

金银花180克　生地黄90克　熟地黄90克　枸杞90克　薏苡仁90克　苍术45克

木通90克　牛膝90克　川芎90克　当归90克　五加皮45克

川乌24克　黄檗24克　草乌24克　甘草24克　白酒6升

【泡酒方法】
①把诸药材捣碎入纱布袋中；
②把装有药材的纱布袋放入合适的容器中，倒入白酒后密封；
③浸泡约15日后拿掉纱布袋即可饮用。

【功能效用】
此款药酒具有扶正祛邪、益气活血、祛瘀通络的功效。主治半身不遂、偏身麻木、日夜骨痛等。

第三篇

防治泌尿系统疾病的药酒

泌尿系统的疾病既可由身体其他系统病变引起，又可影响其他系统，主要表现在泌尿系统本身。泌尿系统包括肾脏、输尿管、膀胱、尿道，每个泌尿系统器官患病，都有可能波及整个系统。

泌尿系统感染性疾病是威胁男性健康的主要病种之一，发病年龄趋于低龄化，复合性感染比率较大。

本章将为大家介绍很多防治泌尿系统疾病的药酒。

阳痿

◎阳痿是指男性阴茎勃起功能障碍，表现为男性在有性欲的情况下，阴茎不能勃起或能勃起但不坚硬，不能进行性交活动。

引起阳痿的原因很多，一般而言包括：精神方面的因素，如夫妻间感情冷漠，或因某些原因产生紧张心情而导致阳痿；手淫成习或性交次数过多，使勃起中枢经常处于紧张状态，久而久之也可出现阳痿；阴茎勃起中枢发生异常可致阳痿，如患有肝、肾、心、肺严重疾病，尤其是长期患病时，可能会影响到性生理的精神控制；患脑垂体疾病、睾丸损伤或被切除、患糖尿病的病人，都会发生阳痿，还有人酗酒、长期过量接触放射线、过多地使用安眠药和抗肿瘤药物或麻醉药品，也会导致阳痿。

阴茎完全不能勃起不能完成性交，称为完全性阳痿；阴茎虽能勃起但不具有性交需要的足够硬度，称为不完全性阳痿；从发育开始后就发生阳痿称原发性阳痿。

助阳酒

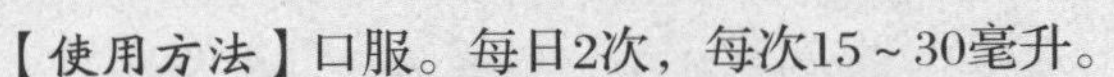

【使用方法】口服。每日2次，每次15～30毫升。
【贮藏方法】放在干燥、阴凉、避光处保存。
【注意事项】气滞者慎服。

【药材配方】

党参45克

熟地黄45克

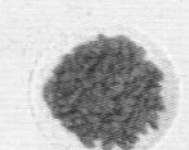
枸杞45克

沙苑子30克

淫羊藿30克

母丁香30克

远志肉12克

沉香12克

荔枝肉21个

白酒3升

【泡酒方法】

①把诸药材分别捣碎装入纱布袋中；
②把纱布袋放入容器中，加白酒；
③密封浸泡3日后放入热水中煮15分钟放冷，继续浸泡21日后拿掉纱布袋即可饮用。

【功能效用】

党参具有调节胃肠道、促进凝血、增强细胞免疫功能的功效。此款药酒具有补肾壮阳、健脾宁心的功效。主治阳痿不举、体衰无力。

红参海马酒

【使用方法】口服。每晚临睡前饮20～30毫升。

【贮藏方法】放在干燥、阴凉、避光处保存。

【注意事项】大便燥结者慎服。

【药材配方】

红参60克　淫羊藿60克　菟丝子60克

肉苁蓉60克

海马30克　韭菜子120克　鹿茸18克

白酒3升　海狗肾一对

【泡酒方法】

①将海狗肾进行炙的处理；

②把诸药材捣碎装入纱布袋，再放入容器中，倒入白酒后密封；

③浸泡约15日后拿掉纱布袋即可饮用。

【功能效用】

红参具有补元益气、复脉固脱、益气摄血的功效。此款药酒具有补肾壮阳的功效。主治阳痿不举、腰膝酸软、神倦体乏等。

西汉古酒

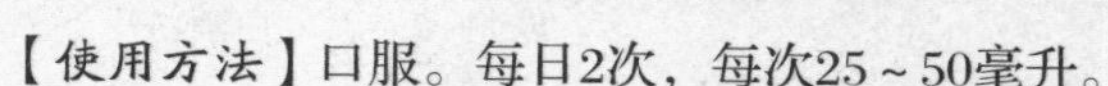

【使用方法】口服。每日2次，每次25～50毫升。

【贮藏方法】放在干燥、阴凉、避光处保存。

【注意事项】①忌油腻食物；②孕妇、儿童、感冒病人不宜服用。

【药材配方】

鹿茸4克

蛤蚧40克

狗鞭20克

柏子仁120克

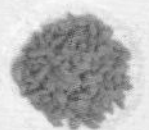

枸杞200克

松子仁100克　黄精400克　蜂蜜500克

白酒适量

【泡酒方法】

①用酒炙蛤蚧、狗鞭，与其余粗研药材装入纱布袋后放入容器，加白酒密封浸泡7日后取滤液；

②把蜂蜜炼至嫩蜜，晾温后混匀滤液，加白酒至总量5升后饮用。

【功能效用】

补肾壮阳，强壮筋骨，益气安神，温肺定喘。主治面色无华、腰膝酸软、肢冷乏力、心悸不宁、失眠健忘、阳痿不举、遗精早泄等。

琼浆药酒

【使用方法】口服。每日2～3次，每次10～15毫升。
【贮藏方法】放在干燥、阴凉、避光处保存。
【注意事项】阴虚阳亢者忌服。

【药材配方】

【泡酒方法】

①将狗脊沙烫，去毛；
②将黄精用酒炙；
③将补骨脂用盐水炮制；
④将淫羊藿用羊油炮制；
⑤把上述前17味药材捣碎，装入洁净纱布袋中；
⑥把纱布袋放入合适的容器中，加入红曲、红糖和白酒后密封；
⑦隔水煮2小时后取出放冷；
⑧经常摇动，浸泡约7日后拿掉纱布袋即可饮用。

【功能效用】

鹿茸具有提高机体抗氧化能力、降低血压、减慢心律、扩张外周血管的功效。此款药酒具有补肾壮阳、益气养血的功效。主治肾阳虚衰、精血亏损、体质虚弱、气血不足、腰膝酸软、神疲乏力、精神不振、手足不温、阳痿不举、遗精早泄、宫寒不孕、妇女白带清稀量多等症。

参茸酒

【使用方法】口服。每日2次，每次10～15毫升。
【贮藏方法】放在干燥、阴凉、避光处保存。
【注意事项】孕妇、感冒患者、舌苔厚腻者忌服。

【药材配方】

红参25克

鹿茸25克

熟地黄50克

黄芪50克

牛膝50克

肉苁蓉50克

龙骨25克　山药25克　茯苓25克　五味子25克　远志25克　制附子25克

当归25克　菟丝子75克　红曲13克　白糖适量　白酒适量

【泡酒方法】
①把诸药材捣碎装入纱布袋，再放入容器中，加白酒后隔水煮沸；
②加红曲、白糖后放冷；
③密封浸泡约30日后拿掉纱布袋即可饮用。

【功能效用】
补肾壮阳，养血固精。主治阳痿不举、性欲低下、遗精早泄、梦遗滑精、妇女血亏血寒。

三草酒

【使用方法】口服。每日2次，每次30～50毫升。
【贮藏方法】放在干燥、阴凉、避光处保存。
【注意事项】孕产妇和儿童慎服。

【药材配方】

老虎须草480 克

木贼草90克

香花草120克

白酒3升

【功能效用】
木贼草具有清肝明目、止血止咳、利尿通淋的功效；香花草具有利湿和中、消肿止血的功效。此款药酒具有清热利湿的功效。主治阳痿不举、妇女带下。

【泡酒方法】
①把上述药材捣碎，装入洁净纱布袋中；
②把装有药材的纱布袋放入合适的容器中；
③将白酒倒入容器中；
④浸泡约7日后拿掉纱布袋即可饮用。

冬地酒

【使用方法】口服。每日2次，每次15～30毫升。空腹饮用效果更佳。
【贮藏方法】放在干燥、阴凉、避光处保存。
【注意事项】咳嗽、腹泻者慎服。

【药材配方】

【泡酒方法】

①将杜仲用姜汁炒；
②把天门冬、生地黄、熟地黄、地骨皮、肉苁蓉、菟丝子、山药、牛膝、杜仲、巴戟天、枸杞子、山茱萸、人参、白茯苓、五味子、木香、柏子仁、覆盆子、车前子、石菖蒲、川椒、远志、泽泻分别捣碎，再装入洁净纱布袋中；
③把装有药材的纱布袋放入合适的容器中；
④将白酒倒入容器中密封；
⑤浸泡约15日后拿掉纱布袋即可饮用。

【功能效用】

天门冬具有润肺滋阴、生津止渴、润肠通便的功效；生地黄具有清热生津、滋阴补血的功效；熟地黄具有清热止渴、养血补虚的功效。此款药酒具有补肾益精、宁神定志的功效。主治肾虚精亏、中年阳痿、腰膝酸软等。

复方栀茶酒

【使用方法】口服。每日2次，每次20～25毫升。
【贮藏方法】放在干燥、阴凉、避光处保存。
【注意事项】孕妇、有出血倾向者慎服。

【药材配方】

山栀根皮100克　果仁100克　蛇床子60克　淫羊藿60克
红花6克　干地龙20克　冰糖200克　米酒3升

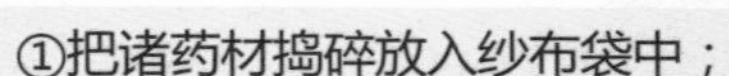

【泡酒方法】

①把诸药材捣碎放入纱布袋中；
②把纱布袋放入容器，倒入冰糖和米酒后密封；
③浸泡约7日后拿掉布袋即可饮用。

【功能效用】

山栀根皮具有清热除烦、通淋止渴的功效。此款药酒具有清热祛风、温肾壮阳的功效。主治肾虚阳痿。

牛膝人参酒

【使用方法】口服。每日5～20毫升，不拘时温饮。
【贮藏方法】放在干燥、阴凉、避光处保存。
【注意事项】阳盛火旺者忌用。

【药材配方】

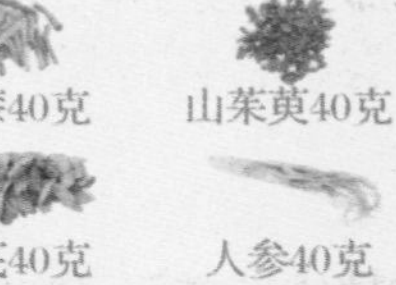

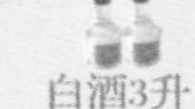

牛膝40克　山茱萸40克　川芎40克　制附子40克　巴戟天40克　五味子40克
黄芪40克　人参40克　五加皮50克　肉苁蓉50克　生姜50克　防风50克
肉桂30克　生地黄30克　川椒30克　海风藤20克　磁石40克　白酒3升

【泡酒方法】

①用醋煅碎磁石，与其余捣碎药材一同装入纱布袋中；
②把纱布袋放入容器中，加白酒；
③密封浸泡约7日后拿掉纱布袋即可饮用。

【功能效用】

补肝益肾，强筋壮骨，祛风除湿，强壮元气，通经疏络。主治腰腿疼痛、阳痿不举、滑精早泄、便溏腹痛、下元虚冷、气虚乏力。

延寿获嗣酒

【使用方法】口服。每晚临睡前饮40～50毫升。
【贮藏方法】放在干燥、阴凉、避光处保存。
【注意事项】孕妇、阴虚火旺者忌服。

【药材配方】

【泡酒方法】

①把生地黄和益智仁一起入锅蒸30分钟，去掉益智仁，放冷备用；
②把生地黄、覆盆子、山药、芡实、茯神、柏子仁、沙苑子、山茱萸、肉苁蓉、麦冬、牛膝、鹿茸、桂圆肉、核桃肉分别捣碎，再装入洁净纱布袋中；
③把装有药材的纱布袋放入合适的容器中；
④将白酒倒入容器中密封；
⑤隔水煮4小时后取出放冷，浸泡约7日后拿掉纱布袋即可饮用。

【功能效用】

生地黄具有清热生津、滋阴补血的功效；覆盆子具有补肝益肾、固精缩尿的功效。此款药酒具有补肾壮阳、固气涩精、填精益髓、安神养目的功效。主治肾阳虚弱、精元虚冷、阳痿不举、遗精滑精、婚后无嗣、妇女受孕易流产、久而不孕、腹部冷痛、须发早白、耳目失聪等症。

补肾健脾酒

【使用方法】口服。每日2次，每次空腹温饮10～30毫升。

【贮藏方法】放在干燥、阴凉、避光处保存。

【注意事项】①孕妇忌服；②饮用期间忌食牛肉、马肉。

【药材配方】

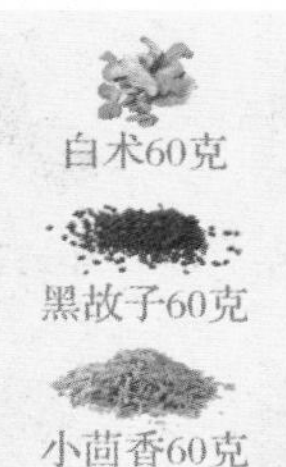

白术60克　青皮60克　生地黄60克　厚朴60克　杜仲60克

黑故子60克　陈皮60克　川椒60克　巴戟天60克　白茯苓60克

小茴香60克　肉苁蓉60克　黑豆120克　青盐30克　白酒3升

【泡酒方法】

①将厚朴、杜仲用姜炒，黑故子、黑豆微炒，与其余捣碎药材一同装入纱布袋中；

②把纱布袋放入容器中，加白酒；

③密封浸泡15日后拿掉布袋即可饮用。

【功能效用】

补肾健脾，补火助阳，理气化痰。主治脾肾两虚、阳痿不举、妇女带下、月经不调等。

青松龄药酒

【使用方法】口服。每日2次，每次15～20毫升。饭前饮用效果更佳。

【贮藏方法】放在干燥、阴凉、避光处保存。

【注意事项】妇女忌服。

【药材配方】

熟地黄100克　红参须12克　红花25克　淫羊藿450克　阿胶10克

芦根2克　枸杞50克　鹿茸3.5克　蔗糖200克　白酒3升

【泡酒方法】

①把诸药材捣碎装入纱布袋中；

②把纱布袋放入容器中；

③将蔗糖、白酒放入容器密封；

④浸泡约7日后拿掉纱布袋即可饮用。

【功能效用】

此款药酒具有益气补血、补肾壮阳的功效。主治阳痿不举、男性不育、阴虚盗汗等症。

回春酒

【使用方法】口服。每日2次，每次10～30毫升。
【贮藏方法】放在干燥、阴凉、避光处保存。
【注意事项】阴虚内热、出血者慎服。

【药材配方】

淫羊藿250克　当归60克　地骨皮60克　苍术60克　生地黄30克
熟地黄30克　杜仲30克　天门冬30克　红花30克　牛膝30克
五加皮60克　茯苓60克　肉苁蓉15克　附片15克　甘草15克　花椒15克
丁香8克　木香8克　糯米粉90克　小麦粉1千克　蔗糖1.2千克　白酒10升

【泡酒方法】

①将附片进行炮制；
②把糯米粉和小麦粉混匀加水蒸熟；
③把丁香和木香研成细粉；
④把上述其他药材捣成粗粉；
⑤把上述药材粉末和蒸熟的糯米粉、小麦粉一起放入干净的容器中；
⑥倒入白酒，拌匀，静置半年以上；
⑦加热炖至酒沸后密封，放冷静置；
⑧10日后加入蔗糖，充分溶解后过滤即可饮用。

【功能效用】

淫羊藿具有补肾壮阳、强筋壮骨、散风祛湿的功效；当归具有抗贫血、促进血红蛋白及红细胞生成的功效。此款药酒具有滋阴补阳、固本培元、补气养血的功效。主治肾阳虚弱、精气清冷、阳痿不举、精血虚亏、腰膝酸软、神倦体乏、食欲不佳、病后体弱。

灵脾金樱酒

【使用方法】口服。每日2次，每次15～30毫升。
【贮藏方法】放在干燥、阴凉、避光处保存。
【注意事项】脾虚火旺、大便燥结者慎服。

【药材配方】

淫羊藿24克

金樱子100克

当归12克

菟丝子12克

黑故子12克
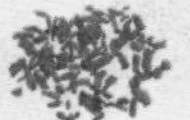
巴戟天6克

小茴香6克

川芎6克

牛膝6克

肉桂6克

杜仲6克

沉香3克

白酒2升

【泡酒方法】
①把诸药材捣碎装入纱布袋中；
②把纱布袋放入容器中，加白酒；
③加盖后隔水煮1小时后放冷；
④密封浸泡约7日后拿掉纱布袋即可饮用。

【功能效用】
此款药酒具有补肾壮阳、祛风驱湿、养血固精、强筋壮骨的功效。主治阳痿不举、遗精滑精、腰膝酸软、下元虚冷、步履乏力等。

补肾延寿酒

【使用方法】口服。每日2次，每次15～20毫升。
【贮藏方法】放在干燥、阴凉、避光处保存。
【注意事项】孕产妇慎服。

【药材配方】

熟地黄125克

菟丝子500克

杜仲200克

当归400克

石斛400克

川芎160克

泽泻125克

淫羊藿125克

白酒6升

【泡酒方法】
①把诸药材捣碎装入纱布袋中；
②把纱布袋放入容器中，加白酒密封，每日摇动1次；
④浸泡约15日后拿掉布袋即可饮用。

【功能效用】
此款药酒具有补肝益肾、益精养血、助阳兴痿的功效。主治精血虚亏所致的阳痿不举、早泄滑精、腰膝酸痛等症。

肉桂牛膝酒

【使用方法】口服。每日3次，每次15～20毫升。空腹饮用效果更佳。
【贮藏方法】放在干燥、阴凉、避光处保存。
【注意事项】阴虚火旺、血虚发痉者慎服。

【药材配方】

牛膝60克　制附子50克　石斛50克　秦艽60克　川芎60克　防风60克
肉桂60克　独活60克　丹参60克　云茯苓60克　杜仲50克　干姜50克
麦冬50克　地骨皮50克　五加皮80克　薏苡仁30克　大麻仁20克　白酒3升

【泡酒方法】

①把诸药材捣碎装入纱布袋中；
②把纱布袋放入容器中；
③将白酒倒入容器中；
④密封浸泡约7日后拿掉纱布袋即可饮用。

【功能效用】

此款药酒具有补肾壮阳、健脾和胃的功效。主治腰膝酸痛、阳痿不举、畏寒肢冷、四肢不温、腹部冷痛。

羊肾酒

【使用方法】口服。每日2～3次，每次10～15毫升。
【贮藏方法】放在干燥、阴凉、避光处保存。
【注意事项】阴虚火旺者慎服。

【药材配方】

羊肾2对

仙茅120克

桂圆肉120克

淫羊藿120克

沙苑子120克

玉米120克

白酒10升

【泡酒方法】

①炮沙苑子、切碎羊肾，与其余捣碎药材一起装纱布袋中；
②把纱布袋放入容器，加白酒；
③密封浸泡约7日后拿掉纱布袋即可饮用。

【功能效用】

补肾壮阳，补气益血，强健筋骨。主治阳痿不举、食欲不佳、腰膝酸软、精神恍惚、神倦体乏、肢麻肢颤、小腹不温、行走乏力等。

填精补肾酒

【使用方法】口服。每日2次，每次10～20毫升。

【贮藏方法】放在干燥、阴凉、避光处保存。

【注意事项】慢性腹泻、大便溏薄者慎服。

【药材配方】

当归240克

白芍240克

熟地黄240克

党参240克

白术240克

川芎240克

茯苓240克　黄芪240克　甘草120克　肉桂120克　白酒3升

【泡酒方法】

①把诸药材捣碎装入纱布袋中；
②把纱布袋放入容器中；
③将白酒倒入容器中；
④密封浸泡约7日后拿掉纱布袋即可饮用。

【功能效用】

此款药酒具有补肾壮阳、益精补髓、补气养血的功效。主治阳痿不举、血虚耳鸣、头晕目眩、腰膝酸软、倦怠乏力。

钟乳粉酒

【使用方法】口服。每日2次，每次15～30毫升。

【贮藏方法】放在干燥、阴凉、避光处保存。

【注意事项】大便溏薄者慎服。

【药材配方】

钟乳粉18 克

制附子120克

当归120克

前胡120克

人参120克

牡蛎120克

生姜120克

生枳实120克　甘草120克　五味子180克

山药180克

石斛60克

桂心60克

菟丝子240克

干地黄300克

白酒6升

【泡酒方法】

①锻牡蛎、炙甘草，与其余捣碎药材一同装入洁净纱布袋中；
②把纱布袋放入容器中，加白酒；
③密封浸泡约7日后拿掉纱布袋即可饮用。

【功能效用】

当归具有抗贫血、促进血红蛋白及红细胞生成的功效。此款药酒具有补肾健脾、益精养血、收敛固精的功效。主治阳痿。

黄芪杜仲酒

【使用方法】口服。每日3次，每次饭前温饮15～30毫升。
【贮藏方法】放在干燥、阴凉、避光处保存。
【注意事项】热毒疮疡、食滞胸闷者慎服。

【药材配方】

黄芪60克

萆薢90克

防风90克

牛膝120克

桂心60克

杜仲90克

肉苁蓉120克

制附子60克

山茱萸60克

白茯苓60克

石斛120克

白酒4升

【泡酒方法】
①炙肉苁蓉，与其余捣碎药材一同装入纱布袋中；
②把纱布袋放入容器中，加白酒；
③密封浸泡约7日后拿掉纱布袋即可饮用。

【功能效用】
此款药酒具有补肾壮阳、舒筋健腰的功效。主治肾阳虚损、体质虚弱、腰膝冷痛、失眠盗汗、气怯神疲、阳痿滑精等。

菟虾酒

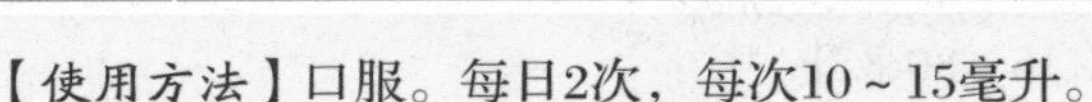

【使用方法】口服。每日2次，每次10～15毫升。
【贮藏方法】放在干燥、阴凉、避光处保存。
【注意事项】阴虚火旺者慎服。

【药材配方】

菟丝子24克

明虾各24克

杜仲12克

续断12克

核桃仁12克

巴戟天12克

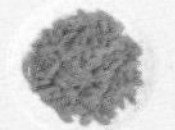
枸杞12克

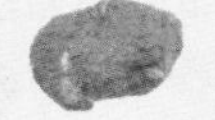
朱砂12克

牛膝12克

骨碎补12克

白酒2升

【泡酒方法】
①炒巴戟天、研细朱砂，与其余捣碎药材一同装布袋后再放入容器中；
②加白酒，用大火煮沸后改小火煮90分钟后取下放冷；
③密封浸泡7日后去布袋饮用。

【功能效用】
补肾壮阳，养肝明目，强壮筋骨，活血安神。主治阳痿不举、遗精滑精、筋骨疼痛、食欲不佳等。

楮实子酒

【使用方法】空腹口服。每日2次，每次10～15毫升。
【贮藏方法】放在干燥、阴凉、避光处保存。
【注意事项】楮实子需用微炒过的。

【药材配方】

楮实子50克

石斛30克

川牛膝30克

巴戟天30克

制附子30克

红枣30克

炮姜15克

肉桂15克

鹿茸5克

白酒1升

【泡酒方法】

①将诸药材捣碎装入纱布袋中；
②把纱布袋放入容器中，加白酒；
③密封浸泡10天后拿出纱布袋即可服用。

【功能效用】

楮实子具有补肾清肝、利尿明目的功效。此款药酒具有温肾助阳的功效。主治阳痿不举、遗精滑精、脾胃虚寒等症。

五子螵蛸酒

【使用方法】口服。每日2次，每次15～30毫升。
【贮藏方法】放在干燥、阴凉、避光处保存。
【注意事项】不宜长期饮用，病愈即止。

【药材配方】

覆盆子48克

菟丝子48克

楮实子48克

金樱子48克

枸杞48克

桑螵蛸48克

白酒2升

【泡酒方法】

①将诸药材捣碎装入纱布袋中；
②把纱布袋放入容器后加白酒密封；
③每日摇动1次，浸泡约15日后拿掉纱布袋即可饮用。

【功能效用】

补肾壮阳，填精益髓，固精缩尿，养肝明目。主治阳痿不举、遗精滑精、肝肾虚损、腰膝酸软、小便频数、视物模糊、白带过多等。

早泄

◎早泄是指男子在阴茎勃起之后，尚未进入阴道或正要进入或刚刚进入尚未抽动时便已射精，阴茎随之疲软并进入不应期的现象。

早泄一般是由于大脑皮质抑制过程减弱、性中枢兴奋性过高、对脊髓初级射精中枢的抑制过程减弱以及骶髓射精中枢兴奋性过高所引起。

早泄一般有几种类型：

（1）习惯性早泄

症状是性欲旺盛，阴茎勃起有力，性交迫不及待，大多见于青壮年人。

（2）年老性早泄

一般是由性功能减退引起的。

（3）偶见早泄

偶见早泄大多在身心疲惫、情绪波动的情况下发生。

蛤鞭酒

【使用方法】口服。每日2次，每次10～15毫升。
【贮藏方法】放在干燥、阴凉、避光处保存。
【注意事项】小便不利、口舌干燥者慎服。

【药材配方】

蛤蚧2对

炙狗鞭2个

沉香8克

巴戟天60克

肉苁蓉60克

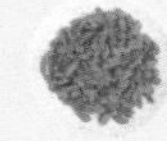
枸杞60克

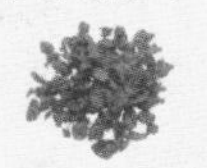
山茱萸240克

蜂蜜200克

白酒5升

【泡酒方法】

①蛤蚧去头足，与其他捣碎药材一同装入布袋再放入容器中，加白酒；
②日晃数次，密封浸泡约30日后拿出布袋，加蜂蜜混匀后饮用。

【功能效用】

此款药酒具有补肾壮阳的功效。主治肾虚阳痿、遗精早泄、四肢不温、腹部冷痛、步履乏力、面色无华等。

锁阳苁蓉酒

【使用方法】口服。每日2次，每次10～20毫升。空腹饮用效果更佳。
【贮藏方法】放在干燥、阴凉、避光处保存。
【注意事项】阴虚火旺者慎服。

【药材配方】

锁阳120克

肉苁蓉120克

桑螵蛸80克

龙骨60克

白酒5升

【功能效用】

锁阳具有补肾润肠的功效。此款药酒具有补肾壮阳、收敛固精的功效。主治肾虚阳痿、遗精早泄、腰膝酸软、大便糖稀等。

【泡酒方法】

①把上述药材捣碎，装入洁净纱布袋中；
②把装有药材的纱布袋放入合适的容器中，倒入白酒后密封；
③隔日摇动数次；
④浸泡约7日后拿掉纱布袋即可饮用。

蛤蚧菟丝酒

【使用方法】口服。每日2次，每次15～30毫升。
【贮藏方法】放在干燥、阴凉、避光处保存。
【注意事项】大便燥结者慎服。

【药材配方】

蛤蚧2对

菟丝子60克

淫羊藿60克

金樱子40克

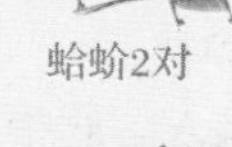
沉香6克

龙骨40克

白酒4升

【泡酒方法】

①蛤蚧去头足，与其他捣碎药材一起装入布袋再放入容器中，加白酒；
②每日摇动数次，密封浸泡约30日后拿掉纱布袋即可饮用。

【功能效用】

此款药酒具有补肾壮阳、敛汗固精的功效。主治阳痿不举、遗精早泄、腰膝酸软、自汗盗汗、精神不振等。

仙传种子药酒

【使用方法】口服。每日3次，每次15～30毫升。
【贮藏方法】放在干燥、阴凉、避光处保存。
【注意事项】阴虚而无湿热者慎服。

【泡酒方法】

①将黄芪蜜炙；
②将白芍进行翻炒；
③把茯苓、大枣肉、核桃仁、黄芪、人参、当归、川芎、白芍、生地黄、熟地黄、小茴香、枸杞子、覆盆子、陈皮、沉香、官桂、砂仁、甘草、五味子研成粗粉，装入洁净纱布袋后放入合适的容器中；
④把蜂蜜、乳香和没药放入锅中搅拌均匀，微火熬滚后倒入容器中；
⑤把糯米酒和白酒倒入容器后密封；
⑥隔水煮40分钟，取出放冷，静置3日后拿掉纱布袋即可饮用。

【功能效用】

茯苓具有利水渗湿、健脾化痰、宁心安神、败毒抗癌的功效。此款药酒具有填精益髓、调经固元、强壮筋骨、聪耳明目、养颜悦色的功效。主治精少不育、阳痿早泄、妇女不孕、月经不调、气血不足、头晕耳鸣、须发早白、腰膝酸软、面色无华等。

沙苑莲须酒

【使用方法】口服。每日2次，每次10～20毫升。
【贮藏方法】放在干燥、阴凉、避光处保存。
【注意事项】孕产妇慎服。

【药材配方】

沙苑子360克　莲子须120克　龙骨120克　芡实80克　白酒6升

【功能效用】

沙苑子具有温补肝肾、固精缩尿的功效。此款药酒具有养肝益肾、明目固精的功效。主治肝肾不足、遗精早泄、腰膝酸痛、头昏目暗等症。

【泡酒方法】

①把上述药材捣碎装入洁净纱布袋中；
②把装有药材的纱布袋放入合适的容器中；
③将白酒倒入容器中密封；
④每日摇动数次；
⑤浸泡约7日后拿掉纱布袋即可饮用。

韭子酒

【使用方法】口服。每日2次，每次10～15毫升。
【贮藏方法】放在干燥、阴凉、避光处保存。
【注意事项】阴虚火旺者慎服。

【药材配方】

韭菜子240克

益智仁60克　白酒2升

【功能效用】

韭菜子具有温补肝肾、壮阳固精的功效。此款药酒具有补肾壮阳、固气涩精、补肝益脾的功效。主治肾虚阳痿、遗精早泄、腰膝酸软、腹部冷痛等。

【泡酒方法】

①把韭菜子和益智仁捣碎，装入洁净纱布袋中；
②把装有药材的纱布袋放入合适的容器中；
③将白酒倒入容器中密封；
④每日摇动数次；
⑤浸泡约7日后拿掉纱布袋即可饮用。

福禄补酒

【使用方法】口服。每日2次，每次10～20毫升。
【贮藏方法】放在干燥、阴凉、避光处保存。
【注意事项】阴虚火旺、高血压未得到控制者忌服。

【药材配方】

红参20克　红花20克　鹿茸20克　桑寄生30克　锁阳30克　淫羊藿30克　女贞子30克

金樱子30克　黄芪30克　玉竹60克　薏苡仁60克　甘草12克　白酒3升

【泡酒方法】

①炙黄芪、甘草，炒薏苡仁，与其余诸药一同放入容器，加白酒密封浸泡14天，留渣取药液；
②继续过滤药渣，取滤液与药液混合，再次过滤服用。

【功能效用】

此款药酒具有活血理气、补肾壮阳、强筋壮骨的功效。主治阳痿早泄、肩背四肢关节疼痛等症。

保真酒

【使用方法】口服。每日1次，每次10毫升，睡前温服。
【贮藏方法】放在干燥、阴凉、避光处保存。
【注意事项】①感冒未愈、内热实火未消者及孕妇忌服；②忌食生冷辛辣不易消化食物。

【药材配方】

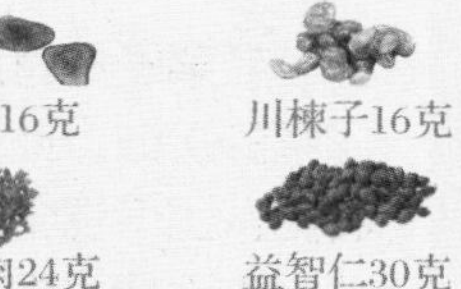

鹿茸16克　川楝子16克　五味子20克　沉香10克　茯苓24克
山萸肉24克　益智仁30克　杜仲40克　巴戟天40克　远志40克
山药40克　熟地黄40克　肉苁蓉40克　补骨脂50克　葫芦巴70克　白酒2升

【泡酒方法】

①将15味药粗研，放入纱布袋中，然后将此布袋放入容器中；
②加入白酒，密封浸泡30天；
③过滤去渣后，待药酒较澄清，取药液服用。

【功能效用】

此款药酒具有温阳活血、补肾壮阳、养护五脏的功效。主治阳痿早泄、肾阳虚亏、性欲低下、男女不育等症。

遗精

◎遗精是一种生理现象，是指不因性交而精液自行泄出，有生理性与病理性之分。中医将精液自遗现象称遗精或失精。有梦而遗者名为“梦遗”，无梦而遗，甚至清醒时精液自行滑出者为“滑精”。多由肾虚精关不固，或心肾不交、湿热下注所致。

病理性遗精比较复杂，诸多病因均可引起。常见病机有肾气不固、肾精不足而致肾虚不藏。病因可由劳心过度、妄想不遂造成相火偏亢。饮食不节、酗酒厚味、积湿生热、湿热下注也是重要成因。滑精者及部分梦遗者属此类。

梦遗是指睡眠过程中，在睡梦中遗精。梦遗可能是性梦引发的结果，也可能是被褥过暖、内裤过紧、衣被对阴茎直接刺激的结果。滑精又称“滑泄”，指夜间无梦而遗或清醒时精液自动滑出的病症。滑精是遗精的一种，是遗精发展到较重阶段表现，精液滑泄是由肾虚、精关不固所致。生理性遗精是指未婚青年或婚后分居者无性交的射精，一般2周或更长时间遗精1次，阴茎勃起功能正常。

巴戟熟地酒

【使用方法】口服。每日2次，每次10～20毫升。
【贮藏方法】放在干燥、阴凉、避光处保存。
【注意事项】孕妇慎服。

【药材配方】

巴戟天120克

熟地黄90克

甘菊花120克

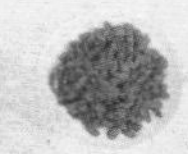
枸杞60克

制附子40克

川椒60克

白酒3升

【泡酒方法】

①将巴戟天去心，与其余捣碎药材一同装布袋再放入容器中加白酒；
②密封浸泡约7日后拿掉纱布袋即可饮用。

【功能效用】

此款药酒具有补肾壮阳、散寒除湿、悦颜明目的功效。主治肾阳久虚、阳痿不举、遗精早泄、腰膝酸软等。

健阳酒

【使用方法】口服。不拘时，视个人身体情况适量饮用。
【贮藏方法】放在干燥、阴凉、避光处保存。
【注意事项】慢性腹泻者慎服。

【药材配方】

当归15克

枸杞15克

黑故子15克

白酒2升

【功能效用】

此款药酒具有补肾壮阳、填精益髓、养肝明目、强筋壮骨、补血益精的功效。主治肾阳虚衰、精血不足、遗精滑精、腰膝酸痛、头晕目眩、视力下降等。

【泡酒方法】

①把上述药材捣碎，装入洁净纱布袋中；
②把装有药材的纱布袋放入合适的容器中；
③将白酒倒入容器中密封；
④隔水加热30分钟后取出放冷；
⑤静置1日后拿掉纱布袋即可饮用。

首乌归地酒

【使用方法】口服。每日2次，每次15～20毫升。
【贮藏方法】放在干燥、阴凉、避光处保存。
【注意事项】大便稀溏者忌服。

【药材配方】

何首乌96克

当归48克

生地黄64克

黑芝麻仁48克

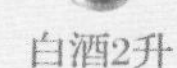

白酒2升

【功能效用】

此款药酒具有乌须黑发、补肝益肾、补益精血、清热生津的功效。主治精血虚亏、遗精滑精、妇女带下、腰膝酸痛、头昏目眩、体倦乏力、须发早白等。

【泡酒方法】

①把上述药材捣碎，装入洁净纱布袋中；
②把装有药材的纱布袋放入合适的容器中；
③将白酒倒入容器中；
④隔水用小火煮沸数次，取出放冷后密封；
⑤浸泡约7日后拿掉纱布袋即可饮用。

聚宝酒

【使用方法】口服。每日早中晚饭前各服一次，每次15～30毫升。早上饮用后再睡片刻效果更佳。
【贮藏方法】放在干燥、阴凉、避光处保存。
【注意事项】忌食生冷、葱蒜、萝卜、鱼。

【药材配方】

赤何首乌240克　防风30克　生地黄480克　熟地黄240克　白茯苓120克
菊花120克　麦冬120克　石菖蒲120克　枸杞120克　白术120克
当归120克　杜仲120克　莲芯60克　槐角子60克　天门冬60克
苍耳子60克　肉苁蓉60克　人参60克　天麻60克　蒺藜60克
五加皮240克　苍术90克　沉香30克　白酒18升

【泡酒方法】

①把赤何首乌、生地黄、熟地黄、白茯苓、菊花、麦冬、石菖蒲、枸杞子、白术、当归、杜仲、莲芯、槐角子、天门冬、苍耳子、肉苁蓉、人参、天麻、蒺藜、五加皮、苍术、沉香、防风或切片或捣碎后，装入洁净纱布袋中；
②把装有药材的纱布袋放入合适的容器中；
③加入白酒后密封；
④浸泡约15日后拿掉纱布袋即可饮用；
⑤药渣可晒干研成细粉备用。

【功能效用】

此款药酒具有补肝益肾、健脾和胃、益精养血、强筋健骨、祛风除湿、乌须黑发的功效。主治精血亏虚、肾阳虚衰、遗精早泄、气虚脾弱、腰腿酸软、筋骨不健、四肢无力、骨节疼痛、头晕耳鸣、须发早白、饮食乏味、面色无华等。

熙春酒

【使用方法】口服。每日3次，每次10～20毫升。饭前饮用效果更佳。
【贮藏方法】放在干燥、阴凉、避光处保存。
【注意事项】感冒及实热证者忌服。

【药材配方】

生地黄240克

枸杞300克

桂圆肉300克

女贞子300克

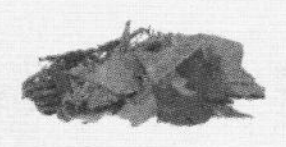
淫羊藿300克

绿豆240克

猪油800克

白酒10升

【泡酒方法】

①把诸药材捣碎装入纱布袋中；
②把纱布袋放入容器中，加白酒；
③猪油入铁锅炼好，趁热与药酒拌匀，日晃数次，密封浸泡20日后，拿出纱布袋即可饮用。

【功能效用】

补肝益肾，益气补血，强筋健骨，润肺止咳，健步驻颜。主治遗精滑精、阳痿不举、腰膝酸软、心悸心慌、久咳干咳、肌肤粗糙等。

内金酒

【使用方法】口服。每日清晨及临睡前各1次。
【贮藏方法】放在干燥、阴凉、避光处保存。
【注意事项】脾虚无积者慎服。

【药材配方】

鸡内金适量

白酒适量

【功能效用】

鸡内金具有消食健胃、促进消化、涩精止遗的功效。此款药酒具有消除积滞、健脾养胃、涩精止遗、除烦去燥的功效。主治结核病患者遗精、食积胀满、呕吐反胃等。

【泡酒方法】

①把鸡内金洗净；
②用小火把洗净的鸡内金焙30分钟左右；
③焙至颜色焦黄时取出鸡内金；
④把焙干的鸡内金研成细粉备用。
⑤每次用3.5克鸡内金粉和15毫升白酒调匀后以温开水送服。

百补酒

【使用方法】口服。每日2次，每次30～60毫升。
【贮藏方法】放在干燥、阴凉、避光处保存。
【注意事项】实证、热证、气滞者慎服。

【药材配方】

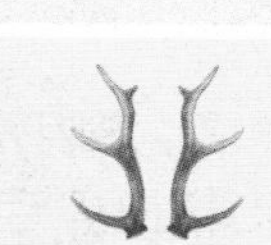
鹿角60克

知母20克

党参15克

山药12克

茯苓12克

黄芪12克

芡实12克

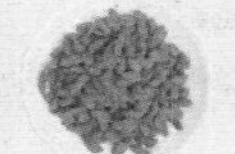
枸杞12克

菟丝子12克

金樱子12克

熟地黄12克

天门冬12克

楮实子12克

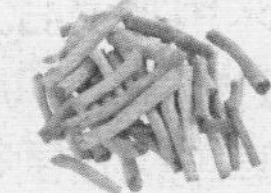
牛膝9克

麦冬6克

黄檗6克

山茱萸3克

五味子3克

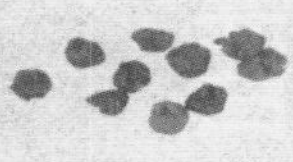
桂圆肉3克

蔗糖320

白酒3升

【泡酒方法】

①将山药进行翻炒；
②将黄芪炙处理；
③把鹿角、知母、党参、山药、茯苓、黄芪、芡实、枸杞子、菟丝子、金樱子、熟地黄、天门冬、楮实子、牛膝、麦冬、黄檗、山茱萸、五味子、桂圆肉分别捣碎，装入洁净纱布袋中；
④把装有药材的纱布袋放入合适的容器中，倒入白酒后密封；
⑤浸泡约30日后拿掉纱布袋；
⑥把蔗糖制成糖浆，放温，兑入药酒中，搅拌均匀即可饮用。

【功能效用】

鹿角具有行血、消肿、益肾的功效；知母具有清热泻火、生津润燥的功效；党参具有补中益气、健脾益肺的功效。此款药酒具有补气益血、养肝补肾、填精益髓的功效。主治遗精滑精、身体虚弱、精神不振、盗汗多汗、腰膝酸软、头晕目眩等。

地黄首乌酒

【使用方法】口服。每日3次，每次10～20毫升。
【贮藏方法】放在干燥、阴凉、避光处保存。
【注意事项】①忌食生冷、油炸食物；②忌食牛、马、猪、狗肉。

【药材配方】

肥生地800克

何首乌500克

糯米5千克

酒曲200克

【功能效用】

补肾填精，滋阴养血，乌须黑发。主治精血虚亏、遗精滑精、妇女带下、阴虚骨蒸、烦热口渴、阴伤津亏、须发早白、腰膝酸痛、肌肤粗糙。

【泡酒方法】

①把肥生地和何首乌放入锅中，加水煎汁，过滤待用；
②把糯米用水浸后沥干，放入锅中蒸到半熟后放冷；
③把药汁倒入冷却后的糯米中，加入酒曲，搅拌均匀后密封；
④用稻草或棉花围在四周保温使其发酵，约7日后味甜即可饮用。

钟乳酒

【使用方法】口服。每日2次，每次10～15毫升。
【贮藏方法】放在干燥、阴凉、避光处保存。
【注意事项】脾胃虚弱、气滞痰多、腹满便溏者慎服。

【药材配方】

胡麻仁200克

熟地黄240克

牛膝120克

五加皮120克

钟乳150克

淫羊藿90克

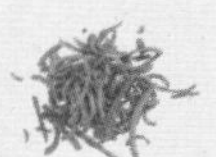
肉桂60克

防风60克

白酒15升

甘草汤适量

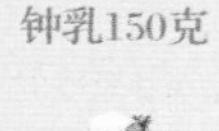
牛乳适量

【泡酒方法】

①胡麻仁煮后捣烂，钟乳入甘草汤泡3天后用牛乳泡2小时，入锅蒸2小时至牛乳完全浸出；
②诸药材捣碎装入纱布袋，放入容器中加白酒密封浸泡15日后饮酒。

【功能效用】

此款药酒具有补肝益肾、填精益髓、补中益气、逐寒祛湿的功效。主治遗精滑精、体虚无力、关节疼痛、肢冷畏寒等。

地黄枸杞酒

【使用方法】口服。每日2次，每次30～50毫升。
【贮藏方法】放在干燥、阴凉、避光处保存。
【注意事项】川续断应用盐炒过的。

【药材配方】

干地黄160克

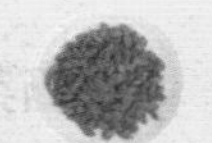
枸杞160克

肉苁蓉160克

山药80克

山茱萸80克

菟丝子80克

女贞子80克

川续断80克

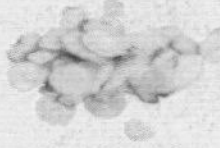
白芍40克

狗脊20克

蔗糖1千克

30度白酒2升

【泡酒方法】

①把诸药材捣碎装入纱布袋中；
②把纱布袋放入容器中，加蔗糖和白酒后密封；
③每日摇动数次，浸泡约7日后拿掉纱布袋即可饮用。

【功能效用】

此款药酒具有滋阴助阳、补肾填精的功效。主治肾精不足、遗精滑精、妇女带下、月经量少等。

六神酒

【使用方法】口服。每日2次，每次15～25毫升。早晚空腹饮用效果更佳。
【贮藏方法】放在干燥、阴凉、避光处保存。
【注意事项】实证、热证而正气不虚者慎服。

【药材配方】

人参120克

白茯苓120克

麦冬120克

生地黄300克

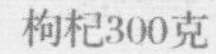
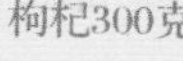
枸杞300克

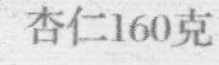

杏仁160克

白酒3升

【泡酒方法】

①其余诸药材捣碎，加水5升放入砂锅煎至1升，再加入白酒煮至总量2升，放入研细的人参、白茯苓混匀后密封；
②密封浸泡7日后过滤饮用。

【功能效用】

补精益髓，健脾养胃，益气补血，健步驻颜，延年益寿。主治遗精滑精、腰膝酸软、头昏目眩、大便秘结、肌肤粗糙、面色无华。

白石英酒

【使用方法】口服。每日2次，每次20毫升。
【贮藏方法】放在干燥、阴凉、避光处保存。
【注意事项】不宜多服。

【药材配方】

白石英60克

白酒1升

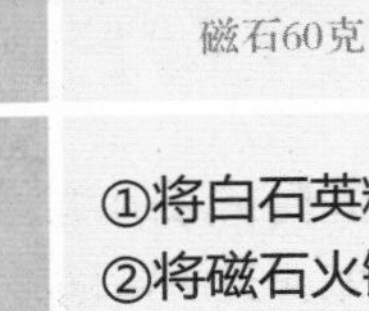
磁石60克

【功能效用】

白石英具有温肺补肾、安神利便的功效。此款药酒具有滋阴补肾、宁神静心的功效。主治阳痿遗精、肾虚耳聋、倦怠乏力、畏寒肢冷等症。

【泡酒方法】

①将白石英粗研，放入容器中；
②将磁石火锻令赤，醋淬，反复5次后研粗，放入容器中；
③加入白酒；
④密封浸泡7天，取药液服用。

巴戟二子酒

【使用方法】口服。每日2次，每次10~15毫升。
【贮藏方法】放在干燥、阴凉、避光处保存。
【注意事项】阴虚火旺者忌服。

【药材配方】

巴戟天60克

菟丝子60克

覆盆子60克

米酒2升

【功能效用】

此款药酒具有补肾壮阳、涩精缩尿的功效。主治精液异常、遗精滑精、阳痿早泄、宫冷不孕、小便频数、腰膝冷痛、须发早白等症。

【泡酒方法】

①把巴戟天、菟丝子、覆盆子分别捣碎，再装入洁净纱布袋中；
②把装有药材的纱布袋放入合适的容器中；
③将米酒倒入容器中密封；
④浸泡约7日后拿掉纱布袋即可饮用。

不育症

◎不育症指正常育龄夫妇婚后有正常性生活，在1年或更长时间内，不避孕却未能生育的症状。已婚夫妇发生不育症者有15%，其中男性不育症的发病率占30%。生育的基本条件是具有正常的性功能和拥有能与卵子结合的正常精子。因此，无论是性器官生理缺陷，还是下丘脑—垂体—性腺轴调节障碍，都能够导致不育。

男性不育症亦称男性生育力低下，有原发性和继发性两种。原发性男性不育是指一个男子从未使女子受孕。继发性男性不育是指一个男子曾经使一个女子受孕，而近12个月有不避孕性生活史而未受孕，这种不育有较大的可能恢复生育能力。

引起男性不育的常见原因包括先天发育异常、遗传、精液异常、精子不能进入阴道、炎症、输精管阻塞、精索静脉曲张、精子生成障碍、纤毛不动综合征、精神心理性因素和免疫、营养及代谢性因素等。

生精酒

【使用方法】口服。每日3次，每次10毫升。
【贮藏方法】放在干燥、阴凉、避光处保存。
【注意事项】内火旺盛者慎服。

【药材配方】

鹿茸30克　狗鞭20克　熟地120克　韭菜子60克
巴戟天60克　淫羊藿60克　五味子60克　白酒5升

【泡酒方法】

①把诸药材切碎装入纱布袋中；
②把纱布袋放入容器中；
③将白酒倒入容器中密封；
④密封浸泡约15日后拿掉纱布袋即可饮用。

【功能效用】

鹿茸具有降低血压、调整心律不齐的功效。此款药酒具有补肾壮阳、益精养血、生津敛汗的功效。主治肾虚型男性不育症。

雄蚕蛾酒

【使用方法】口服。每日2次，每次20毫升。
【贮藏方法】放在干燥、阴凉、避光处保存。
【注意事项】孕产妇慎服。

【药材配方】

雄蚕蛾300克

白酒2升

【功能效用】

雄蚕蛾具有壮阳、止泄精、治疗各类疥疮的功效。此款药酒具有补益精气、壮阳助性、强阴益精的功效。主治肾虚阳痿、滑精早泄、精液量少、不育症等。

【泡酒方法】

①把雄蚕蛾进行炮制，研成细粉；
②把研成细粉的雄蚕蛾装入容器中；
③将白酒倒入容器中密封；
④饮用时摇动使其充分混匀，取药液服用。

九子生精酒

【使用方法】口服。每日2～3次，每次15～30毫升。
【贮藏方法】放在干燥、阴凉、避光处保存。
【注意事项】内火旺盛者慎服。

【药材配方】

枸杞200克

菟丝子200克

覆盆子200克

车前子200克

五味子200克

韭菜子200克

女贞子200克

桑葚200克

巨胜子200克

九香虫120克

白酒4升

【泡酒方法】

①把诸药材切碎装入纱布袋中；
②把纱布袋放入容器中；
③将白酒倒入容器中；
④密封浸泡约7日后拿掉纱布袋即可饮用。

【功能效用】

滋阴助阳，补肾益精。主治不育症、肾虚阳痿、腰膝酸痛、精神疲乏、精血不足、头晕耳鸣、胸闷腹胀。

补肾生精酒

【使用方法】口服。每日2～3次，每次15～25毫升。
【贮藏方法】放在干燥、阴凉、避光处保存。
【注意事项】急性病、热毒疮疡、食滞胸闷者慎服。

【药材配方】

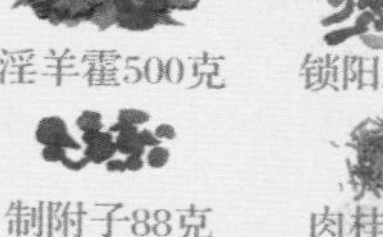
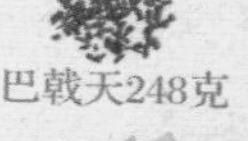

淫羊藿500克　锁阳248克　巴戟天248克　熟地黄248克　黄芪248克　枣皮88克
制附子88克　肉桂88克　当归88克　肉苁蓉200克　枸杞136克　桑葚36克
菟丝子136克　韭菜子64克　前胡64克　甘草100克　白酒10升

【泡酒方法】

①把诸药材切碎装入纱布袋中；
②把纱布袋放入容器中，加白酒；
③密封浸泡约15日后拿掉纱布袋即可饮用。

【功能效用】

补肾壮阳，滋阴固精，延年益寿。主治不育症、肾虚阳痿、肾精不足、精子成活率低、耳鸣眼花等。

枸杞肉酒

【使用方法】口服。每日3次，每次15～20毫升。
【贮藏方法】放在干燥、阴凉、避光处保存。
【注意事项】脾虚泄泻者和感冒发热患者慎服。

【药材配方】

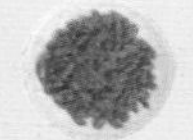

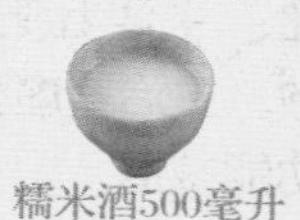

枸杞250克　桂圆肉250克　核桃仁250克
白糖250克　糯米酒500毫升　白酒7升

【功能效用】

此款药酒具有补肾健脾、助阳固精、益肝养血的功效。主治精少不育、脾肾两虚、面色萎黄、精神不振、腰膝酸软、阳痿早泄等症。

【泡酒方法】

①把枸杞子、桂圆肉、核桃仁分别捣碎，再装入洁净纱布袋中；
②把装有药材的纱布袋放入合适的容器中；
③把白糖、糯米酒和白酒一起倒入容器后密封；
④浸泡约21日后拿掉纱布袋即可饮用。

沉香五花酒

【使用方法】口服。视个人身体情况适量饮用。
【贮藏方法】放在干燥、阴凉、避光处保存。
【注意事项】儿童慎服。

【药材配方】

玫瑰花30克

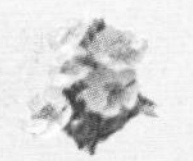
蔷薇花30克

梅花30克

韭菜花30克

沉香30克

核桃仁300克

米酒3升

白酒3升

【泡酒方法】

①把诸药材切碎装入纱布袋中；
②把纱布袋放入容器中，加白酒；
③密封浸泡30日后拿出纱布袋；
④把米酒倒入容器后混匀即可饮用。

【功能效用】

此款药酒具有补肾助阳、益肾固精的功效。主治肾精不足、阳痿不举、男子不育、女子不孕、痢疾等。

还春口服液

【使用方法】口服。每日2次，每次10毫升。
【贮藏方法】放在干燥、阴凉、避光处保存。
【注意事项】内火旺盛者慎服。

【药材配方】

红参60克　鹿茸20克　淫羊藿60克

三七60克

枸杞60克

白酒2升

【功能效用】

红参具有复脉固脱、益气摄血的功效。此款药酒具有补气养血、生津壮阳、宁心安神的功效。主治肾虚型男性不育症、性功能减退、妇女更年期综合征。

【泡酒方法】

①把上述药材捣碎，装入洁净纱布袋中；
②把装有药材的纱布袋放入合适的容器中；
③加入白酒后密封；
④浸泡约15日后拿掉纱布袋即可饮用。

种子药酒

【使用方法】口服。每日2次，每次10～15毫升。
【贮藏方法】放在干燥、阴凉、避光处保存。
【注意事项】神经衰弱、阴虚火旺者慎服。

【药材配方】

淫羊藿500克

核桃仁240克

怀生地240克

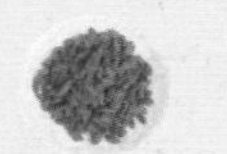
枸杞120克

五加皮120克

白酒4升

【功能效用】

此款药酒具有补肾助阳、益精养血的功效。主治肾精不足所致的不孕不育。

【泡酒方法】

①把上述药材捣碎，装入洁净纱布袋中；
②把装有药材的纱布袋放入合适的容器中；
③将白酒倒入容器中密封；
④隔水加热，蒸透后取出放冷；
⑤浸泡约7日后拿掉纱布袋即可饮用。

淫羊交藤酒

【使用方法】口服。每日2次，每次40毫升。空腹服用效果更佳。
【贮藏方法】放在干燥、阴凉、避光处保存。
【注意事项】阴虚火旺者慎服。

【药材配方】

淫羊藿80克

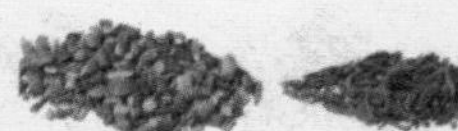
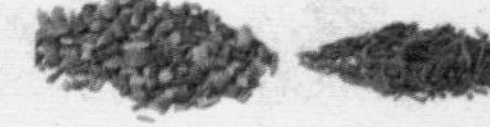
夜交藤80克　仙茅80克

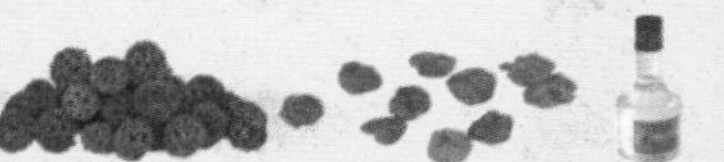
路路通80克　桂圆肉80克　白酒2升

【功能效用】

淫羊藿具有补肾壮阳、强筋健骨、散风祛湿的功效。此款药酒具有补肾壮阳、益精养血的功效。主治男性不育症、阳痿早泄等。

【泡酒方法】

①把诸药材切碎装入纱布袋中；
②把纱布袋放入容器中，加白酒；
③密封浸泡约30日后拿掉纱布袋即可饮用。

魏国公红颜酒

【使用方法】口服。每日2次，每次30～50毫升。
【贮藏方法】放在干燥、阴凉、避光处保存。
【注意事项】儿童慎服。

【药材配方】

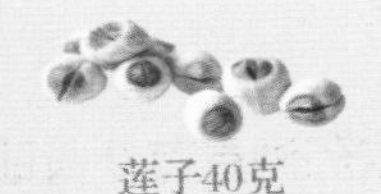

莲子40克　松子仁40克　白果仁40克　桂圆肉40克　白酒2升

【功能效用】

此款药酒具有滋阴壮阳、益肾固精、补益心肺、养心安神的功效。主治男子不育、身体虚弱、心悸怔忡、神倦体乏等。

【泡酒方法】

①将莲子去心；
②将莲子、松子仁、白果仁、桂圆肉切碎，装入洁净纱布袋中；
③把装有药材的纱布袋放入合适的容器中；
④加入白酒后密封；
⑤浸泡约15日后拿掉纱布袋即可饮用。

秦艽酒方

【使用方法】口服。每日2次，每次温饮10～15毫升。空腹饮用效果更佳。
【贮藏方法】放在干燥、阴凉、避光处保存。
【注意事项】月经过多者及孕妇慎服。

【药材配方】

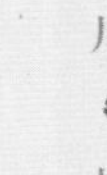

秦艽80克　牛膝80克　川芎80克　防风80克　桂心80克　独活80克
丹参80克　赤茯苓80克　杜仲20克　侧子60克　石斛60克　干姜60克
麦冬60克　地骨皮60克　五加皮200克　薏苡仁40克　大麻仁70克　白酒4升

【泡酒方法】

①大麻仁翻炒、侧子炮裂去皮脐，与其余捣碎药材一同装入纱布袋；
②把布袋放入容器中，加白酒密封；
③密封浸泡约10日后拿掉纱布袋即可饮用。

【功能效用】

此款药酒具有扶风散寒、除湿止痛、活血利水的功效。主治胞痹、风湿痹痛、筋脉拘挛、骨节酸痛。

晒参山药酒

【使用方法】口服。每日2次，每次15～20毫升。
【贮藏方法】放在干燥、阴凉、避光处保存。
【注意事项】儿童慎服。

【药材配方】

生晒参60克

海狗肾2只

山药120克

白酒4升

【功能效用】

此款药酒具有补肾助阳、填精补髓、固气补元的功效。主治不育症、阳痿精衰、虚损劳伤、畏寒肢冷、腰膝冷痛、心腹疼痛等。

【泡酒方法】

①把海狗肾、生晒参、山药分别捣碎，装入洁净纱布袋中；
②把装有药材的纱布袋放入合适的容器中；
③加入白酒后密封；
④浸泡约7日后拿掉纱布袋即可饮用。

二子内金酒

【使用方法】口服。每日2次，每次15～30毫升。
【贮藏方法】放在干燥、阴凉、避光处保存。
【注意事项】大便燥结者慎服。

【药材配方】

菟丝子400克

韭菜子400克

鸡内金200克

益智仁200克

白酒3升

【功能效用】

菟丝子具有补肾益精、养肝明目的功效；韭菜子具有温补肝肾、壮阳固精的功效。此款药酒具有补肾壮阳、固精止遗的功效。主治早泄不育、遗精盗汗等症。

【泡酒方法】

①把菟丝子、韭菜子、鸡内金、益智仁分别捣碎，装入洁净纱布袋中；
②把装有药材的纱布袋放入合适的容器中；
③加入白酒后密封；
④浸泡约7日后拿掉纱布袋即可饮用。

通胞酒

【使用方法】口服。每日2次，每次15～30毫升。
【贮藏方法】放在干燥、阴凉、避光处保存。
【注意事项】脾胃虚寒者慎服。

【药材配方】

菟丝子200克

肉苁蓉200克

秦艽200克

车前草200克

白茅根40克

红花60克

白酒2升

【泡酒方法】

①把诸药材切碎装入纱布袋中；
②把纱布袋放入容器中；
③将白酒倒入容器中；
④密封浸泡约7日后拿掉纱布袋即可饮用。

【功能效用】

补肾助阳，祛风除湿，清热解毒，活血利水，祛瘀止痛。主治胞痹、小腹胀满、滞瘀腹痛、小便艰涩不利、关节疼痛。

毓麟酒

【使用方法】口服。每日2次，每次15～20毫升。
【贮藏方法】放在干燥、阴凉、避光处保存。
【注意事项】素有湿热、小便淋涩者慎服。

【药材配方】

肉苁蓉120克

覆盆子120克

补骨脂120克

桑葚92克

枸杞92克

菟丝子92克

韭菜子92克

楮实子92克

牛膝88克

巴戟天92克

山茱萸88克

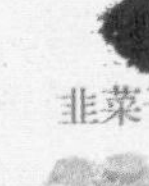

莲须60克

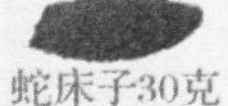

蛇床子30克

山药30克

木香30克

白酒12升

【泡酒方法】

①将补骨脂、山药翻炒，与其余捣碎药材一同装入纱布袋，隔水蒸煮4小时后取出放凉；
②把纱布袋放入容器中，加白酒；
③密封浸泡约2日后拿出纱布袋即可饮用。

【功能效用】

此款药酒具有补肾助阳、养肝涩精的功效。主治不育症、肾虚阳痿、遗精早泄等症。

附睾炎

◎附睾炎是男性生殖系统非特异性感染中的常见疾病，多见于中青年。当各种原因导致自身抵抗力降低时，病原菌可以趁机侵入附睾引发炎症。

附睾炎表现为阴囊部位突发性疼痛、附睾肿胀、触痛明显，可伴有发热、附睾硬结等。附睾炎可影响精子成熟，使受精能力下降；炎症也可导致附睾管堵塞，影响精子的输出，这些均可造成临床上的不育。

附睾炎按病程可分为以下两种：

（1）急性附睾炎

急性附睾炎多继发于尿道、前列腺或精囊感染，表现为阴囊肿痛，沉坠感，并向腹股沟及下腹部放射。

（2）慢性附睾炎

慢性附睾炎常由急性期治疗不彻底引起，主要表现为阴囊不适感。

香楝酒

【使用方法】口服。趁热空腹1次服完或分2次服。
【贮藏方法】放在干燥、阴凉、避光处保存。
【注意事项】孕妇慎服。

【药材配方】

南木香15克　大茴香15克

小茴香15克

川楝子15克

连须葱白5根

白酒100毫升

【功能效用】

南木香具有理气止痛、祛风活血的功效。此款药酒具有理气止痛、疏肝泻火、祛风活血的功效。主治单侧睾丸肿大、疝气疼痛、风湿骨痛、脘腹胀痛等症。

【泡酒方法】

①把南木香、大茴香、小茴香、川楝子一起放入锅中炒香；
②放入葱白，加水1碗一起煎煮；
③煮至水剩半碗时取出去渣，加入白酒混匀；
④放入1勺食盐（约10克），充分溶解后即可饮用。

天星酒

【使用方法】口服。1次服完，未愈再服。
【贮藏方法】放在干燥、阴凉、避光处保存。
【注意事项】孕产妇及儿童慎服。

【药材配方】

满天星20克

鲜车前草20 克

白糖25克

淘米水适量

黄酒适量

【功能效用】

满天星具有祛风清热的功效。此款药酒具有清热解毒、利水祛湿、通利小便的功效。主治小便不利、热胀、淋浊带下、水肿胀满、尿路结石。

【泡酒方法】

①把满天星和鲜车前草洗净，装入洁净纱布袋中；
②把装有药材的纱布袋放进淘米水中，榨出滤汁；
③加入等量黄酒混匀；
④加入白糖，搅拌使其完全溶解即可饮用。

明矾酒

【使用方法】外用。用手指蘸取明矾酒，揉按患者脐部约15分钟。也可同时口服5～10毫升。
【贮藏方法】放在干燥、阴凉、避光处保存。
【注意事项】最好选用透明的明矾。

【药材配方】

明矾1块

白酒适量

【功能效用】

明矾具有消毒杀虫、祛湿止痒、止血止泻、清热消痰的功效。此款药酒具有收敛利尿、杀虫解毒、清热燥湿的功效。主治小便不利、大便痢疾。

【泡酒方法】

①把明矾装进干净的碗中；
②将白酒倒入碗中，与明矾混匀；
③将明矾在酒中研磨5分钟左右；
④明矾在酒中彻底浸化即可取用。

慢性前列腺炎

◎慢性前列腺炎包括慢性细菌性前列腺炎和非细菌性前列腺炎。

1. 慢性细菌性前列腺炎

慢性细菌性前列腺炎主要为细菌感染，以逆行感染为主，病原体主要为葡萄球菌属，常有反复的尿路感染发作病史或前列腺液中持续有致病菌存在。有反复发作的下尿路感染症状，如尿频、尿急、尿痛、排尿烧灼感，排尿困难，后尿道、肛门、会阴区坠胀不适。持续时间超过3个月。

2. 慢性非细菌性前列腺炎

非细菌性前列腺炎是多种复杂的原因和诱因引起的炎症，以尿道刺激症状和慢性盆腔疼痛为主要临床表现，主要表现为骨盆区域疼痛，可见于会阴、阴茎、肛周部、尿道、耻骨部或腰骶部等部位。排尿异常可表现为尿急、尿频、尿痛和夜尿增多等。由于慢性疼痛久治不愈，患者生活质量下降，并可能有性功能障碍、抑郁、失眠、记忆力下降等。

荠菜酒

【使用方法】口服。每日2次，每次30～50毫升。
【贮藏方法】放在干燥、阴凉、避光处保存。
【注意事项】儿童慎服。

【药材配方】

【功能效用】

荠菜具有维持人体机能新陈代谢、明目、通便的功效。此款药酒具有清热利尿、利湿去浊的功效。主治白浊、膏淋、小便不利、风湿痹痛。

【泡酒方法】

①把荠菜和萆薢切碎，装入洁净纱布袋中；
②把装有药材的纱布袋放入合适的容器中；
③将黄酒倒入容器中；
④隔水煮沸后取出放冷，密封；
⑤浸泡1日后拿掉纱布袋过滤即可饮用。

二山芡实酒

【使用方法】口服。每日2～3次，每次20～30毫升。

【贮藏方法】放在干燥、阴凉、避光处保存。

【注意事项】脾虚火旺及大便燥结者慎服。

【药材配方】

山药150克

山茱萸150克

芡实150克

熟地黄150克

莲子100克

菟丝子200克

白酒3升

【泡酒方法】

①把山药、山茱萸、芡实、熟地黄、莲子、菟丝子切碎，装入纱布袋再放入容器中；

②加白酒，密封浸泡约7日后拿掉纱布袋即可饮用。

【功能效用】

山药具有补脾益肺、补肾涩精的功效。此款药酒具有补肾益精、收敛固涩的功效。主治慢性前列腺炎、尿频、白浊等。

仙茅益智仁酒

【使用方法】口服。每日2～3次，每次10～30毫升。

【贮藏方法】放在干燥、阴凉、避光处保存。

【注意事项】阴虚火旺者慎服。

【药材配方】

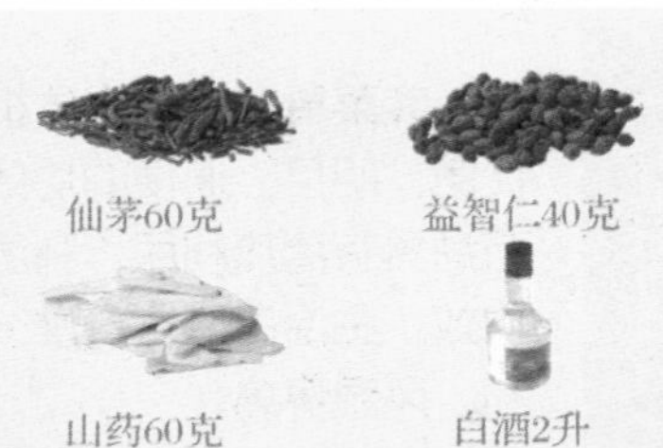

仙茅60克　益智仁40克

山药60克　白酒2升

【功能效用】

仙茅具有补肾壮阳、强筋健骨、散寒祛湿的功效。此款药酒具有补肾固精、缩尿止遗的功效。主治肾虚遗尿、腰膝冷痛、畏寒怕冷等症。

【泡酒方法】

①把仙茅、益智仁、山药捣碎，装入洁净纱布袋中；

②把装有药材的纱布袋放入合适的容器中；

③加入白酒后密封；

④每日摇动1次，浸泡约15日后拿掉纱布袋即可饮用。

小茴香酒

【使用方法】口服。每日2次，每次30～50毫升。
【贮藏方法】放在干燥、阴凉、避光处保存。
【注意事项】小茴香应炒黄。

【药材配方】

小茴香200克

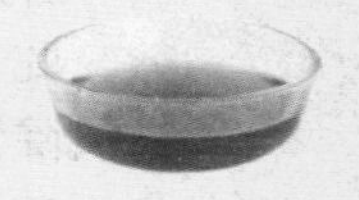
黄酒2升

【功能效用】

小茴香具有开胃消食、理气散寒、助阳的功效。此款药酒具有温中理气、散寒止痛的功效。主治白浊、脘腹胀痛、经寒腹痛。

【泡酒方法】

①把小茴香研成粗粉，放入合适的容器中；
②把黄酒上火煮沸；
③用煮沸的黄酒冲泡小茴香粉；
④放置一边冷却15分钟后过滤即可饮用。

酸浆草酒

【使用方法】口服。每日1次，每次30～50毫升。
【贮藏方法】放在干燥、阴凉、避光处保存。
【注意事项】儿童慎服。

【药材配方】

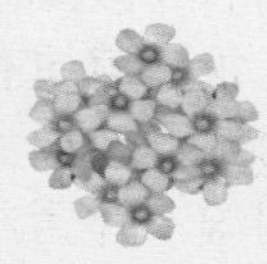
鲜酸浆草适量

黄酒适量

【功能效用】

鲜酸浆草具有清热解毒、消肿化疾的功效。此款药酒具有清热解毒、利尿消肿的功效。主治小便不通、尿路感染、小腹胀满。

【泡酒方法】

①把酸浆草洗净榨汁；
②把榨好的酸浆草汁装入干净的容器内；
③加入等量黄酒后密封；
④摇动使充分混匀即可饮用。

山枝根酒

【使用方法】口服。每日2次，每次30毫升。
【贮藏方法】放在干燥、阴凉、避光处保存。
【注意事项】儿童慎服。

【药材配方】

山栀根皮100克

白酒1升

【功能效用】

山栀根皮具有养血通淋的功效。此款药酒具有养肺益肾、祛风除湿、活血通络的功效。主治前列腺炎、虚劳咳喘、风湿性关节疼痛、遗精早泄等。

【泡酒方法】

①把山栀根皮切碎，装入洁净纱布袋中；
②把装有山枝根皮的纱布袋放入合适的容器中；
③加入白酒后密封；
④浸泡约7日后拿掉纱布袋，过滤后即可饮用。

萆薢酒

【使用方法】口服。每日2次，每次40～50毫升。
【贮藏方法】放在干燥、阴凉、避光处保存。
【注意事项】内无湿热者慎服。

【药材配方】

萆薢100克

龙胆草500克

芡实360克

车前子500克

黄酒5升

【功能效用】

萆薢具有利湿去浊、祛风通痹的功效；龙胆草具有清热燥湿、息风止痛的功效。此款药酒具有清热利湿、补肾益精、收敛固涩的功效。主治急性前列腺炎、小便不利。

【泡酒方法】

①把萆薢、龙胆草、芡实、车前子捣碎，装入洁净纱布袋中；
②把装有药材的纱布袋放入合适的容器中，倒入黄酒；
③隔水煮沸后取出放冷，密封；
④浸泡1日后拿掉纱布袋即可饮用。

肾结核

◎肾结核，是结核杆菌所致肾脏感染。感染源绝大多数来自体内的结核感染病灶，主要是来自肺结核，其传染途径主要是经血流播散至肾脏。少数可来自盆腔生殖系统的结核病灶，经淋巴道等方式传播到肾脏。肾结核在早期往往无明显症状，只在尿液检查时可发现异常，如尿液酸性、含少量蛋白、有红白细胞，可查到结核杆菌。

肾结核的表现主要有以下几种：

（1）无痛性血尿；

（2）膀胱刺激征：尿频、尿痛、尿急；

（3）可能有慢性结核中毒表现：低热、盗汗、消瘦及厌食等；

（4）晚期少尿、无尿，呈现肾功能衰竭。

百部二子酒

【使用方法】口服。每日2次，每次饭前温饮15～30毫升。

【贮藏方法】放在干燥、阴凉、避光处保存。

【注意事项】大便溏泄者慎服。

【药材配方】

百部200克　车前子180克　菟丝子300克

杜仲100克　白茅根30克　白酒1.5升

【功能效用】

百部具有润肺止咳、杀虫灭虱的功效；车前子具有清热利尿、祛湿明目的功效。此款药酒具有补肾益精、利水渗湿、清热利尿的功效。主治肾结核、小便不利等。

【泡酒方法】

①把百部、车前子、菟丝子、杜仲、白茅根捣碎，装入洁净纱布袋中；
②把装有药材的纱布袋放入合适的容器中；
③加入白酒后密封；
④浸泡约15日后拿掉纱布袋即可饮用。

马齿苋酒

【使用方法】口服。每日3次，每次饭前服10～30毫升。
【贮藏方法】放在干燥、阴凉、避光处保存。
【注意事项】孕妇及脾胃虚寒者慎服。

【药材配方】

马齿苋600克

黄酒5升

【功能效用】

马齿苋具有解毒消炎、利尿消肿的功效。此款药酒具有清热凉血、温肾补虚、利水祛湿、消炎止痛的功效。主治肾结核、产后虚汗、产后子宫出血、乳腺炎等。

【泡酒方法】

①把马齿苋洗净捣烂；
②把捣烂的马齿苋放入合适的容器中；
③把黄酒倒入容器后密封；
④浸泡1日后，过滤去渣，即可取药液饮用。

肉桂鸡肝酒

【使用方法】口服。每晚临睡前服用，每次15～25毫升，同时送服药粉3～5克。
【贮藏方法】放在干燥、阴凉、避光处保存。
【注意事项】药材残渣可晒干研成细粉，以药酒送服。

【药材配方】

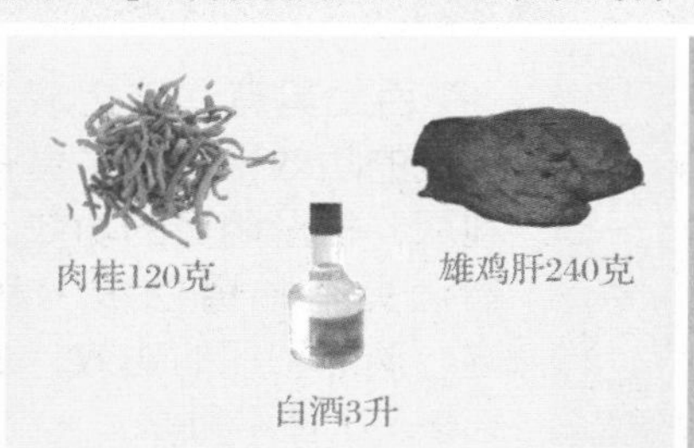

肉桂120克　雄鸡肝240克

白酒3升

【功能效用】

肉桂具有发汗止痛、温通经脉的功效。此款药酒具有补肝益肾、健脾暖胃、固精止遗的功效。主治肾虚遗尿、肾结核、阳痿遗精、夜多小便等。

【泡酒方法】

①把上述药材切碎，装入洁净纱布袋中；
②把装有药材的纱布袋放入合适的容器中；
③加入白酒后密封；
④经常摇动，浸泡约7日后拿掉纱布袋即可饮用。

尿频

◎正常成人白天排尿4～6次，夜间0～2次，次数明显增多称尿频。排尿次数增多而尿量正常，因而全日总尿量增多，但无疼痛，又称小便频数。

引起尿频的原因有以下几种：

（1）尿量增加：在生理情况下，如大量饮水，尿量、排尿次数都会增多，出现尿频。在病理情况下，如糖尿病、尿崩症患者饮水多，尿量、排尿次数也多。

（2）炎症刺激：急性膀胱炎、结核性膀胱炎、尿道炎、肾盂肾炎、外阴炎等都可出现尿频。受炎症刺激，尿频、尿急、尿痛可同时出现，称为尿路刺激征。

（3）非炎症刺激：如尿路结石、异物等。

（4）膀胱容量减少：如膀胱占位性病变、妊娠期增大的子宫压迫、结核性膀胱挛缩或较大的膀胱结石等。

（5）精神神经性尿频：需要到医院做进一步针对性的治疗。

茱萸益智酒

【使用方法】口服。每日2～3次，每次15～30毫升。
【贮藏方法】放在干燥、阴凉、避光处保存。
【注意事项】可同时把装有药材的纱布袋包扎固定敷在脐部。

【药材配方】

【功能效用】吴茱萸具有祛寒止痛、降逆止呕、助阳止泻的功效。此款药酒具有温肾固摄、散热止痛、固精缩尿的功效。主治小便频数、遗精遗尿。

【泡酒方法】
①把吴茱萸、益智仁、肉桂切片，装入洁净纱布袋中；
②把装有药材的纱布袋放入合适的容器中；
③加入白酒后密封；
④浸泡约7日后拿掉纱布袋即可饮用。

尿频药酒

【使用方法】口服。每日2次，每次10～20毫升。
【贮藏方法】放在干燥、阴凉、避光处保存。
【注意事项】阴虚火旺体质、风寒感冒、咳嗽气喘、大叶性肺炎者忌服。

【药材配方】

蛤蚧1对

38° 白酒800毫升

【功能效用】

蛤蚧具有补肺益气、养精助阳、养血止咳的功效。此款药酒具有清热利湿、补肾壮阳、固精缩尿的功效。主治老年人肾阳虚所致尿频、尿不净等症。

【泡酒方法】

①将蛤蚧去掉头、足、鳞片，放入容器中；
②将白酒倒入容器中；
③密封浸泡14天，每天时常摇动；
④过滤去渣后，取药液服用。

消石酒

【使用方法】口服。每日3次，每次空腹以20毫升药酒兑50毫升金钱草汁饮用。
【贮藏方法】放在干燥、阴凉、避光处保存。
【注意事项】忌食油腻、辛辣食物。

【药材配方】

金钱草600克

延胡索360克

广郁金400克

玄明粉400克

核桃仁320克

滑石400克

生鸡内金400克

白酒4升

【泡酒方法】

①用水煎金钱草2次，去渣取汁；
②将其余诸药捣碎放入容器中，加白酒，密封浸泡约15日后过滤去渣即可饮用。

【功能效用】

此款药酒具有清热利湿、活血止痛、行气解郁、消石排石的功效。主治泌尿系统结石、小便频数、脘腹疼痛等。

尿失禁

◎尿失禁，是由于膀胱括约肌损伤或神经功能障碍而丧失排尿自控能力，使尿液不自主地流出的现象。尿失禁可以发生在任何年龄及性别，尤其是女性及老年人。尿失禁除了令人身体不适，还会长期影响生活质量，严重影响患者心理健康，被称为“不致命的社交癌”。

尿失禁可分为真性尿失禁、充溢性尿失禁、反射性尿失禁、急迫性尿失禁、压力性尿失禁、无阻力性尿失禁。尿失禁的病因如下：

（1）由先天性疾患引起的，如尿道上裂。

（2）由创伤引起的，如妇女生产时的创伤，骨盆骨折等。

（3）由手术引起的，成人为前列腺手术、尿道狭窄修补术等；儿童为后尿道瓣膜手术等。

（4）由各种原因引起的神经源性膀胱。

益丝酒

【使用方法】口服。每日2次，每次15～30毫升。
【贮藏方法】放在干燥、阴凉、避光处保存。
【注意事项】孕妇慎服。

【药材配方】

益智仁200克

菟丝子200克

白酒2升

【功能效用】

益智仁具有温肾固精、缩尿温脾、开胃清痰的功效。此款药酒具有缩尿止遗、补肾助阳、固气涩精的功效。主治肾虚遗尿、阳痿遗精等症。

【泡酒方法】

①把益智仁、菟丝子捣碎，装入洁净纱布袋中；
②把装有药材的纱布袋放入合适的容器中；
③加入白酒后密封；
④每日摇动1次，浸泡约7日后拿掉纱布袋即可饮用。

龙虱酒

【使用方法】口服。每晚临睡前服用，每次10～20毫升。
【贮藏方法】放在干燥、阴凉、避光处保存。
【注意事项】儿童慎服。

【药材配方】

龙虱80克

白酒2升

【功能效用】

龙虱具有补肾活血，降低胆固醇，防治高血压、肥胖症、肾炎等疾病的功效。此款药酒具有补肾助阳、活血固精的功效。主治肾虚遗尿、夜多小便。

【泡酒方法】

①把龙虱捣碎，放入合适的容器中；
②把白酒倒入容器中，加盖；
③放在小火上煮沸后取出放冷；
④浸泡约21日后拿掉纱布袋即可饮用。

茴香酒

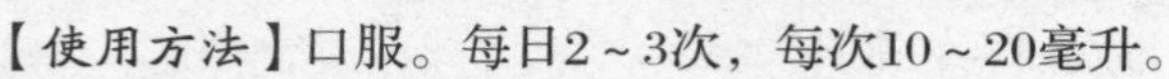

【使用方法】口服。每日2～3次，每次10～20毫升。
【贮藏方法】放在干燥、阴凉、避光处保存。
【注意事项】空腹饮用效果更佳。

【药材配方】

小茴香120克

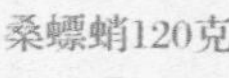

桑螵蛸120克

菟丝子80克

白酒2升

【功能效用】

小茴香具有开胃消食、理气散寒、助阳的功效。此款药酒具有补肾助阳、缩尿止遗的功效。主治肾虚遗尿、小便白浊、小便失禁等。

【泡酒方法】

①把小茴香、桑螵蛸、菟丝子捣碎，装入洁净纱布袋中；
②把装有药材的纱布袋放入合适的容器中；
③加入白酒后密封；
④每日摇动数次，浸泡约7日后拿掉纱布袋即可饮用。

淋症

◎淋症是指小便频数、短涩和滴沥刺痛，小腹拘急引痛为主要表征的病症，相当于西医的泌尿系统感染及结石、前列腺炎、乳糜尿等症。

淋症的发生，主要与膀胱湿热、脾肾亏虚、肝郁气滞有关。病位在肾与膀胱。其病机主要是湿热蕴结下焦，导致膀胱气化不利。若病延日久，热郁伤阴，湿遏阳气，或阴伤及气，可导致脾肾两虚，膀胱气化无权，则病证从实转虚，而见虚实夹杂。

淋症一般表现为小便频急和淋沥涩痛、小腹拘急、痛引腰腹。除共同症状外，各种淋症又有各自不同的特殊表现：热淋表现为起病急、小便灼热、尿时灼痛或伴发热；血淋表现为尿血而痛；石淋表现为小便窘急不能排出、尿道刺痛、痛引小腹、尿出砂石而痛止；膏淋表现为小便涩痛、尿如脂膏或米泔水；气淋表现为脘腹满闷胀痛、小便涩滞、尿后余沥不尽；劳淋表现为久淋，遇劳倦、房事即加重或诱发，小便涩痛不显著、余沥不尽、腰痛缠绵、痛坠及尻。

车前草酒

【使用方法】口服。每日1剂，分2次服完。
【贮藏方法】放在干燥、阴凉、避光处保存。
【注意事项】湿热毒可加龙胆草15克一起煎煮。

【药材配方】

鲜车前草30克

白糖适量

陈皮适量

黄酒100毫升

【功能效用】

鲜车前草具有清热利尿、祛湿止泻、明目祛痰的功效。此款药酒具有清热利尿、利湿消胀的功效。主治热淋、小便不利、小腹胀满等症。

【泡酒方法】

①把鲜车前草洗净；
②把洗净后的鲜车前草切碎；
③把切碎的鲜车前草和陈皮一起放入砂锅中；
④倒入黄酒煮沸，可根据个人习惯放入白糖。过滤去渣，即可取药液饮用。

地榆木通酒

【使用方法】口服。每日3次，每次15～30毫升。
【贮藏方法】放在干燥、阴凉、避光处保存。
【注意事项】忌食油腻、油炸、辛辣食物。

【药材配方】

生地榆200克

木通120克

车前子120克　白茅根200克　低度白酒2升

【功能效用】

此款药酒具有凉血止血，清热敛疮，利尿通淋的功效。主治血淋、热淋、尿血、便血、水肿、胸中烦热、口舌生疮等。

【泡酒方法】

①把生地榆、木通、白茅根、车前子切碎，装入洁净纱布袋中；
②把装有药材的纱布袋放入合适的容器中；
③加入白酒后密封；
④隔水煮30分钟，浸泡2日后拿掉纱布袋即可饮用。

猕猴桃酒

【使用方法】口服。每日2次，每次10～15毫升。
【贮藏方法】放在干燥、阴凉、避光处保存。
【注意事项】空腹饮用效果更佳。

【药材配方】

猕猴桃750克

白酒3升

【功能效用】

此款药酒具有清热止渴、生津润燥、和胃降逆、利尿通淋的功效。主治热病烦渴、尿道结石、小便淋涩、黄疸、反胃呕吐、食欲不佳等。

【泡酒方法】

①把猕猴桃去皮捣碎；
②把捣碎后的猕猴桃放入合适的容器中；
③加入白酒后密封；
④每日摇动1次，浸泡约30日后过滤去渣即可饮用。

石苇酒

【使用方法】口服。每日1剂，分3次服完。
【贮藏方法】放在干燥、阴凉、避光处保存。
【注意事项】空腹饮用效果更佳。

【药材配方】

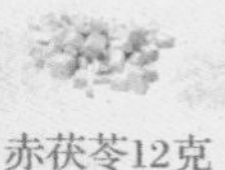

石苇30克　木通6克　车前子12克　瞿麦12克　赤茯苓12克　甘草6克
滑石30克　冬葵子30克　金钱草30克　海金沙30克　鸡内金9克　黄酒1升

【泡酒方法】

①除鸡内金外，其余诸药粗研后入砂锅，加黄酒小火煎煮至黄酒总量800毫升，过滤去渣；
②把鸡内金研成细粉，放入药酒中混匀即可饮用。

【功能效用】

此款药酒具有清肺泄热、利湿利尿、排石通淋的功效。主治石淋、热淋、尿血、尿路结石、淋沥涩痛、肺热咳嗽等。

三黄参归酒

【使用方法】口服。每日2次，每次20～30毫升。
【贮藏方法】放在干燥、阴凉、避光处保存。
【注意事项】脾胃虚寒、食欲不佳者慎服。

【药材配方】

黄精30克　黄芪30克　熟地黄30克　红枣40克　何首乌20克　杜仲30克
枸杞30克　党参30克　当归15克　川穹10克　菟丝子20克　白酒2升

【泡酒方法】

①把诸药材粗研后装入纱布袋中；
②把纱布袋放入容器中，加白酒；
③密封浸泡约15日后拿掉纱布袋即可饮用。

【功能效用】

此款药酒具有补肾助阳、益气健脾的功效。主治小便淋沥、神倦体乏、腰膝酸痛、动则气促等。

核桃仁酒

【使用方法】口服。每日2～3次，每次15～30毫升。

【贮藏方法】放在干燥、阴凉、避光处保存。

【注意事项】空腹饮用效果更佳。

【药材配方】

核桃仁200克

鸡内金100克

芝麻油100毫升

滑石100克

冰糖120克

白酒1升

【功能效用】

核桃仁具有补肾温肺、润肠通便的功效。此款药酒具有清热利湿、排石通淋、润肠止泻的功效。主治泌尿系统结石。

【泡酒方法】

①把核桃仁和鸡内金放入芝麻油中炸酥后研成细粉；

②把药粉、炸过的芝麻油、滑石、冰糖一并放入合适的容器中；

③加入白酒后密封；

④浸泡约7日后即可饮用。

三仙酒

【使用方法】空腹温服。每日2次，每次10毫升。

【贮藏方法】放在干燥、阴凉、避光处保存。

【注意事项】无病者常服，颇有延年益寿之功效。

【药材配方】

桑葚30克

锁阳15克

蜂蜜30克

白酒500毫升

【功能效用】

桑葚具有补肝养肾、滋阴润脏的功效；锁阳具有滋阴润燥的功效。此款药酒具有补肾养肝、养精润燥、利尿通淋的功效，适用于淋症、大便秘结、腰酸体倦等症。

【泡酒方法】

①将桑葚、锁阳分别捣烂，放入合适的容器中；

②将白酒倒入容器中，与诸药材充分混合；

③将容器中的药酒密封浸泡5天后取出，过滤去渣；

④将蜂蜜炼过，倒入药酒中拌匀后，取药液服用。

金钱草酒

【使用方法】口服。每日1剂，分3次服完。
【贮藏方法】放在干燥、阴凉、避光处保存。
【注意事项】儿童慎服。

【药材配方】

金钱草100克

海金沙30克

黄酒500毫升

【功能效用】

金钱草具有利水通淋、清热解毒、散瘀消肿的功效。此款药酒具有清热利湿、消肿解毒、利胆利尿、排石通淋的功效。主治石淋、热淋、湿热黄疸等症。

【泡酒方法】

①把金钱草和海金沙洗净切碎；
②把切碎的金钱草和海金沙放入砂锅中；
③倒入黄酒，用小火煎煮；
④煎煮至黄酒总量为400毫升，过滤去渣即可饮用。

竹叶心酒

【使用方法】口服。每日1剂，分2次服完。
【贮藏方法】放在干燥、阴凉、避光处保存。
【注意事项】孕妇慎服。

【药材配方】

竹叶心20克

白酒200毫升

【功能效用】

此款药酒具有清热解毒、除烦去燥的功效。主治尿路感染、小便不利、热病烦渴、口舌生疮等症。

【泡酒方法】

①把竹叶心洗净切碎；
②把切碎的慈竹心放入合适的容器中；
③把白酒倒入容器中，加盖；
④用小火煎煮至白酒总量减半后过滤即可饮用。

螺蛳酒

【使用方法】口服。取食螺蛳肉，以药酒送服。每日1剂，分2次服完。
【贮藏方法】放在干燥、阴凉、避光处保存。
【注意事项】螺蛳最好用清水浸泡半天，更容易洗净。

【药材配方】

螺蛳250克

白酒300毫升

【功能效用】

螺蛳具有清热解毒、利水明目的功效。此款药酒具有清热利水、祛风利湿、解毒明目的功效。主治淋浊、水肿、黄疸、目赤翳障等症。

【泡酒方法】

①把螺蛳连壳洗净；
②把洗净的螺蛳放入砂锅中炒热；
③把白酒倒入砂锅中；
④用小火煎煮至白酒总量为100毫升后即可饮用。

茄叶酒

【使用方法】口服。每日1剂，分2次服完。
【贮藏方法】放在干燥、阴凉、避光处保存。
【注意事项】茄叶与黄酒可根据1：5的比例来配制。

【药材配方】

茄叶10克

黄酒50毫升

【功能效用】

茄叶可通淋通痢，治肠风下血、痈肿、冻伤，有散血消肿的功效。此款药酒具有散血消肿、清热止痛的功效。主治血淋疼痛、肠风下血等症。

【泡酒方法】

①把茄叶洗净；
②把洗净的茄叶熏干；
③把熏干的茄叶研成粉末状；
④把研好的粉末倒入黄酒中煮沸即可饮用。

鸡公柴酒

【使用方法】口服。每日2次，每次15～30毫升。
【贮藏方法】放在干燥、阴凉、避光处保存。
【注意事项】孕妇慎服。

【药材配方】

鸡公柴120克

白酒2升

【功能效用】

鸡公柴具有清热祛湿、活血止血、利便治白浊的功效。此款药酒具有清热利湿、活血解毒的功效。主治五淋、小便白浊、热瘀经闭等。

【泡酒方法】

①把鸡公柴洗净切碎；
②把切碎的鸡公柴放入砂锅中；
③倒入白酒后煮沸；
④改用小火继续煎煮30分钟后去渣即可饮用。

皂角故子酒

【使用方法】口服。每日数次，酌量服用，以愈为度。
【贮藏方法】放在干燥、阴凉、避光处保存。
【注意事项】儿童慎服。

【药材配方】

皂角刺100克

黑故子100克

白酒500毫升

【功能效用】

皂角刺具有活血散风的功效。此款药酒具有散血消肿、清热解毒的功效。主治小便淋沥、短赤疼痛等症。

【泡酒方法】

①将皂角刺、黑故子分别研磨成细粉，放入容器中；
②将白酒倒入容器中；
③密封浸泡5天；
④过滤去渣，取药液服用。

臌胀

◎臌胀是以腹胀大、皮色苍黄、脉络暴露、四肢瘦削为特征的一种病症。由于患者腹部臌胀如鼓，故名为臌胀。

臌胀主要由于酒食不节、情志不舒、劳欲过度、感染血吸虫以及黄疸、积聚失治等因素，导致肝、脾、肾三脏功能障碍，气、血、水积聚腹内而成。

预防与调理：

（1）避免饮酒过度，避免与血吸虫病疫区水接触，避免情志所伤和劳欲过度。

（2）已患黄疸和腹水积聚的病人，应及时治疗，务使疾病好转。

（3）臌胀病人饮食宜清淡，低盐或无盐饮食，忌食煎炸、辛辣、坚硬的食物。

丹参酒方

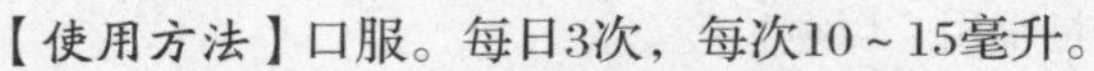

【使用方法】口服。每日3次，每次10～15毫升。
【贮藏方法】放在干燥、阴凉、避光处保存。
【注意事项】阴虚燥渴、胃胀腹胀者慎服。

【药材配方】

卫矛75克　丹参75克　秦艽50克　知母50克　猪苓15克　白术75克

海藻15克　赤茯苓50克　肉桂15克　独活15克　白酒9升

【泡酒方法】

①把诸药材切碎装入纱布袋中；
②把纱布袋放入容器中；
③将白酒倒入容器中；
④密封浸泡约7日后拿掉纱布袋即可饮用。

【功能效用】

此款药酒具有祛风除湿、通利小便、活血调经、健脾润肺的功效。主治腹大水肿、心腹疼痛、小便不利等。

薏仁芡实酒

【使用方法】口服。每日2次，每次10～15毫升。
【贮藏方法】放在干燥、阴凉、避光处保存。
【注意事项】脾虚无湿，大便燥结者及孕妇慎服。

【药材配方】

薏苡仁50克　芡实50克　白酒1升

【功能效用】

薏苡仁具有健脾祛湿、除痹止泻的功效；芡实具有补中益气的功效。此款药酒具有健脾利湿、除痹止泻的功效。主治小便不利、水肿、肌肉酸重、关节疼痛等。

【泡酒方法】

①把薏苡仁、芡实洗净捣碎，装入洁净纱布袋中；
②把装有药材的纱布袋放入合适的容器中；
③加入白酒后密封；
④经常摇动，浸泡约15日后拿掉纱布袋即可饮用。

石榴酒

【使用方法】口服。每天3次，每次10毫升，饭前温服。
【贮藏方法】放在干燥、阴凉、避光处保存。
【注意事项】可时饮时加酒，味薄即止。

【药材配方】

酸石榴3个

甜石榴3个

苍耳子15克

党参15克

苦参15克

丹参15克

羌活15克

白酒1.5升

【泡酒方法】

①将酸石榴、甜石榴连皮捣烂，与其余捣碎药材一同放入容器中；
②加入白酒密封浸泡，春夏5天，秋冬10天，取药液服用。

【功能效用】

苍耳子具有散风祛湿、通窍止痛的功效。此款药酒具有散风除胀、清热消肿的功效，适用于膨胀、头面热毒、生疮等症。

水肿

◎水肿是指血管外的组织间隙中有过多的体液积聚，为临床常见症状之一。由于各种原因导致的体内水液运行障碍，水湿停留，泛溢肌肤，引起头面部、四肢、甚至全身水肿的病症，称水肿。水肿是全身气化功能障碍的一种表现，与肺、脾、肾、三焦各脏腑密切相关。

水肿是指因感受外邪、饮食失调或劳倦过度等，使肺失宣降通调，脾失健运，肾失开合，膀胱气化失常，导致体内水液潴留，泛滥肌肤，以头面、眼睑、四肢、腹背，甚至全身浮肿为临床特征的一类病证。常见于肾炎、肺心病、肝硬化、营养障碍及内分泌失调等疾病。

大生地酒

【使用方法】口服。每日3次，每次不超过50毫升。饭前服用效果最佳。
【贮藏方法】放在干燥、阴凉、避光处保存。
【注意事项】不宜与羊肝、猪肝同食。

【药材配方】

生地480克

牛膝200克

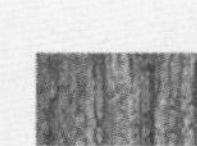

杉木节200克

牛蒡根480克

丹参120克

大麻仁240克

防风80克

独活120克

地骨皮120克

白酒6升

【泡酒方法】

①将牛蒡根去皮，与其余捣碎药材一同装入纱布袋，再放入容器中；
②加入白酒后密封；
③浸泡约7日后拿掉纱布袋即可饮用。

【功能效用】

此款药酒具有疏通经络、清热凉血、消肿解毒、活血止痛、祛风除湿的功效。主治小腿虚肿、烦热疼痛、行走不便。

二桑酒

【使用方法】口服。每日2～3次，每次30～50毫升。
【贮藏方法】放在干燥、阴凉、避光处保存。
【注意事项】孕妇慎服。

【药材配方】

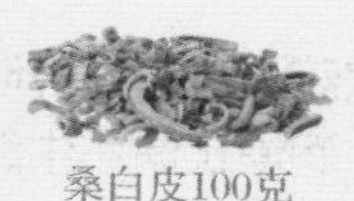

桑白皮100克

桑葚250克

酒曲适量

糯米5千克

【功能效用】

桑白皮具有润肺平喘、利水消肿的功效。此款药酒具有补虚泻实、生津润燥、利水消肿的功效。主治肝肾阴亏所致的水肿、眩晕耳鸣、小便不利等。

【泡酒方法】

①把桑白皮切碎放入砂锅中，加水10升煎煮至5升；
②把桑葚放进砂锅中同煮至总量为3.5升，过滤去渣取汁；
③把糯米蒸熟放冷，倒入药汁；
④加入酒曲，搅拌均匀，酒熟即可饮用。

皂荚酒

【使用方法】口服。每日3次，每次30毫升。
【贮藏方法】放在干燥、阴凉、避光处保存。
【注意事项】孕妇、体虚及有出血倾向者慎服。

【药材配方】

皂荚200克

白酒1升

【功能效用】

皂荚具有清热利湿、消肿通淋、利便清热的功效。此款药酒具有清热利湿、利水消肿的功效。主治水肿胀满、小便赤涩。

【泡酒方法】

①把皂荚去皮炙黄；
②把去皮炙黄后的皂荚捣碎放入砂锅中；
③加入白酒浸透，煎煮至沸腾后取出放冷；
④浸泡约2日后过滤去渣即可饮用。

桑葚酒

【使用方法】口服。每日2次，每次15毫升。视个人身体情况适量饮用也可。

【贮藏方法】放在干燥、阴凉、避光处保存。

【注意事项】脾胃虚寒、便溏者忌服。

【药材配方】

桑葚200克

白酒40克

【功能效用】

此款药酒具有养肝明目、滋阴补肾、润燥止渴、生津润肺的功效。主治高血压、眩晕耳鸣、心悸失眠、内热消渴、血虚便秘、神经衰弱、肝肾阴亏等。

【泡酒方法】

①把桑葚捣碎入锅，加入800毫升的水煎汁，浓缩至100毫升左右待用；
②把糯米用水浸后沥干，放入锅中蒸到半熟；
③把桑葚汁倒入蒸好的糯米中，加入研成细末的甜酒曲，搅拌均匀后密封；
④放在通风阴凉处使其发酵，如周围温度过低，可用稻草或棉花围在四周进行保温，约10日后味甜即可饮用。

菟丝芫花酒

【使用方法】口服。每日2次，每次20毫升。

【贮藏方法】放在干燥、阴凉、避光处保存。

【注意事项】儿童慎服。

【药材配方】

芫花125克　菟丝子125克　白酒1.5升

【功能效用】

芫花具有消肿解毒、活血止痛的功效；菟丝子具有补肾益精、养肝明目的功效。此款药酒具有补肝益肾、利水消肿的功效。主治肾虚水肿、头面遍身皆肿。

【泡酒方法】

①把芫花和菟丝子捣碎，装入洁净纱布袋中；
②把装有药材的纱布袋放入合适的容器；
③加入白酒后密封；
④浸泡约7日后拿掉纱布袋即可饮用。

黑豆浸酒

【使用方法】口服。每日3次，每次饭前温饮15～30毫升。
【贮藏方法】放在干燥、阴凉、避光处保存。
【注意事项】牛蒡子应酥炒至微黄；大麻仁应蒸熟。

【药材配方】

黑豆1千克

牛蒡子1千克

大麻仁2千克

五加皮250克

苍耳子250克

白花蛇250克

白酒15升

【泡酒方法】

①将黑豆炒黑、苍耳子炒至微黄、白花蛇炙微黄；
②把诸药材捣碎装入布袋再放入容器中，加白酒，密封浸泡约7日后拿掉纱布袋即可饮用。

【功能效用】

黑豆具有补肾益脾、降胆固醇、美容养颜的功效。此款药酒具有祛风除湿、润燥滑肠、宣肺通窍、消肿止痛的功效。主治风肿。

抽葫芦酒

【使用方法】口服。每日2～3次，每次15～30毫升。
【贮藏方法】放在干燥、阴凉、避光处保存。
【注意事项】孕产妇及儿童慎服。

【药材配方】

抽葫芦1个

黄酒适量

【功能效用】

抽葫芦具有利水消肿的功效。此款药酒具有利水渗湿、消肿解毒的功效。主治腹大水肿、面目浮肿、脚气肿胀等。

【泡酒方法】

①把抽葫芦去蒂，使切下的部分形状像盖子；
②把黄酒倒进抽葫芦；
③把切下的蒂重新盖上；
④隔水炖煮使其沸腾后即可饮用。

海藻浸酒

【使用方法】口服。每日空腹中午和临睡前各1次，每次30毫升，可酌量增减。
【贮藏方法】放在干燥、阴凉、避光处保存。
【注意事项】大黄应用醋炒。

【药材配方】

海藻60克

赤茯苓60克

防风60克

独活60克

制附子60克

白术60克

卫矛40克

当归40克

大黄80克

白酒2升

【泡酒方法】

①把诸药材捣碎装入纱布袋中；
②把纱布袋放入容器中，加白酒；
③密封浸泡约7日后拿掉纱布袋即可饮用。

【功能效用】

健脾益肾，祛风除湿，利水消肿，活血散瘀，清热解毒。主治气肿、行走无力。

独活姜附酒

【使用方法】口服。每日1～2次，每次10～20毫升。
【贮藏方法】放在干燥、阴凉、避光处保存。
【注意事项】关节或局部水肿者忌服。

【药材配方】

独活600克

制附子60克

干姜200克

白酒3升

【功能效用】

此款药酒具有祛风除湿、补火助阳、温中散寒、消肿止痛的功效。主治阴寒水肿、风寒湿痹、脚气水肿、腰膝疼痛、心腹冷痛、寒饮喘咳、腰脊风寒等。

【泡酒方法】

①把独活、制附子、干姜捣碎，装入洁净纱布袋；
②把装有药材的纱布袋放入合适的容器；
③加入白酒后密封；
④浸泡约7日后拿掉纱布袋即可饮用。

第四篇

防治呼吸系统疾病的药酒

●呼吸系统疾病是一种常见多发病，主要病变在气管、支气管、肺部及胸腔，轻者咳嗽、咳痰，重者胸痛、呼吸困难，缺氧，甚至呼吸衰竭而死。

近年来，呼吸系统疾病的发生率明显增加，慢性阻塞性肺部疾病居高不下（40岁以上人群中超过8%）。

本章就将为大家介绍许多防治呼吸系统疾病的药酒，对患有呼吸系统疾病的患者有较大帮助。

感冒

◎感冒是一种最常见的呼吸系统疾病，又称“伤风”。早期有咽部干痒或灼热感、打喷嚏、鼻塞、流涕，伴有咽痛，一般经5～7天痊愈。可分为几种类型。

1.风寒感冒

主要症状是恶寒重，发热轻或不发热，无汗，鼻痒，打喷嚏，鼻塞声重，咳嗽，咳痰白或者清稀，流清涕，肢体酸楚疼痛，苔薄白，脉浮紧。

2.风热感冒

主要症状是微恶风寒，发热重，有汗，鼻塞，流黄浊涕，痰稠或黄，咽喉红肿疼痛，口渴，苔薄黄，脉象浮数有力。

3.暑湿感冒

主要症状是发热、头身困重、头痛如裹，胸闷纳呆、汗出不解，心烦口渴，舌苔白腻而厚，或者微微发黄，脉象浮滑有力。

桑菊酒

【使用方法】口服。每日早晚各1次，每次15～20毫升。
【贮藏方法】放在干燥、阴凉、避光处保存。
【注意事项】空腹饮用效果更佳。

【药材配方】

桑叶60克

菊花60克

芦根70克

杏仁60克

连翘60克

薄荷20克

桔梗40克

甘草20克

糯米酒2升

【泡酒方法】

①把诸药材捣碎放入纱布袋中；
②把纱布袋放入容器加入糯米酒；
③密封浸泡约7日后，拿掉纱布袋即可饮用。

【功能效用】

消肿散结，清肺润燥，疏风散热，清热解毒。主治风热感冒、发热头痛、微恶风寒、咽喉肿痛、鼻塞、咽干口渴等症。

附子杜仲酒

【使用方法】口服。每日3次，每次10～20毫升。
【贮藏方法】放在干燥、阴凉、避光处保存。
【注意事项】阴虚火旺者慎用。

【药材配方】

附子60克

杜仲100克

淫羊藿30克

独活50克

牛膝50克

白酒100毫升

【功能效用】

附子具有回阳降逆、下火助阳、散寒止痛的功效。此款药酒具有补肝益肾、强筋健骨、祛风除湿、强健腰膝的功效。主治感冒后身体虚弱、腰腿疼痛、行走无力等。

【泡酒方法】

①把附子、杜仲、淫羊藿、独活、牛膝捣碎，装入洁净的纱布袋；
②把装有药材的纱布袋放入合适的容器；
③加入白酒后密封；
④浸泡约7日，拿掉纱布袋即可饮用。

葱姜盐酒

【使用方法】外用。每日涂搽1次，每次20分钟。
【贮藏方法】放在干燥、阴凉、避光处保存。
【注意事项】用药包涂擦前胸、背部、手足心、腋窝及肘窝，搽至局部发红为止，擦完让患者卧床休息。

【药材配方】

鲜葱头60克

生姜60克

食用盐100克

白酒100毫升

【功能效用】

鲜葱头具有健胃宽中、理气进食的功效；生姜具有和胃止呕、发汗解表的功效。此款药酒具有辛温解表、驱寒散邪的功效。适用于风寒感冒、恶寒发热等症。

【泡酒方法】

①把鲜葱头和生姜洗净；
②把洗净的鲜葱头、生姜和食用盐一起捣烂成泥状；
③加入白酒搅拌调匀；
④用纱布把调匀的药材包好，即可使用。

葱豉酒

【使用方法】口服。每日1剂，分2次服完。
【贮藏方法】放在干燥、阴凉、避光处保存。
【注意事项】豆豉要反复多洗几次。

【药材配方】

葱白30克　豆豉15克　白酒100毫升

【功能效用】

葱白具有发表通阳、杀虫消毒的功效。此款药酒具有发汗解表、宣通肺气、祛寒和胃的功效。主治外感风寒、发热恶寒、头痛鼻塞、虚烦无汗、恶心呕吐等。

【泡酒方法】

①把葱白和豆豉洗净；
②把洗净的葱白和豆豉放入砂锅中；
③加入白酒，用小火煎煮至白酒总量减半；
④取出放温，过滤去渣后即可饮用。

葱须豆豉酒

【使用方法】口服。每日1剂，分两次服完。
【贮藏方法】放在干燥、阴凉、避光处保存。
【注意事项】葱须最好切碎。

【药材配方】

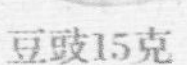

葱须30克　豆豉15克　黄酒50毫升

【功能效用】

此款药酒具有疏风散寒、解肌发汗、清热除烦的功效。主治风寒感冒、伤寒头痛、怕冷发热、鼻塞喷嚏、腹痛吐泻、心中烦躁。

【泡酒方法】

①把豆豉放入砂锅中；
②加入清水100毫升，煎煮10分钟；
③把葱须洗净放入砂锅中，继续煎煮5分钟；
④加入黄酒混匀，即可饮用。

荆芥豉酒

【使用方法】口服。视个人身体情况适量服用。
【贮藏方法】放在干燥、阴凉、避光处保存。
【注意事项】最好温饮。

【药材配方】

荆芥40克

豆豉500克

黄酒2升

【功能效用】

此款药酒具有辛温解表、驱寒散邪、祛风除烦的功效。主治外感风寒、发热无汗、寒热头痛、鼻塞喷嚏、腹痛吐泻、心中烦躁、舌苔薄白等。

【泡酒方法】

①把荆芥和豆豉洗净晾干；
②把晾干的荆芥和豆豉放入砂锅中；
③加入黄酒，煎煮至沸腾5～7次；
④取出，过滤去渣后即可饮用。

葱白荆芥酒

【使用方法】口服。每日2～3次，每次20～30毫升。
【贮藏方法】放在干燥、阴凉、避光处保存。
【注意事项】表虚多汗者忌服。

【药材配方】

葱白30克　淡豆豉15克　荆芥6克　黄酒200毫升

【功能效用】

葱白具有发表通阳、杀虫消毒的功效。此款药酒具有辛温解表、疏风散寒的功效。主治外感风寒、发热头痛、腹痛吐泻、虚烦无汗等。

【泡酒方法】

①把葱白、淡豆豉、荆芥分别捣碎，再放入砂锅中；
②加入黄酒和200毫升清水；
③用小火煎煮10分钟；
④取出，过滤去渣后趁热饮用。

姜蒜柠檬酒

【使用方法】口服。每日2次，每次15毫升。
【贮藏方法】放在干燥、阴凉、避光处保存。
【注意事项】大蒜一定要去皮洗净。

【药材配方】

生姜300克

大蒜500克

柠檬15枚

蜂蜜200克　白酒3升

【功能效用】

生姜具有和胃止呕、发汗解表的功效；大蒜具有消毒杀虫、消肿止泻的功效。此款药酒具有发汗解表，祛风散寒、温中健胃的功效。主治风寒感冒、鼻塞头痛。

【泡酒方法】

①把大蒜放入锅中蒸5分钟，柠檬洗净去皮；
②把蒸过的大蒜、去皮后的柠檬和生姜一起切成薄片放入容器；
③加入蜂蜜和白酒后密封；
④浸泡约90日后过滤去渣即可饮用。

肉桂酒

【使用方法】口服。每日1剂，1次或分2次温服。
【贮藏方法】放在干燥、阴凉、避光处保存。
【注意事项】风热感冒者忌服。

【药材配方】

肉桂10克

白酒40毫升

【功能效用】

肉桂具有止痛助阳、发汗解肌、温通经脉的功效。此款药酒具有温中补阳、解表散寒、通脉止痛的功效。主治风寒感冒、阳虚外感、痛瘀。

【泡酒方法】

①把肉桂研成细粉，放入合适的容器中；
②加入白酒后密封；
③浸泡2日后即可饮用；
④肉桂粉也可直接用温酒调服。

蔓荆子酒

【使用方法】口服。每日3次，每次10～15毫升。
【贮藏方法】放在干燥、阴凉、避光处保存。
【注意事项】孕妇及儿童慎服。

【药材配方】

蔓荆子400克

白酒1升

【功能效用】

蔓荆子具有疏散风热、止晕明目的功效。此款药酒具有疏风散热、清热明目、祛风止痛的功效。主治风热感冒所致的头昏头痛、头晕目眩、目赤肿痛、牙龈肿痛等。

【泡酒方法】

①把蔓荆子捣碎；
②把捣碎的蔓荆子放入合适的容器中；
③加入白酒后密封；
④浸泡7日后，过滤去渣，即可饮用。

川芎白芷酒

【使用方法】外用。每日3次。用棉签浸药酒，慢慢擦拭鼻黏膜。
【贮藏方法】放在干燥、阴凉、避光处保存。
【注意事项】此酒只能外用，忌口服。

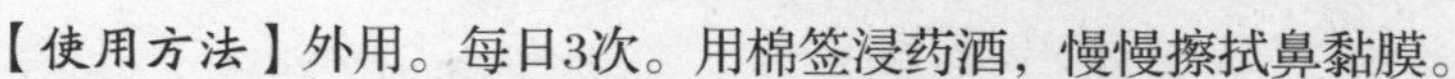

【药材配方】

川芎10克　白芷12克　防风10克　羌活10克　荆芥10克　北细辛6克　蔓荆子6克

藿香叶10克　延胡索10克　牡丹皮10克　白僵蚕10克　玄明粉15克　白酒1升

【泡酒方法】

①将上述药材加工捣碎，盛入适当的容器中；
②将白酒倒入容器中，密封；
③浸泡3天后过滤去渣后饮用。

【功能效用】

川芎具有活血化瘀、理气解郁、散风止痛的功效。此款药酒具有活血祛风的功效，适用于预防流行性感冒，兼治风寒感冒。

咳嗽

◎咳嗽是呼吸系统疾病的主要症状，一般由呼吸道感染、支气管炎、肺炎、支气管扩张导致。当呼吸道黏膜受到异物、炎症、分泌物或过敏性因素等刺激时，即反射性地引起咳嗽。常见于急性咽喉炎、支气管炎的初期；急性骤然发生的咳嗽多见于支气管内异物；长期慢性咳嗽多见于慢性支气管炎、肺结核等。

咳嗽而无痰或痰量很少，称为干性咳嗽，常见于急性咽喉炎与急性支气管炎的初期、胸膜炎、轻症肺结核等；咳嗽伴有痰液时称为湿性咳嗽，常见于肺炎、慢性咽炎、慢性支气管炎、支气管扩张、肺脓肿与空洞型肺结核等；骤然发生的咳嗽，多由急性上呼吸道感染及气管或支气管异物引起；长期的慢性咳嗽，多见于慢性呼吸道疾病，如慢性支气管炎、支气管扩张、慢性肺脓肿、空洞型肺结核等；发作性咳嗽可见于百日咳、支气管淋巴结结核或癌瘤压迫气管分叉处等情况；慢性支气管扩张与肺脓肿，患者往往于清晨起床或夜间卧下时咳嗽加剧，并继而咳痰。

紫苏子酒

【使用方法】口服。每日2次，每次10毫升。
【贮藏方法】放在干燥、阴凉、避光处保存。
【注意事项】肺虚咳喘、脾虚滑泄者忌服。

【药材配方】

紫苏子24克

黄酒1升

【功能效用】

此款药酒具有降逆消痰、止咳平喘、润肺宽肠的功效。主治风寒感冒、痰壅气滞、胸闷气短、肠燥便秘、肺气上逆所致的慢性气管炎、喘息性支气管炎。

【泡酒方法】

①把紫苏子放入锅中微炒；
②把炒过的紫苏子放入合适的容器中；
③加入黄酒后密封；
④浸泡约7日后，过滤去渣，即可取药液饮用。

红颜酒

【使用方法】口服。每日早晚各1次，每次空腹服20～30毫升。
【贮藏方法】放在干燥、阴凉、避光处保存。
【注意事项】杏仁应提前浸泡半天。

【药材配方】

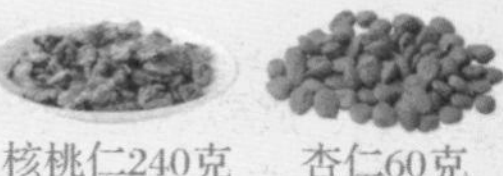

红枣240克　核桃仁240克　杏仁60克

蜂蜜200克　酥油140克　白酒2升

【功能效用】

红枣具有补中益气、养血安神的功效。此款药酒具有补肺益肾、定喘止咳的功效。主治肺肾气虚、痰多咳喘、腰腿酸软、老人便秘等。

【泡酒方法】

①把杏仁用水浸泡后去皮尖，晒干，研成细粉；
②把红枣和核桃仁捣碎，和杏仁粉一起放入合适的容器中；
③加入蜂蜜、酥油和白酒后密封；
④经常摇晃，浸泡7日后，过滤去渣，即可饮用。

葶苈酒

【使用方法】口服。每日2次，每次20毫升。
【贮藏方法】放在干燥、阴凉、避光处保存。
【注意事项】①肺虚咳喘者忌服；②脾虚肿满者忌服。

【药材配方】

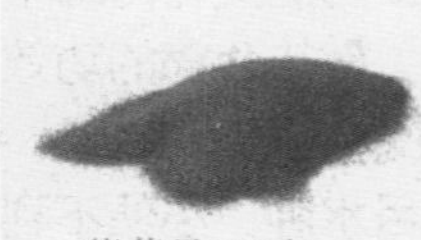

葶苈子200克

白酒1升

【功能效用】

葶苈子具有温肺理气、散结通络的功效。此款药酒具有祛痰平喘、利水消肿、泻肺降气的功效。主治咳嗽气喘、痰多、胸胁痞满、肺痈、水肿、胸腹积水、小便不利。

【泡酒方法】

①把葶苈子捣碎，装入洁净纱布袋中；
②将装有葶苈子的纱布袋放入合适的容器中；
③加入白酒后密封；
④浸泡约3日后，拿掉纱布袋，即可饮用。

人参蛤蚧酒

【使用方法】口服。每日2次，每次空腹服20～30毫升。
【贮藏方法】放在干燥、阴凉、避光处保存。
【注意事项】儿童慎服。

【药材配方】

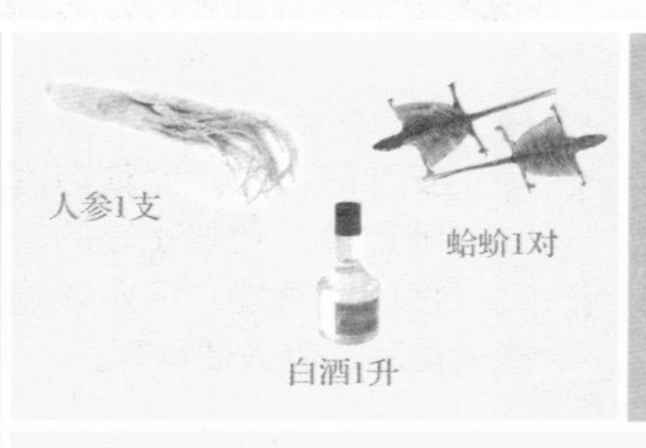

【功能效用】

人参具有大补元气的功效。此款药酒具有补肺益肾、定喘止咳、益气生津的功效。主治肺肾气虚、咳嗽气喘、神倦体乏、言语无力、心烦不安。

【泡酒方法】

①把人参、蛤蚧焙干捣碎，装入洁净纱布袋；
②把装有药材的纱布袋放入合适的容器中；
③加入白酒后密封；
④经常摇动，浸泡约7日后，拿掉纱布袋，即可饮用。

桑萸酒

【使用方法】口服。每日1次，每次空腹服100毫升。
【贮藏方法】放在干燥、阴凉、避光处保存。
【注意事项】肺寒咳嗽、咳喘者忌服。

【药材配方】

【功能效用】

此款药酒具有泻肺平喘、利水消肿、散热止痛的功效。主治肺热咳喘、风寒头痛、痰多而黄、面目水肿、小便不利、身热口渴等。

【泡酒方法】

①把桑白皮和吴茱萸根皮切碎；
②把切碎的药材放入砂锅中；
③加入黄酒，煎煮至总量为500毫升；
④取出过滤去渣后，即可饮用。

哮喘

◎哮喘是一种慢性支气管疾病，病者的气管因为发炎而肿胀痉挛，呼吸管道变得狭窄，因而导致呼吸困难。食物、情绪和生活环境均能触发哮喘，可分为两类：

1.外源性哮喘

外源性哮喘是患者对致敏源包括尘埃、花粉、动物毛发、衣物纤维等产生过敏的反应，除致敏源外，情绪激动或者剧烈运动都可能引起发作，通常先出现鼻痒、咽痒、流泪、喷嚏、干咳等，发作期出现喘息、胸闷、气短、平卧困难等。

2.内源性哮喘

内源性哮喘患者以成年人和女性居多，初期一般没有明显特征，且症状往往与伤风感冒等疾病类似，有时在皮肤测试中会呈阴性反应。内源性哮喘一般先有呼吸道感染，咳嗽、咳痰、低热等，后逐渐出现喘息、胸闷、气短，多数病程较长，缓解较慢。

小叶杜鹃酒

【使用方法】口服。每日2次，每次20毫升。
【贮藏方法】放在干燥、阴凉、避光处保存。
【注意事项】浸泡过程中可摇动药酒。

【药材配方】

小叶杜鹃400克

白酒2升

【功能效用】

小叶杜鹃具有祛痰止咳、暖胃止痛的功效。此款药酒具有祛痰平喘、解表止咳、暖胃止痛的功效。主治哮喘、慢性气管炎、咳喘多痰、胃寒腹痛。

【泡酒方法】

①把小叶杜鹃洗净切碎，放入洁净纱布袋；
②把装有小叶杜鹃的纱布袋放入合适的容器；
③加入白酒后密封；
④浸泡约7日后，拿掉纱布袋，即可饮用。

蝙蝠酒

【使用方法】口服。每日1剂，1次服完。
【贮藏方法】放在干燥、阴凉、避光处保存。
【注意事项】本药酒须在冬季服用，夏季服用无效。

【药材配方】

蝙蝠1只

黄酒适量

白酒适量

【功能效用】

夜蝙蝠具有止咳、治疟、通淋的功效。此款药酒具有定喘止咳、通淋治疟的功效。主治久咳不愈、胸闷气促。

【泡酒方法】

①把夜蝙蝠放在火上烤干；
②把烤干的夜蝙蝠研成粉末；
③把夜蝙蝠粉放入合适的容器中；
④加入黄酒和白酒（比例为2:1），调匀即可饮用。

紫苏陈皮酒

【使用方法】口服。每日2次，每次温饮30毫升。
【贮藏方法】放在干燥、阴凉、避光处保存。
【注意事项】痰热咳喘者忌服。

【药材配方】

陈皮125克

紫苏叶100克

紫苏子100克

紫苏梗100克

白酒3升

【功能效用】

陈皮具有理气健脾、燥湿化痰的功效。此款药酒具有理气定喘、散寒祛湿、降逆消痰的功效。主治气逆咳喘、胸腹胀满、痰壅气滞等。

【泡酒方法】

①把陈皮、紫苏叶、紫苏子、紫苏梗捣碎，装入洁净纱布袋；
②把装有药材的纱布袋再放入合适的容器中；
③加入白酒后密封；
④浸泡约7日后，拿掉纱布袋，即可饮用。

支气管炎

◎支气管炎是指气管、支气管黏膜及其周围组织的慢性非特异性炎症。临床上以长期咳嗽、咳痰或伴有喘息及反复发作为特征。

支气管炎主要是由于病毒和细菌的重复感染形成了支气管的慢性非特异性炎症，可分为慢性和急性两种：

1.慢性支气管炎

慢性支气管炎的主要症状为咳嗽、咳痰、喘息或气急。支气管黏膜充血，水肿或分泌物积聚于支气管腔内均可引起咳嗽，清晨排痰较多，痰液一般为白色黏液或浆液泡沫性；喘息性慢性支气管炎有支气管痉挛，可引起喘息，常伴有哮鸣音。

2.急性支气管炎

急性支气管炎主要症状是咳嗽，病情初期为短、干性痛咳。3～4天后，随着渗出物的增加，则变为湿、长咳，痛感减轻。咳嗽之后常伴发呕吐。

寒凉咳嗽酒

【使用方法】口服。每日早晚各1次，每次30～50毫升。
【贮藏方法】放在干燥、阴凉、避光处保存。
【注意事项】阴虚咳嗽者慎服。

全紫苏200克　陈皮120克　瓜蒌皮60克　半夏60克　枳壳60克　浙贝母60克

杏仁60克　桑白皮60克　枇杷叶60克

百部60克　桔梗60克

茯苓60克

干姜60克

五味子30克

甘草30克

细辛30克

白酒10升

①把诸药材捣碎入纱布袋中；
②把纱布袋入容器，加白酒；
③每2日摇动1次，密封浸泡约15日后，拿掉纱布袋，即可饮用。

祛风除湿，清热散寒，降气清痰，止咳平喘。主治寒凉咳嗽、肺热咳嗽、鼻塞流涕、咳嗽气喘、痰稀色白、发热头痛、恶寒等。

丹参川芎酒

【使用方法】口服。每日2次，每次10～20毫升。

【贮藏方法】放在干燥、阴凉、避光处保存。

【注意事项】孕妇慎服。

【药材配方】

丹参75克　川芎60克　石斛60克　牛膝60克　白术60克

黄芪60克　肉苁蓉60克　附子45克　防风45克　独活45克

秦艽45克　桂心45克　干地黄75克　干姜45克　白酒10升

【泡酒方法】

①将附子进行炮制；
②把诸药材捣碎放入纱布袋中；
③把纱布袋放入容器，加白酒；
④密封浸泡约7日后，拿掉纱布袋，即可饮用。

【功能效用】

丹参具有凉血消肿、清心除烦的功效；川芎具有理气活血的功效。此款药酒具有扶正祛邪的功效。主治阳虚咳嗽。

单酿鼠粘根酒

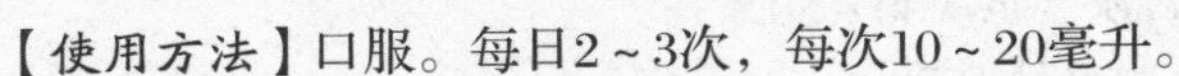

【使用方法】口服。每日2～3次，每次10～20毫升。

【贮藏方法】放在干燥、阴凉、避光处保存。

【注意事项】忌与猪肉、鸡肉、鲤鱼、桃李、冷水同食。

【药材配方】

山茱萸60克　黄芪60克　独活60克　侧子60克　白术60克　茯苓60克

甘菊花60克　防风60克　天门冬60克　天雄60克　牛膝60克　枸杞45克

丹参60克　生姜90克　贯众45克　生地黄120克　磁石150克　白酒5升

【泡酒方法】

①将天门冬去心、天雄炮裂后，把上述药材切碎，装入洁净纱布袋中，再放入容器中；
②加入白酒，密封浸泡约7日后，即可饮用。

【功能效用】

山茱萸具有补肝益肾、固精缩尿的功效。此款药酒具有祛风除湿、祛痰止咳、散寒止痛、疏风止痒的功效。主治咳嗽痰多。

绿豆酒

【使用方法】口服。不拘时，视个人身体情况适量饮用。

【贮藏方法】放在干燥、阴凉、避光处保存。

【注意事项】酌量服用，不可过量。

【药材配方】

绿豆120克

山药120克
元参90克

天门冬90克

黄檗90克

沙参90克

牛膝90克

白芍90克
山栀子90克

当归72克

甘草18克

花粉90克

蜂蜜90克

黄酒2升

【泡酒方法】

①把诸药材捣碎入纱布袋中；

②把纱布袋入容器，加黄酒；

③密封浸泡约15日后，拿掉纱布袋，即可饮用。

【功能效用】

养阴清火，益气生津，清热解毒。主治阴虚痰火、肺津不足、干咳少痰、口干舌燥、津伤便秘、痈肿疮毒等。

山药酒

【使用方法】口服。不拘时，视个人身体情况适量饮用。

【贮藏方法】放在干燥、阴凉、避光处保存。

【注意事项】外感咳嗽者忌服。

【药材配方】

山药700克

蜂蜜适量

黄酒4升

【功能效用】

山药具有补脾养胃、生津益肺的功效。此款药酒具有补脾养胃、益气生津的功效。主治肺虚喘咳、痰湿咳嗽、脾虚食少、泄泻便溏、虚热消渴、小便频数等。

【泡酒方法】

①把山药洗净，去皮切片；

②把黄酒1升倒入砂锅内煮沸，放入山药；

③煮沸后将剩下的黄酒慢慢倒进砂锅；

④煮至山药熟透，过滤取汁，加入蜂蜜混匀即可饮用。

雪梨酒

【使用方法】口服。不拘时，视个人身体情况适量饮用。
【贮藏方法】放在干燥、阴凉、避光处保存。
【注意事项】脾胃虚寒、血虚者忌服。

【药材配方】

雪梨2千克

白酒4升

【功能效用】

雪梨具有生津润燥、清热化痰的功效。此款药酒具有清热生津、润肺清燥、止咳化痰的功效。主治热病口渴、咽喉干痒、大便干结、痰热痰稠、风热咳嗽等。

【泡酒方法】

①把雪梨洗净切成小块；
②把切好的雪梨放入合适的容器；
③加入白酒后密封；
④每3天搅拌1次，浸泡约7日后即可饮用。

陈皮酒

【使用方法】口服。每日3次，每次20～30毫升。
【贮藏方法】放在干燥、阴凉、避光处保存。
【注意事项】阴虚燥咳者慎服。

【药材配方】

陈皮500克

白酒5升

【功能效用】

陈皮具有理气健脾、燥湿化痰的功效。此款药酒具有理气止咳、燥湿化痰的功效。主治风寒咳嗽、痰多清稀、脾胃气滞等症。

【泡酒方法】

①把陈皮洗净晾干后撕碎；
②把撕碎的陈皮放入合适的容器中；
③加入白酒后密封；
④浸泡约7日后，拿掉纱布袋，即可饮用。

李家宰酒

【使用方法】口服。每日2次，每次空腹服30～50毫升。
【贮藏方法】放在干燥、阴凉、避光处保存。
【注意事项】腹泻者慎服。

【药材配方】

杏仁100克

桃仁100克

芝麻100克

荆芥10克

苍术40克

白茯苓3克

小茴香3克

艾叶3克

薄荷3克

白酒1升

【泡酒方法】

①将芝麻炒熟、苍术去皮、艾叶去筋，与其余诸药共研末和团，入锅加白酒煮至团散开；
②取出放冷，密封浸泡约7日后，过滤去渣，即可饮用。

【功能效用】

祛痰平喘，润肺止咳，润燥通便，祛风除湿，明目养血。主治虚寒性咳嗽、肠燥便秘。

灵芝酊

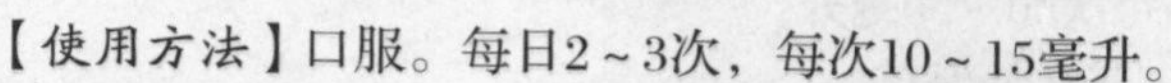

【使用方法】口服。每日2～3次，每次10～15毫升。
【贮藏方法】放在干燥、阴凉、避光处保存。
【注意事项】空腹饮用效果更佳。

【药材配方】

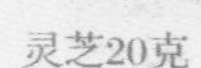
灵芝20克

白酒适量

【功能效用】

此款药酒具有补气安神、止咳平喘的功效。主治慢性气管炎、虚劳咳嗽、神经衰弱、气喘、失眠惊悸、心神不宁等。多适用于肺阴虚型咳嗽。

【泡酒方法】

①把灵芝洗净切碎；
②把切碎的灵芝放入合适的容器中；
③加入白酒后密封；
④浸泡约15日后，即可饮用。

肺痈

◎肺痈是肺部发生脓肿、咳唾脓血的病证，属于内痈之一。临床以咳嗽、胸痛、发热，咳腥臭浊痰，甚则咳脓血相间痰为主要特征。多因风热病邪阻郁于肺，蕴结而成；或因嗜酒或嗜食煎炸辛辣厚味，燥热伤肺所致。

按病情变化，一般分为三期：

（1）表证期：主要表现为恶寒发热、出汗、咳嗽、胸痛、脉浮数等症；

（2）酿脓期：主要表现为咳逆胸满、胸痛、脉象滑数等症；

（3）溃脓期：主要表现为咳吐脓血腥臭痰，也可演变为其他疾病。

银翘三仁酒

【使用方法】口服。每日3次，每次30～50毫升。
【贮藏方法】放在干燥、阴凉、避光处保存。
【注意事项】高血压患者忌服。

【药材配方】

金银花60克

连翘36克

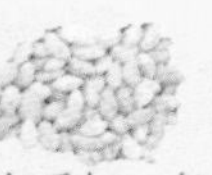
冬瓜仁30克

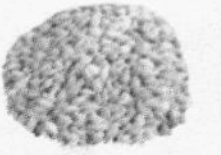
瓜蒌仁24克

杏仁20克

鲜芦根60克

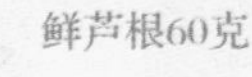

桑叶20克

生甘草18克

薄荷12克

桔梗12克

黄酒8升

【泡酒方法】

①把诸药材切碎入砂锅，加水适量，煎取浓汁，再加黄酒续煮至沸，放冷；
②密封浸泡3日，取药液饮用。

【功能效用】

此款药酒具有辛凉解表、宣肺化痰、清热解毒的功效。主治肺痈初起、流行性感冒引起的发热头痛、痰热咳嗽、咽喉疼痛。

腥银酒

【使用方法】口服。每日3次，每次50～100毫升。
【贮藏方法】放在干燥、阴凉、避光处保存。
【注意事项】忌食鱼、虾、鸡及辛辣食物。

【药材配方】

鱼腥草24克

金银花8克

冬瓜仁10克

黄酒2升

桔梗5克

甘草4克

桃仁4克

①把诸药材切碎放入砂锅，加清水1升，用小火煎煮至半；
②加入黄酒继续煮沸后放冷；
③密封浸泡3日后过滤去渣即可饮用。

冬瓜仁具有清肺排脓、利湿止痛的功效。此款药酒具有清热解毒、清肺化痰、排脓消痈的功效。主治肺痈、痰热喘咳、痈肿疮毒。

金荞麦酒

【使用方法】口服。每日3次，每次40毫升。
【贮藏方法】放在干燥、阴凉、避光处保存。
【注意事项】儿童慎服。

【药材配方】

金荞麦200克

黄酒1升

【功能效用】

金荞麦具有清热解毒、活血化瘀、健脾利湿的功效。此款药酒具有清热解毒、活血排脓、祛风除湿的功效。主治肺痈、疮毒、蛇虫咬伤、肺热咳喘、咽喉肿痛等。

【泡酒方法】

①取金荞麦的根茎，切碎；
②把切碎的金荞麦根茎放入砂锅中；
③加入黄酒，隔水煮3小时；
④取出，过滤去渣，即可饮用。

肺结核

◎肺结核是由结核分枝杆菌引发的肺部传染性疾病，是严重威胁人类健康的疾病。结核分枝杆菌又称结核菌，传染源主要是排菌的肺结核患者，通过呼吸道传播。健康人感染结核菌并不一定发病，只有在机体免疫力下降时才发病。

传播途径：结核菌主要通过呼吸道传染，活动性肺结核患者咳嗽、打喷嚏或大声说话时会形成以单个结核菌为核心的飞沫核悬浮于空气中，从而感染新的宿主。此外，患者咳嗽排出的结核菌干燥后附着在尘土里，形成带菌尘埃，亦可侵入人体形成感染。经消化道、泌尿生殖系统、皮肤传播的极少见。

易感人群：糖尿病、硅肺、肿瘤、器官移植、长期使用免疫抑制药物或者皮质激素者易伴发结核病。生活贫困、居住条件差以及营养不良也是经济落后社会中人群结核病高发的原因。

冬虫夏草酒

【使用方法】口服。每天2次，每次20毫升。
【贮藏方法】放在干燥、阴凉、避光处保存。
【注意事项】感冒发热者忌服。

【药材配方】

冬虫夏草15克

白酒500毫升

【功能效用】

冬虫夏草具有补虚益气、止咳化痰的功效。此款药酒具有润肺补肾、活血滋补、祛痰强身的功效。主治肺结核、喘逆痰血等症。

【泡酒方法】

①将冬虫夏草研细，放入容器；
②将白酒倒入容器；
③密封浸泡3天；
④过滤去渣后，取药液服用。

灵芝人参酒

【使用方法】口服。每日2次，每次15～20毫升。

【贮藏方法】放在干燥、阴凉、避光处保存。

【注意事项】高血压患者慎服。

【药材配方】

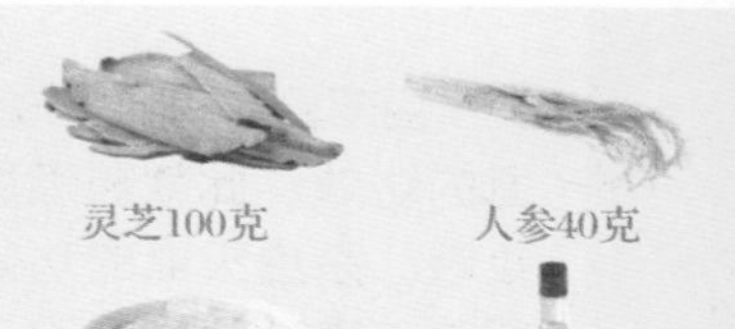

灵芝100克　人参40克

冰糖500克　白酒3升

【功能效用】

补脾益肺，强志壮胆，镇静安神，止咳平喘。主治肺痨久咳、肺虚气喘、痰多咳喘、消化不良、失眠等症。

【泡酒方法】

①把灵芝和人参洗净晾干，切成薄片；

②把切成薄片的药材放入合适的容器；

③加入冰糖和白酒后密封；

④浸泡约15日后，过滤去渣，即可饮用。

西洋参酒

【使用方法】口服。每日2次，每次10～15毫升。

【贮藏方法】放在干燥、阴凉、避光处保存。

【注意事项】不宜与藜芦、白萝卜同用。

【药材配方】

西洋参120克

米酒2升

【功能效用】

益气滋阴，清热泻火，生津止渴。主治阴虚火旺、咳喘痰血、肺痨咳嗽、虚热烦倦、口燥咽干、疲乏无力、声音嘶哑、肺虚久咳、痰中带血等。

【泡酒方法】

①把西洋参切成薄片；

②把切成薄片的西洋参装入合适的容器；

③加入米酒后密封；

④浸泡约7日后，即可饮用。

百部酒

【使用方法】口服。每日2次，每次10～30毫升。
【贮藏方法】放在干燥、阴凉、避光处保存。
【注意事项】脾胃有热者慎用。

【药材配方】

百部300克

白酒3升

【功能效用】

百部具有润肺止咳、杀虫灭虱的功效。此款药酒具有润肺止咳、杀虫灭虱的功效。主治新久咳嗽、阴虚劳嗽、肺痨咳嗽、百日咳、慢性气管炎等。

【泡酒方法】

①把百部切成薄片，放入锅中略炒片刻；
②把炒过的百部放入合适的容器中；
③加入白酒后密封；
④浸泡约7日后，过滤去渣，即可饮用。

参部酒

【使用方法】口服。每日2次，每次15～20毫升。
【贮藏方法】放在干燥、阴凉、避光处保存。
【注意事项】大便溏泄者慎服。

【药材配方】

西洋参9克　百部30克　麦冬9克

川贝母15克

黄酒2升

【功能效用】

西洋参具有活血和胃、增强抵抗力的功效。此款药酒具有益气滋阴、润肺止咳、生津止渴、杀虫灭虱的功效。主治肺虚干咳、虚劳咳嗽、痰中带血、津伤口渴、肺结核。

【泡酒方法】

①把西洋参、百部、麦冬、川贝母捣碎，放入砂锅中；
②加入清水1升，煮沸至总量减半；
③加入黄酒继续煮沸，取出放冷后密封；
④浸泡3日后，过滤去渣，即可饮用。

第五篇
防治消化系统疾病的药酒

●消化系统疾病的临床表现除消化系统本身的症状及体征外，也常伴有其他系统疾病或全身性症状，有的消化系统疾病还不如其他系统疾病的症状突出。

消化系统疾病是一类很常见的病。科学家们从前列腺素对胃黏膜保护、胃泌素、生长抑素等胃肠激素，遗传因素、应激及幽门螺杆菌感染等方面，进一步探索出其发病机制，对消化性溃疡的防治取得长足进展。

本章将为大家介绍多个适合消化系统疾病的药酒。

呃逆

◎呃逆即打嗝，指气从胃中上逆，喉间频频作声，声音急而短促。它是一个生理上常见的现象，由横膈膜痉挛收缩引起的。经常性打嗝是由于饮食过饱后引起的，而引起打嗝的原因有多种，包括胃、食管功能或器质性改变。也有外界物质，生化、物理因素刺激引起。

呃逆的原因有多种，一般病情不重，可自行消退。但也有些病例持续较长时间不消止，为顽固性呃逆。顽固性呃逆是指打嗝持续数周乃至数月不止，用一般方法治疗无效的症状，以其发作频繁、症状典型、持续时间大于24小时、常规治疗无效为特点，多发生于中老年人群。

呃逆是由迷走神经、交感神经、膈肌和呼吸辅助肌等共同参与的神经肌肉反射动作，与暴饮暴食、酗酒、冷空气刺激、精神及神经因素等有关系。中医学认为，呃逆是由于胃气不降、上冲咽喉而致喉间呃逆连声，声短而频不能自制。有声无物是其主要病证，病位主要在中焦，由于胃气上逆动膈而成，可由饮食不节、胃失和降；或情志不和、肝气犯胃；或正气亏虚、耗伤中气等原因引起。

荸荠降逆酒

【使用方法】口服。早中晚各1次，每次30～50毫升。
【贮藏方法】放在干燥、阴凉、避光处保存。
【注意事项】此药酒养胃健脾、温而不燥、顺气降逆、清气和胃。

【药材配方】

荸荠160克

陈皮40克

白蔻仁40克

蜂蜜100克

厚朴40克

白糖135克

冰糖160克

白酒1升

【泡酒方法】

①炒白蔻仁、姜炒厚朴，与荸荠、陈皮捣碎后，放入布袋后再放入容器，加白酒；
②密封浸泡14天，取滤液加蜂蜜、白糖、冰糖溶后澄清即可。

【功能效用】

荸荠具有消渴祛热、温中益气的功效。此款药酒具有降逆和胃的功效。主治打嗝、食欲缺乏、饭后干呕、胸膈不适等症。

状元红酒

【使用方法】口服。早晚各1次，每次20～30毫升。

【贮藏方法】放在干燥、阴凉、避光处保存。

【注意事项】①阴虚津亏者忌服；②孕妇忌服。

【药材配方】

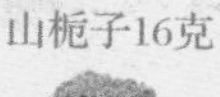

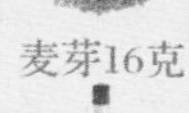

红曲80克	砂仁80克	当归40克	白蔻仁16克	山栀子16克
陈皮40克	青皮40克	厚朴16克	枳壳16克	麦芽16克
丁香16克	藿香24克	木香8克	冰糖2700克	白酒45升

【泡酒方法】

①将上述13味药分别捣碎，放入布袋，再入容器；

②加白酒，用文火隔水蒸2小时；

③过滤去渣后入冰糖溶解，取药液服用。

【功能效用】

养气健胃，化滞去胀。主治肝郁脾虚所致的打嗝、饱嗝、胸腹胀闷、食欲不佳等症。

姜汁葡萄酒

【使用方法】口服。每天2次，每次50毫升。

【贮藏方法】放在干燥、阴凉、避光处保存。

【注意事项】①轻者服1～2次，重者服4～6次；②热性呃逆忌服。

【药材配方】

生姜200克	葡萄酒2升

【功能效用】

生姜具有发汗解表、温中止呕、温肺止咳的功效。此款药酒具有祛湿散寒、健胃止痛的功效。主治打嗝、饱嗝、寒性腹痛等症。

【泡酒方法】

①将生姜捣烂，放入容器；

②将葡萄酒倒入容器中，与药材充分混合；

③将容器中的药酒密封浸泡3天；

④过滤去渣后，取药液服用。

薄荷酊

【使用方法】空腹口服，加水稀释服用。每天1次，每次0.5毫升。
【贮藏方法】放在干燥、阴凉、避光处保存。
【注意事项】薄荷油是指薄荷挥发油，即薄荷素油。

【药材配方】

薄荷叶6克

酒精120毫升

薄荷油6毫升

【功能效用】

薄荷叶具有疏风散热、清目利喉、透疹解郁的功效。此款药酒具有养胃祛风的功效。主治打嗝、饱嗝、腹胀不适、恶心干呕等症。

【泡酒方法】

①将薄荷叶剪碎，放入容器中；
②加入些许酒精；
③密封浸泡1～3天后过滤去渣；
④加入薄荷油混匀，加入剩下的酒精，取药液服用。

苏半酒

【使用方法】口服。每天2～3次，每次15～20毫升。
【贮藏方法】放在干燥、阴凉、避光处保存。
【注意事项】热性呃逆忌服。

【药材配方】

紫苏子80克

丁香16克

姜半夏48克

白酒800毫升

生姜16克

红糖80克

【功能效用】

紫苏子具有降气消痰、平喘润肠的功效；丁香具有暖胃温肾的功效。此款药酒具有温中散寒、止呃降逆的功效。主治打嗝、饱嗝、腹胀不适、恶心干呕等症。

【泡酒方法】

①将紫苏子、丁香、姜半夏、生姜分别切成薄片，与红糖一起放入容器；
②将白酒倒入容器；
③密封浸泡约7天；
④过滤去渣后，取药液服用。

紫苏子酒方

【使用方法】口服。每天数次，酌量服用。
【贮藏方法】放在干燥、阴凉、避光处保存。
【注意事项】肺虚咳喘者、脾虚滑泻者忌服。

【药材配方】

紫苏子500克

白酒5升

【功能效用】

紫苏子具有降气消痰、平喘润肠的功效。此款药酒具有散风理气、利膈止呃的功效。主治打嗝、恶心干呕等症。

【泡酒方法】

①将紫苏子微炒后捣碎，放入布袋中，然后再将布袋放入容器中；
②将白酒倒入容器中；
③密封浸泡3天；
④过滤去渣后，取药液服用。

噎膈酒

【使用方法】口服。每天2～3次，每次20～30毫升。
【贮藏方法】放在干燥、阴凉、避光处保存。
【注意事项】脾胃虚寒者、大便溏泄者、有血瘀者忌服。

【药材配方】

荸荠80克

白蔻仁20克

厚朴20克

陈皮20克

白酒浆1升

蜂蜜40克

白糖80克

冰糖80克

烧酒1升

【泡酒方法】

①将荸荠、白蔻仁、厚朴、陈皮捣碎放入容器；
②加入冰糖、白酒浆、烧酒，密封浸泡约10天，再加蜂蜜、白糖溶匀，取药液服用。

【功能效用】

荸荠具有消渴祛热、温中益气的功效。此款药酒具有调气、养胃、和中的功效。主治轻度噎嗝、咽食不顺等症。

启膈酒

【使用方法】口服。每天2次，共50毫升。
【贮藏方法】放在干燥、阴凉、避光处保存。
【注意事项】孕妇慎服；勿与酸性食物、羊肝同食。

【药材配方】

丹参27克

沙参27克

贝母15克

砂仁壳15克

荷叶蒂15克

郁金9克

茯苓15克

黄酒1.5升

【泡酒方法】

①贝母去心，与丹参、沙参、郁金、茯苓、砂仁壳、荷叶蒂一并捣碎入锅；
②加入黄酒，煮至900毫升，过滤去渣后，取药液服用。

【功能效用】

丹参具有活血调经、祛瘀止痛、养血安神的功效。此款药酒具有调和脾胃、活血通膈的功效。主治食物吞咽受阻。

佛手荸荠酒

【使用方法】口服。每天2～3次，每次10～20毫升。
【贮藏方法】放在干燥、阴凉、避光处保存。
【注意事项】脾胃虚寒者、大便溏泄者、有血瘀者忌服。

【药材配方】

佛手片48克

干荸荠48克

红枣48克

橄榄48克

桂圆48克

莲子肉48克

薏苡仁48克

柿饼48克

大麦烧酒4升

【泡酒方法】

①将佛手片、干荸荠、红枣、橄榄、桂圆、莲子肉、薏苡仁、柿饼捣碎放入容器；
②加大麦烧酒，密封浸泡约7天后，过滤去渣，取药液服用。

佛手片具有活血化瘀、抗肿瘤的功效。此款药酒具有开胃通膈、养胃健脾的功效。主治噎膈、反胃。

马蹄香酒

【使用方法】口服。每天2～3次，每次3勺，用白酒调和。
【贮藏方法】放在干燥、阴凉、避光处保存。

【药材配方】

马蹄香300克

白酒4.5升

【功能效用】

马蹄香具有利水通淋、清热解毒、散瘀消肿的功效。此款药酒具有清痰平喘、散风驱寒、活血开胃、宣畅气机、通调水道的功效。主治噎嗝。

【泡酒方法】

①将马蹄香研磨成粉，然后放入容器中；
②将白酒倒入容器中；
③熬成稀糊状膏；
④每取药液，酌量服用。

除噎药酒

【使用方法】口服。每天早上1次，每次30～50毫升。
【贮藏方法】放在干燥、阴凉、避光处保存。
【注意事项】①燥热忌服；②将下图中四味药改用15克，其余不变，亦佳。

【药材配方】

广陈皮18克

砂仁18克

贝母18克

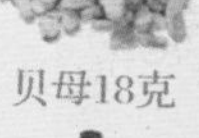

木香18克

白糖900克

白酒1.5升

【功能效用】

陈皮具有理气健脾、燥湿化痰的功效；砂仁具有祛湿和胃、理气安胎的功效。此款药酒具有理气养胃的功效。主治脘腹胀满、舌苔白腻、食物吞咽不畅、食欲缺乏。

【泡酒方法】

①将广陈皮、砂仁、贝母、木香分别捣碎，然后放入容器中；
②加入白糖和白酒；
③密封浸泡，隔水加热半小时左右；
④从容器中取出，放凉后过滤去渣，取药液服用。

呕吐

◎呕吐是胃失和降、胃气上逆导致的，以饮食、痰涎等胃内之物从胃中上涌，自口而呕出的一种病症。呕吐是临床常见症状，中医学将以呕吐为主症的病证称为呕吐病。频繁剧烈的呕吐，可损伤脾胃，引起水、电解质紊乱及营养障碍，甚至损伤津液，形成亡津脱液、阴阳离决之变。

中医学认为，呕吐的病机是胃失和降、胃气上逆。胃为水谷之海，与五脏六腑有着非常密切的联系。五脏六腑的功能失调均会影响到胃，导致胃失和降，因此治疗呕吐要以调整脏腑功能、恢复气机的升降出入、使胃气不自上逆为主。

呕吐常见于西医药学中神经性呕吐、胆囊炎、胰腺炎、肾炎、幽门痉挛或梗阻及某些急性传染病。呕吐有实证与虚证之分，在辨证时要区别外感与内伤，辨清寒热虚实。实证多为外邪、饮食所伤，虚证多为脾胃功能减退所致。二者相互夹杂，实中有虚、虚中有实，临床多运用扶正祛邪的方法，以期达到治疗目的。

复方半夏酊

【使用方法】口服。每天3~4次，成人每次5~10毫升，小孩酌情减量。

【贮藏方法】放在干燥、阴凉、避光处保存。

【注意事项】气虚体燥者、阴虚燥咳者、吐血及内有实热者慎服。

【药材配方】

半夏240克

陈皮60克

葱白60克

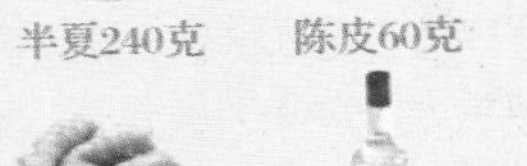

生姜60克

白酒1.2升

【功能效用】

半夏具有燥湿化痰、降逆止呕、消痞散结的功效；此款药酒具有降气止呕的功效。主治恶心不畅、急性呕吐等症。

【泡酒方法】

①将半夏、陈皮、葱白、生姜分别洗净，晾干；

②将上述药材分别捣碎，然后放入容器中；

③将白酒倒入容器中；

④密封浸泡约15天，过滤去渣后，取药液服用。

姜附酒

【使用方法】空腹口服。早中晚各1次，每次15～30毫升，温水服。
【贮藏方法】放在干燥、阴凉、避光处保存。
【注意事项】如急用，可直接煎煮后饮用。

【药材配方】

干姜180克

黄酒1.5升

制附子120克

【功能效用】

干姜具有温中散寒、回阳通脉、温肺化饮的功效。此款药酒具有温肺散寒化痰、回阳通脉的功效。主治因消化不良导致的腹泻、心腹冷痛、打嗝呕吐、喘促气逆等症。

【泡酒方法】

①将干姜、制附子分别捣碎，放入布袋中，然后再将此布袋放入容器；
②将黄酒倒入容器；
③密封浸泡约7天左右；
④过滤去渣，取药液服用。

吴茱萸姜豉酒

【使用方法】口服。每天3次，每次20～30毫升，用温水服。
【贮藏方法】放在干燥、阴凉、避光处保存。

【药材配方】

吴茱萸16克

生姜48克

淡豆豉48克

白酒400毫升

【功能效用】

吴茱萸具有祛寒止痛、降逆止呕、助阳止泻的功效。此款药酒具有温中驱寒的功效。主治突发心口疼痛、脘腹冷痛、肢冷不适、心烦呕吐、腹泻痢疾等症。

【泡酒方法】

①将吴茱萸捣碎，生姜去皮再切片，和淡豆豉一起放入砂锅中；
②加入白酒，煎煮至半；
③加入白酒，密封浸泡约7天；
④过滤去渣后，取药液服用。

二姜酒

【使用方法】口服。每天2次，每次5～10毫升。
【贮藏方法】放在干燥、阴凉、避光处保存。
【注意事项】不能饮酒者可外敷，搽于肚脐、中脘穴，每天数次。

【药材配方】

干姜30克

黄酒75毫升

生姜30克

【功能效用】

干姜具有温中散寒、回阳通脉、温肺化饮的功效；生姜具有发汗解表、温中止呕、温肺止咳的功效。此款药酒具有温中止呕的功效。主治呕吐等症。

【泡酒方法】

①将干姜、生姜分别捣碎，放入容器中；
②加入黄酒；
③密封浸泡7天；
④过滤去渣后，取药液服用。

回阳酒

【使用方法】①口服。每天2～3次，每次10毫升，温水冲后服用；②外敷。用棉球蘸药酒，搽于肚脐、腿痛处。
【注意事项】妇女妊娠期间忌服。

【药材配方】

肉桂90克

公丁香90克

樟脑90克

白酒1.5升

【功能效用】

肉桂具有止痛助阳、发汗解肌、温通经脉的功效。此款药酒具有温经驱寒、回阳救逆的功效。主治急性腹痛、腿部痉挛、呕吐腹泻等症。

【泡酒方法】

①将肉桂、公丁香、樟脑分别捣碎，放入布袋中，然后将布袋放在容器中；
②将白酒倒入容器中密封；
③每天摇晃1次，浸泡约15天；
④过滤去渣后，取药液服用。

丁香山楂酒

【使用方法】口服。趁热，分3次饮。
【贮藏方法】放在干燥、阴凉、避光处保存。
【注意事项】热证及脾虚内热者忌服。

【药材配方】

丁香3粒

山楂9克

黄酒75毫升

【功能效用】

丁香具有暖胃温肾的功效。此款药酒具有温中去痛的功效。主治触风受寒、外感寒性腹部胀痛、上吐下泻、恶心反胃等症。

【泡酒方法】

①将丁香、山楂分别捣碎，放入容器中；
②将黄酒倒入容器中；
③隔水煮约10分钟；
④过滤去渣后，取药液服用。

高良姜酒

【使用方法】口服。每天2次，每次15～20毫升。
【贮藏方法】放在干燥、阴凉、避光处保存。
【注意事项】阴虚有热者忌服。

【药材配方】

高良姜210克

藿香150克

黄酒1.5升

【功能效用】

高良姜具有温胃散寒、消食止痛的功效。此款药酒具有驱寒止痛、理气养胃、芳香化浊的功效。主治脘腹冷痛、胃冷干呕、霍乱吐痢等症。

【泡酒方法】

①将高良姜用火炙，直至有焦香；
②将高良姜打碎、藿香切碎后，放入砂锅中；
③加入黄酒，煮至3～4成沸；
④过滤去渣后，取药液服用。

人参半夏酒

【使用方法】口服。早晚各1次，每次20毫升。

【贮藏方法】放在干燥、阴凉、避光处保存。

【注意事项】实证、热证而正气不虚者忌服。

【药材配方】

人参40克

半夏60克

黄芩60克

黄连12克

干姜40克

炙甘草40克

大枣20克

白酒1.7升

【泡酒方法】

①将诸药材捣碎入布袋，再入容器，加白酒，密封浸泡约7天；

②加入1000毫升凉白开，搅拌均匀，过滤去渣后，取药液服用。

【功能效用】

人参具有大补元气的功效；半夏具有去湿化痰、降逆止呕的功效。主治胃气上逆、心下痞硬、恶心干呕、食欲不佳、体乏泻痢等症。

玉露酒

【使用方法】口服。每天2～3次，每次2～5克药末，用黄酒服。

【贮藏方法】放在干燥、阴凉、避光处保存。

【注意事项】①不用引子，诸物不忌；②老少皆宜。

【药材配方】

薄荷叶3克

天门冬40克

麦门冬40克

白茯苓160克

天花粉40克

绿豆1千克

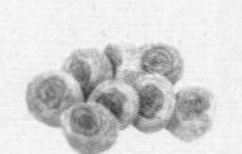

柿霜160克

硼砂20克

白糖1000克

冰片8克

【泡酒方法】

①天门冬、麦门冬去心，白茯苓去皮，与诸药捣碎入容器，密封蒸2小时，取出晒干；

②加入研细的硼砂、白糖、冰片，搅匀，取药液服用。

【功能效用】

此款药酒具有健脾滋阴、降火清痰的功效。主治上喘下坠、痰饮噎塞、骤寒骤热、喉咙肿痛、头晕目眩。

干姜酒

【使用方法】口服。每天2~3次，每次10~15毫升。
【贮藏方法】放在干燥、阴凉、避光处保存。
【注意事项】阴虚内热者、血热妄行者禁止服用。

【药材配方】

干姜90克

黄酒1.5升

【功能效用】

此款药酒具有驱寒行滞、促进血液循环的功效。主治寒饮喘咳、上吐下泻、四肢冰冷、阳虚脉微、风寒湿痹、心腹冷痛、恶心呕吐、吐血、衄便血等症。

【泡酒方法】

①将干姜切成薄片，放入容器中；
②将黄酒倒入容器中，与姜片充分混合；
③用文火煮沸，至900毫升；
④过滤去渣后，取药液服用。

姜醋酒

【使用方法】外敷。每天1次。取药饼敷于足心，用纱布包扎固定。
【贮藏方法】放在干燥、阴凉、避光处保存。
【注意事项】切勿内服。

【药材配方】

生姜20克

陈醋60毫升

面粉60克

白酒40毫升

【功能效用】

生姜具有发汗解表、温中止呕、温肺止咳的功效。此款药酒具有温中止呕的功效。主治呕吐、腹部喜暖畏寒。

【泡酒方法】

①将生姜捣烂，放入容器；
②往容器中分别加入面粉、陈醋和白酒；
③将药材搅拌成稠糊状；
④制成4个药饼，方可使用。

秦艽丹参酒

【使用方法】空腹口服。每天2~3次，每次10~20毫升，用温水服。

【贮藏方法】放在干燥、阴凉、避光处保存。

【注意事项】阴虚内热、血热妄行者禁止服用。

【药材配方】

秦艽24克

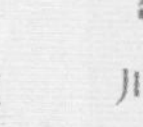

丹参24克

川芎24克

杜仲24克

独活24克

五加皮40克

石斛16克

牛膝24克

火麻仁24克

肉桂20克

麦门冬20克

防风24克

薏苡仁24克

赤茯苓24克

地骨皮24克

制附子30克

干姜16克

白酒1.2升

【泡酒方法】

①将上图中16味药材分别捣碎，放入布袋中，然后将布袋放入容器中；

②加入白酒，密封浸泡约7天；

③过滤去渣后，取药液服用。

【功能效用】

此款药酒具有散风驱寒、消肿止痛、除积利水的功效。主治腹胀腹痛、小便不利、大便不通、鼻流清涕。

急救药酒

【使用方法】口服。每次5~10毫升，用温水服。

【贮藏方法】放在干燥、阴凉、避光处保存。

【注意事项】阴虚内热者忌服。

【药材配方】

公丁香24克

豆蔻16克

肉桂24克

砂仁16克

细辛16克

罂粟壳16克

樟脑200克

白酒800毫升

【泡酒方法】

①将公丁香、豆蔻、肉桂、砂仁、细辛、罂粟壳、樟脑研粉，放入容器中；

②加入白酒,密封浸泡约7天，过滤去渣后，取药液服用。

【功能效用】

此款药酒具有理气止痛、开窍醒神的功效。主治因过度食用生冷果蔬、贪凉受冷引起的恶心头痛、四肢发冷、腹胀腹泻等症。

苁蓉酒

【使用方法】口服。每天2～3次，每次15～20毫升。
【贮藏方法】放在干燥、阴凉、避光处保存。
【注意事项】阴虚火旺及大便泄泻者忌服；性功能亢进者忌服。

【药材配方】

肉苁蓉24克

肉豆蔻12克

山茱萸肉12克

朱砂4克

白酒480毫升

【功能效用】

肉苁蓉具有补肾阳、益精血的功效。此款药酒具有健脾养肺、活血养神的功效。主治食欲不佳、脘腹冷痛、遗精腰酸、便溏腹泻等症。

【泡酒方法】

①将朱砂研磨成粉末状，将肉豆蔻、肉苁蓉、山茱萸肉分别捣碎，放入布袋中，然后将此布袋放入容器中；
②将白酒倒入容器中密封，浸泡约7天；
③每天摇晃1次，过滤去渣后取药液服用。

屠苏酒

【使用方法】口服。早晚各1次，每次15～30毫升。
【贮藏方法】放在干燥、阴凉、避光处保存。
【注意事项】妊娠期慎服。

【药材配方】

厚朴16克 贡术16克 广皮20克 大黄20克 制川乌16克 甘草10克

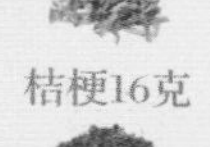

桔梗16克 防风16克 白芷16克 桂枝16克 苍术16克 豆蔻12克

川椒12克 威灵仙10克 檀香12克 藿香12克 冰糖1克 白酒10升

【泡酒方法】

①将16味药材研粉，入容器；
②加入白酒、冰糖，隔水加热煮沸；
③密封静置1天，过滤去渣后取药液服用。

【功能效用】

厚朴具有行气消积、燥湿除满的功效。此款药酒具有健脾和胃、散风驱寒、理气化积、消胀去滞的功效。适用于呕吐类疾病。

苁蓉强壮酒

【使用方法】空腹口服。每天2～3次，每次10毫升。用温水服。

【贮藏方法】放在干燥、阴凉、避光处保存。

【注意事项】阴虚火旺及大便泄泻者忌服；性功能亢进者忌服。

【药材配方】

肉苁蓉100克　肉豆蔻40克　肉桂40克　楮实50克　菟丝子40克

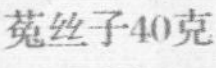

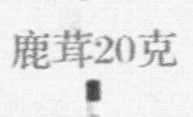

制附子40克　牛膝80克　炮姜40克　鹿茸20克　巴戟天60克

木香30克　蛇床子30克　补骨脂50克　白酒3升

【泡酒方法】

①将鹿茸炙处理、巴戟天翻炒、补骨脂翻炒，与其余诸药捣碎入布袋，再入容器；

②加入白酒，密封浸泡约7天；

③过滤去渣后，取药液服用。

【功能效用】

肉苁蓉具有补肾阳、益精血的功效。此款药酒具有强身健骨、补肝益肾、醒耳明目的功效。主治腹胁疼痛、肝肾虚冷等症。

参薯七味酒

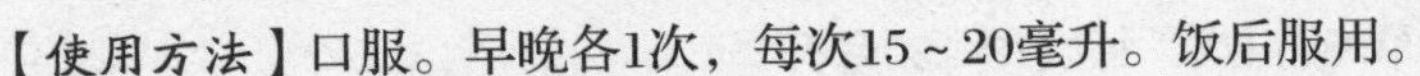

【使用方法】口服。早晚各1次，每次15～20毫升。饭后服用。

【贮藏方法】放在干燥、阴凉、避光处保存。

【注意事项】肾虚遗精者忌服，山茱萸、五味子用量可适当加倍。

【药材配方】

人参32克　山药32克　山茱萸24克　白术40克

五味子24克　山楂24克　生姜16克　白酒1升

【泡酒方法】

①将上图中诸药材捣碎，放入布袋，再放入容器；

②加白酒密封浸泡约20天，或先以文火隔水煮沸后晾凉，密封浸泡3天，去渣后取药液服用。

【功能效用】

此款药酒具有补血益气、补肝益肾的功效。主治过劳咳喘、食欲不佳、四肢冰冷、脾虚胃寒、腹胀腹泻、肾虚遗精。

兰陵酒

【使用方法】口服。酌情饮用，饮多伤身。
【贮藏方法】放在干燥、阴凉、避光处保存。
【注意事项】杏仁有小毒，用量不宜过大；婴儿慎服。

【药材配方】

杏仁40克

砂仁20克

花椒20克

当归10克

陈皮20克

郁金3克

沉香3克

木香3克

白面800克

糯米面800克

生姜80克

酒曲适量

【泡酒方法】
①将杏仁、砂仁、花椒、当归、陈皮、郁金、沉香、木香、生姜分别研粉，入容器；
②加入白面、糯米面和酒曲；
③酿酒法酿制，取药液服用。

【功能效用】
杏仁具有止咳平喘、润肠通便的功效。此款药酒具有理气温中、驱寒化痛的功效。主治心腹冷痛。

参附酒

【使用方法】空腹口服。早中晚各1次，每次10～20毫升。
【贮藏方法】放在干燥、阴凉、避光处保存。
【注意事项】实证、热证而正气不虚者忌服。

【药材配方】

人参25克

制附子16克

白术16克

大茴香12克

砂仁16克

白酒750毫升

【功能效用】
人参具有大补元气的功效。此款药酒具有和胃理气、温肾驱寒、补气安神、消食止痛的功效。主治身体虚寒、心腹冷痛、少食泛呕、四肢冰冷、大便稀溏。

【泡酒方法】
①将人参、制附子、白术、大茴香、砂仁分别捣碎，或切成薄片，放入布袋中，然后将此布袋放入容器中；
②加入白酒，密封浸泡约15天；
③过滤去渣后，取药液服用。

神仙药酒

【使用方法】口服。每天2次，每次15～20毫升。
【贮藏方法】放在干燥、阴凉、避光处保存。
【注意事项】①对肝气犯胃者尤其有效；②阴虚火旺者慎用。

【药材配方】

丁香18克

木香27克

檀香18克

茜草180克

红曲90克

砂仁45克

蜂蜜适量

白酒1.5升

【泡酒方法】

①将诸药材研粉，加蜂蜜炼蜜3碗；
②将药丸分别放在不同容器中，各加白酒500毫升，密封浸泡3～5天后方可服用。

【功能效用】

此款药酒具有开阔胸膈、健胃消食、理气消胀的功效。主治脘腹胀痛、消化不良、食欲不佳、打嗝嗳气等症。

茱萸姜豉酒

【使用方法】口服。每次10毫升，无效可酌量增加。
【贮藏方法】放在干燥、阴凉、避光处保存。
【注意事项】阴虚火旺者忌服。

【药材配方】

吴茱萸200克

生姜300克

豆豉100克

白酒1升

【功能效用】

吴茱萸具有祛寒止痛、降逆止呕、助阳止泻的功效；生姜具有发汗解表、温肺止咳的功效。此款药酒具有温阳通气、清肺止痛、理气驱寒的功效。主治寒性腹胀腹痛。

【泡酒方法】

①将吴茱萸、生姜、豆豉分别捣碎，放入容器中；
②加入白酒，密封浸泡约7天；
③或将药材和白酒一起熬煮至半；
④过滤去渣后取药液服用。

麻子酒

【使用方法】口服。每天2次，酌情服用。
【贮藏方法】放在干燥、阴凉、避光处保存。
【注意事项】治疗期间，切勿饮酒。

【药材配方】

麻子500克

白酒1.5升

【功能效用】

麻子具有定风补虚、益气固精、补血润发、清热止渴的功效。此款药酒具有理气和胃的功效。主治恶心反胃。

【泡酒方法】

①将麻子熬煮至熟后捣碎，放入容器中；
②将白酒倒入容器中；
③将药酒熬煮至500毫升；
④过滤去渣后，取药液服用。

桑姜吴茱萸酒

【使用方法】口服。每天2次，每次30毫升。
【贮藏方法】放在干燥、阴凉、避光处保存。
【注意事项】虚喘者忌服。

【药材配方】

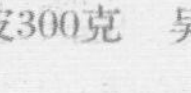

桑白皮300克　吴茱萸30克　生姜18克

清水1升

白酒2升

【功能效用】

桑白皮具有利水消肿的功效；吴茱萸具有祛寒止痛、降逆止呕、助阳止泻的功效。此款药酒具有理气化痰、泻肺平喘的功效。主治呕吐痰涎、咳喘胀满等症。

【泡酒方法】

①将桑白皮、吴茱萸、生姜分别切成薄片，放入容器中；
②将清水、白酒倒入容器中；
③将药酒熬煮至1升，取药液服用；
④或者加入白酒，密封浸泡10天，过滤去渣后，取药液服用。

胃痛

◎胃痛是指由于脾胃受损、气血不调所引起的胃痛难耐、胃脘部疼痛的病证，又称胃脘痛。胃痛发生的原因有多种，总结起来大致是两种：一是由于忧思恼怒、肝气失调、横逆犯胃所引起，故治法以疏肝理气为主；二是由脾不健运、胃失和降而导致，宜用温通、补中等法，以恢复脾胃的功能。

胃痛是临床上常见的一个症状，多见急慢性胃炎、胃溃疡及十二指肠溃疡病、胃神经官能症；也见于胃黏膜脱垂、胃下垂、胰腺炎、胆囊炎及胆石症等病，而由于疾病的不同，所表现出来的症状也有所不同。

胃痛有实证、虚证之分。实证表现有上腹胃脘部暴痛，痛势较剧，痛处拒按，饥时痛减，纳后痛增；虚证则表现在上腹胃脘部疼痛隐隐，痛处喜按，空腹痛甚，纳后痛减。

治疗胃痛，首应辨其疼痛的虚、实、寒、热性质及病在气在血，然后审证求因，给予恰当的治疗。除了服用药物之外，在胃痛发作时，也可以用食疗方法止胃痛。

玫瑰露酒

【使用方法】口服。每天2次，每次15～20毫升。
【贮藏方法】放在干燥、阴凉、避光处保存。
【注意事项】对寒凝气滞、脾胃虚寒者尤其有效。

【药材配方】

玫瑰花420克

白酒1.8升

冰糖240克

【功能效用】

玫瑰花具有理气解郁、补血止痛的功效。此款药酒具有理气去痛、养肝和胃的功效。主治胃气痛、食欲缺乏等症。

【泡酒方法】

①将鲜玫瑰花放入容器中；
②将白酒、冰糖倒入容器中，与玫瑰花充分混合；
③密封浸泡30天以上，过滤去渣；
④用瓷罐或玻璃器皿密封贮藏，取药液服用。

姜糖酒

【使用方法】口服。每天2～3次，每次20～30毫升。
【贮藏方法】放在干燥、阴凉、避光处保存。
【注意事项】淋雨或水中长留者饮用可预防感冒；阴虚发热者忌服。

【药材配方】

生姜200克

黄酒2升

红糖200克

【功能效用】

此款药酒具有体表散热、温经驱寒、健脾养胃的功效。主治因肠胃功能下降引起的食欲不佳、受寒感冒、胃寒干呕、女性痛经等症。

【泡酒方法】

①将生姜捣碎，放入容器中；
②将红糖、黄酒倒入容器中，与生姜充分混合；
③密封浸泡约7天；
④过滤去渣后，取药液服用。

吴茱萸香砂酒

【使用方法】口服。每天2～3次，每次30～50毫升。用温水服。
【贮藏方法】放在干燥、阴凉、避光处保存。
【注意事项】①治疗脾胃虚寒尤其有效；②可用于中阳不足症。

【药材配方】

吴茱萸18克　砂仁18克　淡豆豉90克

木香15克　生姜90克　黄酒450毫升

【功能效用】

吴茱萸具有祛寒止痛、降逆止呕、助阳止泻的功效。此款药酒具有理气温中、止痛驱寒的功效。主治因受寒导致的胃腹疼痛、四肢冰冷、恶心干呕。

【泡酒方法】

①将砂仁翻炒后，与吴茱萸、淡豆豉、木香、生姜一起放入容器中；
②加入黄酒，用文火熬煮至半；
③密封浸泡2～3天；
④过滤去渣后，取药液服用。

温脾酒

【使用方法】口服。早晚各1次，每次15～25毫升。用温水服。
【贮藏方法】放在干燥、阴凉、避光处保存。
【注意事项】虚寒性便秘者3天可见效；老年虚寒性便秘者可常饮。

【药材配方】

人参60克

甘草90克

制附子60克

大黄90克

干姜90克

黄酒1.5升

【功能效用】

人参具有大补元气的功效；甘草具有益气补中、润肺止咳的功效。此款药酒具有温中通便、止痛驱寒的功效。主治脘腹冷痛、便秘久痢等症。

【泡酒方法】

①将人参、甘草、制附子、大黄、干姜分别捣碎，或切成薄片，放入容器中；
②加入黄酒，密封浸泡约7天；
③过滤去渣后，取药液服用；
④或者直接将容器隔水煮沸，浸泡1～2天后，取药液服用。

元胡止痛酊

【使用方法】口服。每天3次或痛时服用，每次5毫升。用温水服。
【贮藏方法】放在干燥、阴凉、避光处保存。
【注意事项】脾胃虚寒泄泻者忌服。

【药材配方】

延胡索100克

鸡骨香根200克

白芷100克

70%乙醇适量

【功能效用】

延胡索具有活血散瘀、利气止痛的功效；白芷具有散风除湿、消肿止痛的功效。此款药酒具有理气止痛的功效。主治胃气痛、头腹疼痛、女性痛经、腰腿酸痛。

【泡酒方法】

①将延胡索、鸡骨香根、白芷分别研磨成粗粉；
②将粗粉放入容器中；
③用渗漉法，以乙醇为溶剂；
④制成酊剂1000克，取药液服用。

二青酒

【使用方法】口服。痛时服用，每次10毫升。
【贮藏方法】放在干燥、阴凉、避光处保存。
【注意事项】对胃气痛、情志不舒、两胁胀痛者，尤其有效。

【药材配方】

青木香40克

青核桃800克

白酒2升

【功能效用】

青木香具有行气解郁、解毒消肿的功效。此款药酒具有理气止痛的功效。主治急性胃痛、慢性胃痛等症。

【泡酒方法】

①将青木香、青核桃分别捣碎，放入容器中；
②加入白酒，密封浸泡约30天；
③当酒的颜色变为黑褐色时，即可开封；
④过滤去渣后，取药液服用。

佛手酒

【使用方法】口服。每天2次，每次15毫升，不善服者每次5毫升。
【贮藏方法】放在干燥、阴凉、避光处保存。
【注意事项】阴虚有火者、无气滞症状者慎服。

【药材配方】

佛手15克

白酒500毫升

【功能效用】

此款药酒具有理气养肝、和脾温胃、消食祛痰的功效。主治胃气虚寒、胃脘冷痛、两胁嗳气、痰多常嗽、恶心干呕、食欲缺乏、大便不畅、情志不舒、苔多薄白等症。

【泡酒方法】

①将佛手洗净，用清水泡软；
②将佛手切成规则的正方形小块，晾干后放入容器中；
③加入白酒，密封浸泡，每隔5天，适当摇晃；
④约15天后过滤去渣，取药液服用。

温胃酒

【使用方法】口服。每天2～3次，每次10毫升。
【贮藏方法】放在干燥、阴凉、避光处保存。
【注意事项】孕妇忌服；阴虚火旺者忌服。

【药材配方】

川椒60克

黄酒1升

【功能效用】

川椒具有除腥进食、降低血压、健胃止痒、温中散寒、除湿止痛、杀虫解毒的功效。此款药酒具有和胃温中、驱寒止痛的功效。主治胃脘冷痛。

【泡酒方法】

①将川椒翻炒后，放入容器；
②将黄酒倒入容器；
③密封浸泡2～3天；
④取药液服用。

灵脾肉桂酒

【使用方法】口服。每天2次，每次10～20毫升。用温水服。
【贮藏方法】放在干燥、阴凉、避光处保存。
【注意事项】阴虚发热者忌服。

【药材配方】

淫羊藿200克

肉桂60克

豆豉60克

陈皮60克

黑豆皮60克

生姜6片

葱白6根

连皮大腹槟榔6枚

黄酒2升

【泡酒方法】

①将诸药材捣碎或切成薄片，放入布袋后再入容器；
②加入黄酒，密封，用灰火外煨1天，取出晾凉；
③过滤去渣后，取药液服用。

【功能效用】

此款药酒具有温阳补肾、健脾祛湿的功效。主治脘腹冷痛、脾虚肾虚、腰腿酸痛、食欲缺乏等症。

胃痛药酒

【使用方法】口服。早晚各1次，每次10毫升。
【贮藏方法】放在干燥、阴凉、避光处保存。
【注意事项】虚寒性出血症者禁服；血虚有瘀者慎服。

【药材配方】

土木香48克

地榆48克

白酒750毫升

【功能效用】

土木香具有健脾和胃、调气解郁、止痛安胎的功效。此款药酒具有理气和胃、消肿止痛的功效。主治慢性胃炎。

【泡酒方法】

①将土木香、地榆分别切成薄片，放入容器；
②将白酒倒入容器；
③密封浸泡约30天；
④过滤去渣后，取药液服用。

龙胆草酒

【使用方法】口服。适量，一次服尽。
【贮藏方法】放在干燥、阴凉、避光处保存。
【注意事项】脾胃虚弱作泄者、无湿热实火者忌服；勿空腹服用。

【药材配方】

龙胆草150克

黄酒600毫升

【功能效用】

龙胆草具有护肝泻火、清下除湿的功效。此款药酒具有利经健胆、消炎止痛的功效。主治突发性上腹疼痛等症。

【泡酒方法】

①将龙胆草放入容器；
②将黄酒倒入容器；
③将药材上火熬煮至300毫升；
④过滤去渣后取药液服用。

复方元胡酊

【使用方法】口服。每天3次，每次5～10毫升。

【贮藏方法】放在干燥、阴凉、避光处保存。

【注意事项】忌食生冷食物；虚证痛经者忌服。

【药材配方】

延胡索80克

洋金花4克

乌头8克

防己80克　60°白酒适量

【功能效用】

延胡索具有活血散瘀、利气止痛的功效；洋金花具有平喘、散风、止痛的功效。此款药酒具有安神止痛的功效。主治胃气痛、女性痛经。

【泡酒方法】

①将延胡索、洋金花、乌头、防己除去灰杂后分别捣碎，放入渗源器中；

②加入白酒，用量以浸过药材表面为宜，缓缓渗源，2～3天后收集渗源液，取残渣压榨而成；

③把渗源液和压榨汁液合并，过滤去渣；

④加适量蒸馏水至800毫升，混匀后取药液服用。

补脾和胃酒

【使用方法】口服。早晚各1次，每次15～20毫升。饭后1小时服用。

【贮藏方法】放在干燥、阴凉、避光处保存。

【注意事项】实证、热证而正气不虚者忌服。

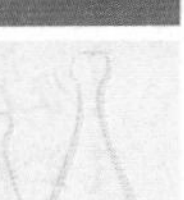

【药材配方】

人参120克

山药120克

山茱萸90克

山楂90克

白术150克

五味子90克

生姜60克

白酒7.5升

【泡酒方法】

①将诸药材捣碎或切薄片，放入布袋后再入容器；

②加白酒密封浸泡20天左右；

③过滤去渣后，取药液服用。

【功能效用】

此款药酒具有健脾和胃、理气养血、消食强身的功效。主治脾胃冷寒、肾虚遗精、食欲缺乏、腹胀腹泻、四肢冰冷。

金橘酒

【使用方法】口服。每天2次，每次15～20毫升。
【贮藏方法】放在干燥、阴凉、避光处保存。
【注意事项】常加法半夏、砂仁各20克一起浸泡，效果甚佳。

【药材配方】

金橘400克

白酒1升

蜂蜜80克

【功能效用】

金橘具有止咳解郁、除烦开胃的功效。此款药酒具有清肺止咳、健胃消食、解郁理气的功效。主治胸闷郁结、腹胀痰饮、食滞胃呆、咳嗽哮喘、肝胃不和等症。

【泡酒方法】

①将金橘洗净晾干，再捣碎或切成薄片，放入容器；
②将蜂蜜倒入容器；
③将白酒倒入容器；
④密封浸泡60天后，取药液服用。

核桃仁酒

【使用方法】口服。每天3次，每次10～15毫升。
【贮藏方法】放在干燥、阴凉、避光处保存。

【药材配方】

青核桃仁1.5千克

白酒2.5升

【功能效用】

青核桃具有很好的保健功效，能起到补肾强腰、润肠通便的作用。此款药酒具有理气和胃、安神止痛的功效。主治各类胃痛。

【泡酒方法】

①将青核桃仁捣碎，放入容器；
②将白酒倒入容器，与青核桃混匀；
③密封浸泡20～30天；
④取药液服用。

缩砂酒

【使用方法】口服。每天3次，每次15～20毫升。用温水服。
【贮藏方法】放在干燥、阴凉、避光处保存。
【注意事项】阴虚实热者忌服。

【药材配方】

缩砂仁120克

黄酒1升

【功能效用】

缩砂仁具有理气止痛的功效。此款药酒具有理气和中、健胃消食的功效。主治心腹胀痛、食欲不佳、恶呕胃痛、消化不良、泄泻痢疾等症。

【泡酒方法】

①将缩砂仁翻炒，研磨成粗粉，放入布袋，然后将此布袋放入容器；
②将黄酒倒入容器中，与缩砂仁混匀；
③密封浸泡3～5天；
④取药液服用。

荔枝酒

【使用方法】口服。每天2次，每次20～0毫升。
【贮藏方法】放在干燥、阴凉、避光处保存。
【注意事项】儿童忌服。

【药材配方】

荔枝肉250克

米酒500毫升

【功能效用】

荔枝肉具有生津止渴、补脾益血的功效。此款药酒具有理气健脾、活血养肝的功效。主治胃气痛、泄泻、食欲缺乏、子宫脱垂、寒迹等症。

【泡酒方法】

①将鲜荔枝肉连枝一起放入容器中；
②将米酒倒入容器，量以没过荔枝肉为宜；
③密封浸泡7天；
④取药液服用。

黄疸

◎黄疸又称黄胆，俗称黄病，是一种由于血清中胆红素升高致使皮肤、黏膜和巩膜发黄的症状和体征，以目黄、身黄、小便黄赤为主要特征，在新生儿和孕妇中比较常见。某些肝脏病、胆囊病和血液病经常会引发黄疸。

引发黄疸的病因有多种，多为疫毒之邪，湿热、寒湿、或劳倦内伤、或嗜酒过度，以致肝、胆、脾、胃功能失调所致。

黄疸可根据上述的血红素代谢过程分为三类：

肝前性黄疸：又称溶血性黄疸。当大量红细胞被破坏时出现的黄疸病症。

肝源性黄疸：当肝脏无法正常处理胆红素时出现的黄疸病症。

肝后性黄疸：当肝脏无法正常排除胆红素时出现的黄疸病症。

灯草根酒

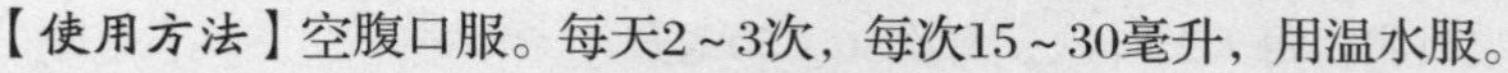

【使用方法】空腹口服。每天2～3次，每次15～30毫升，用温水服。

【贮藏方法】放在干燥、阴凉、避光处保存。

【注意事项】中寒小便不禁者忌服。

【药材配方】

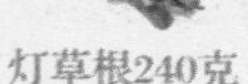

灯草根240克

黄酒600毫升

【功能效用】

灯草根具有利水通淋、清心降火的功效。此款药酒具有清热解暑、利水祛湿的功效。主治湿热黄疸。

【泡酒方法】

①将灯草根捣碎，放入容器；

②将黄酒倒入容器中，与灯草根混匀；

③隔水熬煮1～2小时；

④静置1夜，过滤去渣后,取药液服用。

茵陈栀子酒

【使用方法】口服。一剂分3次服用，每天200毫升。
【贮藏方法】放在干燥、阴凉、避光处保存。
【注意事项】切忌与豆腐、生冷、油腻食物共食。

【药材配方】

茵陈90克

栀子45克

黄酒1.5升

【功能效用】

茵陈具有利胆清热、降血压、降血脂的功效；栀子具有下火除烦、清热祛湿、凉血解毒的功效。此款药酒具有清热解毒、利水祛湿的功效。主治湿热黄疸（热重于湿）。

【泡酒方法】

①将茵陈、栀子放入容器中；
②将黄酒倒入容器，与茵陈、栀子混匀；
③将容器中的药材用火煎熬；
④取药液服用。

秦艽酒

【使用方法】空腹口服。每天2～3次，每次30～50毫升。
【贮藏方法】放在干燥、阴凉、避光处保存。

【药材配方】

秦艽30克

黄酒180毫升

【功能效用】

秦艽具有散风祛湿、舒筋活络、清热补虚的功效。此款药酒具有利水祛湿、清退黄疸的功效。主治湿热黄疸。

【泡酒方法】

①将秦艽捣碎，放入容器；
②将黄酒倒入容器，与秦艽充分混匀；
③密封浸泡约7天；
④过滤去渣后，取药液服用。

麻黄酒

【使用方法】口服。用温水服，待汗出即愈。
【贮藏方法】放在干燥、阴凉、避光处保存。
【注意事项】对伤寒者效果甚佳。

【药材配方】

麻黄40克

黄酒600毫升

【功能效用】

麻黄具有发汗驱寒、润肺平喘、利水消肿的功效。此款药酒具有利水发汗、退黄驱寒的功效。主治伤寒、热出表发、黄疸、小便不畅等症。

【泡酒方法】

①将麻黄放入容器；
②将黄酒倒入容器，与麻黄混匀；
③将药材上火熬煮至半；
④过滤去渣后，取药液服用。

青蒿酒

【使用方法】口服。每天2～3次，每次不拘量，以瘾为度，勿醉。
【贮藏方法】放在干燥、阴凉、避光处保存。
【注意事项】妊娠早期慎用。

【药材配方】

青蒿5千克

酒曲500克

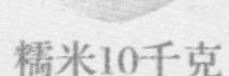
糯米10千克

【功能效用】

青蒿具有清热解暑的功效。此款药酒具有清热解暑、凉血退虚热的功效。主治黄疸、结核潮热、胸闷呕恶、鼻出血无汗、感冒受凉、小便不畅等症。

【泡酒方法】

①将青蒿洗净捣碎，放入容器；
②加水熬出汁；
③将糯米煮熟，酒曲研磨成细粉；
④将三者一起放入容器，按常法酿酒，酒熟后取药液服用。

胃及十二指肠溃疡

◎消化道溃疡可发生于消化道的任何部位，其中以胃及十二指肠最为常见，即胃溃疡和十二指肠溃疡，胃十二指肠并存溃疡占5%。在发病群体中，男性发病率明显高于女性，可能与吸烟、生活及饮食不规律、工作及外界压力以及精神心理因素密切相关。近年来，胃及十二指肠溃疡的发病率虽然有下降趋势，却仍属消化系统疾病中最常见的疾病，其发生主要与胃及十二指肠黏膜的损害因素和黏膜自身防御修复因素之间失平衡有关。

胃及十二指肠溃疡表现为长期周期性发作的节律性腹上区疼痛，痛时还可伴有反酸、恶心、呕吐、嗳气、便秘及消化不良等，并发症常可出现胃穿孔、大出血、幽门梗阻、癌症。部分患者有失眠、多汗等自主神经功能紊乱症状。

平胃酒

【使用方法】口服。每天2次，每次25毫升，60天1疗程。
【贮藏方法】放在干燥、阴凉、避光处保存。
【注意事项】外邪实热、脾虚有湿、泄泻者忌服。

【药材配方】

山药400克

山楂200克

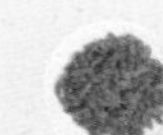
枸杞400克

大枣400克

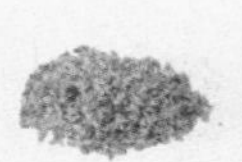
麦芽200克

肉豆蔻60克

小茴香60克

鸡内金60克

陈皮160克

砂仁200克

干姜60克

40° 白酒600毫升

【泡酒方法】

①翻炒陈皮、大枣去核，再将诸药材研细，放入容器加白酒，以70℃热水浸半小时，晾凉；
②取药渣加白酒浸20分钟，滤液合并，加蜂蜜溶匀后去渣服用。

【功能效用】

此款药酒具有补中益气、健脾和胃、消食化积、温中散寒、养肝补肾的功效。主治胃及十二指肠溃疡。

山核桃酒

【使用方法】口服。每天3次，每次10毫升。
【贮藏方法】放在干燥、阴凉、避光处保存。

【药材配方】

山核桃1.5千克

白酒2.5升

【功能效用】

山核桃具有活血化瘀、润燥滑肠的功效。此款药酒具有温肾润肠、收敛定喘、消炎止痛的功效。主治急性胃病、慢性胃病。

【泡酒方法】

①将山核桃放入容器；
②将白酒倒入容器，与山核桃混合；
③密封浸泡20天；
④待药酒变为褐色，过滤去渣，取药液服用。

止痛酊

【使用方法】口服。每天3次，每次5~10毫升。
【贮藏方法】放在干燥、阴凉、避光处保存。

【药材配方】

白屈菜30克

50° 白酒适量

橙皮15克

【功能效用】

白屈菜具有止咳平喘、镇痛消肿的功效；橙皮具有理气化痰、健脾去滞的功效。此款药酒具有理气和胃、消炎止痛的功效。主治慢性胃肠炎、胃肠道痉挛疼痛。

【泡酒方法】

①将白屈菜、橙皮切成薄片，放入容器中；
②加入白酒，密封浸泡2~3天；
③过滤后，用纱布将药渣取汁；
④加入白酒150毫升，澄清后取药液服用。

元胡酊

【使用方法】口服。每天2～次，每次10～15毫升。
【贮藏方法】放在干燥、阴凉、避光处保存。
【注意事项】对胃痉挛者治疗效果甚佳。

【药材配方】

延胡索400克

50° 白酒适量

米醋适量

【功能效用】

延胡索具有活血理气、止痛通便的功效；米醋具有消脂降压、降低固醇、解毒解酒、安神除烦的功效。此款药酒具有安神止痛的功效。主治各类平滑肌痉挛疼痛。

【泡酒方法】

①将延胡索研磨成粗粉，放入容器；
②将米醋、白酒倒入容器；
③密封浸泡2～3天；
④过滤去渣后取药液服用。

复方白屈菜酊

【使用方法】口服。每天3次，每次5～10毫升。用温水服。
【贮藏方法】放在干燥、阴凉、避光处保存。

【药材配方】

白屈菜300克

70%乙醇适量

延胡索300克

【功能效用】

白屈菜具有止咳平喘、镇痛消肿的功效；延胡索具有活血理气、止痛通便的功效。此款药酒具有理气和胃、消炎止痛的功效。主治慢性肠胃炎、肠胃痉挛疼痛。

【泡酒方法】

①将白屈菜、延胡索分别研磨成粗粉，放入容器；
②加入适量乙醇，密封浸渍1天后过滤，反复2次；
③用残渣取汁，混入药液中；
④添加乙醇至3 000毫升后，取药液服用。

腹泻

◎腹泻是一种常见症状，是指排便次数明显超过平日，粪质稀薄，水分增加，每日排便量超过200克，或伴有黏液、脓血、未消化食物。腹泻常伴有排便急迫感、肛门不适、失禁等症状。

根据发病的起因以及症状，腹泻分为急性腹泻和慢性腹泻两类。急性腹泻发病急剧，病程在2 3周之内，常由急性肠道传染病、食物中毒、肠胃功能紊乱及进食不当所致。慢性腹泻指病程在2个月以上或间歇期在2 4周内的复发性腹泻，常由胃部疾病，如慢性萎缩性胃炎致胃酸缺乏、慢性肠道感染、慢性肠道疾病、肝与胆及胰腺病变、内分泌及代谢性疾病、神经功能紊乱等引起。腹泻严重者可造成肠胃分泌液的大量流失，产生水与电解质平衡的紊乱以及营养物质的缺乏所带来的严重后果。

腹泻不是一种独立的疾病，而是很多疾病聚集而成的一个共同表现，它同时可伴有呕吐、发热、腹痛、腹胀、黏液便、血便等症状。

党参酒

【使用方法】空腹口服。早晚各1次，每次10~15毫升。
【贮藏方法】放在干燥、阴凉、避光处保存。
【注意事项】感冒发热、中满邪实者忌服；老年体弱者可常服。

【药材配方】

老条党参80克

白酒1升

【功能效用】

此款药酒具有补中益气、健脾止泻的功效。主治脾虚泄泻、食欲不佳、体虚气喘、四肢乏力、头晕血虚、津液耗伤、慢性贫血等症。

【泡酒方法】

①选取粗大、连须的老条党参；
②将老条党参切成薄片，放入容器中；
③将白酒倒入容器中，与老条党参混合；
④密封浸泡7~14天后开封，取药液服用。

蒜糖止泻酒

【使用方法】口服。每天1～2剂，每次顿服。
【贮藏方法】放在干燥、阴凉、避光处保存。
【注意事项】服其他药期间不要喝此酒。

【药材配方】

大蒜2个

烧酒100毫升

红糖20克

【功能效用】

大蒜具有消炎解毒、祛寒健胃的功效。此款药酒具有散风驱寒、清热解毒、强身止泻的功效。主治突发疾病、感冒风邪、泄泻恶呕、自然汗出、头痛发热等症。

【泡酒方法】

①将大蒜剥去外皮后捣烂，放入容器；
②将红糖、烧酒倒入容器，与大蒜充分混匀；
③将药材熬煮至沸腾；
④过滤去渣后，取药液服用。

地瓜藤酒

【使用方法】口服。每天2～3次，每次20～30毫升。
【贮藏方法】放在干燥、阴凉、避光处保存。

【药材配方】

地瓜藤250克

白酒500毫升

【功能效用】

地瓜藤具有利尿消肿、清肺解毒的功效。此款药酒具有理气活血、清热解毒、祛湿止泻的功效。主治腹胀腹泻、黄疸、痢疾痔疮、消化不良、白带异常等症。

【泡酒方法】

①将地瓜藤切成薄片，放入容器；
②将白酒倒入容器，与地瓜藤充分混匀；
③密封浸泡约7天；
④过滤去渣后，取药液服用。

白药酒

【使用方法】口服。每天2～3次，每次15～20毫升。
【贮藏方法】放在干燥、阴凉、避光处保存。
【注意事项】可加适量白糖调味。

【药材配方】

白茯苓30克

白术30克

山药30克

薏苡仁30克

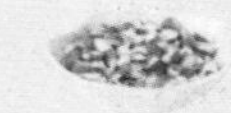
芡实30克

豆蔻18克

牛膝30克

天花粉30克

白酒10升

【泡酒方法】

①将诸药材捣碎放入布袋，再放入容器；
②加白酒密封，每2天晃摇1次；
③浸泡约15天后过滤去渣，取药液服用。

【功能效用】

此款药酒具有补脾和胃、理气活血、祛湿利水的功效。主治脾虚纳少、积谷不化、小便不畅、大便溏泄等症。

参术酒

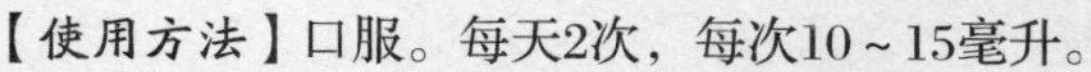

【使用方法】口服。每天2次，每次10～15毫升。
【贮藏方法】放在干燥、阴凉、避光处保存。
【注意事项】感冒发热者忌服。

【药材配方】

人参30克

白术60克

炙甘草45克

白茯苓60克

红枣45克

生姜30克

黄酒1.5升

【泡酒方法】

①将诸药材捣碎，放入容器；
②加入黄酒；
③密封浸泡约7天；
④过滤去渣后，取药液服用。

【功能效用】

此款药酒具有理气和胃、健脾止泻的功效。主治脾胃气虚、面黄肌瘦、四肢乏力、食少便溏等症。

杨梅酒

【使用方法】口服。每天2次，每次10～15毫升，杨梅食用1～2颗。
【贮藏方法】放在干燥、阴凉、避光处保存。

【药材配方】

杨梅25颗

白酒250毫升

【功能效用】

杨梅具有和胃止呕、生津止渴的功效。此款药酒具有止泻化痛、调理肠胃的功效。主治痢疾、腹泻、呕吐。

【泡酒方法】

①将杨梅放入容器；
②将白酒倒入容器，与杨梅充分混匀；
③密封浸泡3天；
④取药液服用，杨梅可食用。

地榆附子浸酒方

【使用方法】口服。每天3次，酌量。
【贮藏方法】放在干燥、阴凉、避光处保存。
【注意事项】忌食猪肉、凉水。

【药材配方】

地榆250克

制附子25克

白酒5升

【功能效用】

地榆具有凉血止血、清热解毒、消肿敛疮的功效；制附子具有回阳救逆、下火助阳的功效。此款药酒具有强身健体、祛湿止泻的功效。主治泄泻痢疾、腹胀腹痛。

【泡酒方法】

①将地榆、制附子放入容器；
②将白酒倒入容器，与地榆、制附子充分混合；
③密封浸泡5天；
④过滤去渣后，取药液服用。

五味子酒

【使用方法】口服。每天2次，每次10～20毫升。
【贮藏方法】放在干燥、阴凉、避光处保存。
【注意事项】睡前服用，效果更佳。

【药材配方】

五味子45克

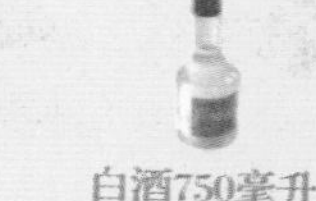
白酒750毫升

【功能效用】

五味子具有润肾生津、收汗涩精的功效。此款药酒具有养心益气、补肾生津的功效。主治慢性腹泻、肺虚喘嗽、心悸失眠、津亏自汗、体虚乏力等症。

【泡酒方法】

①将五味子洗净，放入容器；
②将白酒倒入容器，与五味子充分混匀；
③密封浸泡14天，每天摇晃数次；
④取药液服用。

二味牛膝酒

【使用方法】口服。药粉15克加白酒200毫升，煮至七成，饭前服。
【贮藏方法】放在干燥、阴凉、避光处保存。
【注意事项】①脾胃虚寒者慎服；②月经过多者慎服。

【药材配方】

生地黄500克

白酒适量

牛膝500克

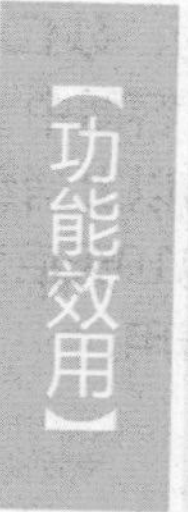

【功能效用】

生地黄具有清热生津、滋阴补血的功效。此款药酒具有强身健体、祛湿止泻的功效。主治少腹滞痛、腰膝水肿、足趾冰冷、筋骨乏力。

【泡酒方法】

①将生地黄、牛膝分别捣烂，用纸裹住，以黄泥加固；
②用火炙药团，控制火候，勿令黄泥干裂；
③将药团烤至黄泥干固，用灰火炙半天，再以炭火烧之；
④将药团待冷，去掉黄泥、纸，捣为散粉状。

五香酒料

【使用方法】口服。早晚各1次，每次1～2盅。

【贮藏方法】放在干燥、阴凉、避光处保存。

【注意事项】①怕热多汗、口渴舌红者忌服；②阴虚火旺者忌服。

【药材配方】

檀香240克

藿香240克

木香36克

丁香240克

大茴香240克

小茴香30克

菊花240克

甘草240克

甘松240克

肉桂240克

白芷240克

青皮240克

薄荷240克

砂仁240克

细辛36克

红曲36克

沙姜240克

干姜24克

烧酒18升

【泡酒方法】

①将檀香、藿香、木香、丁香、大茴香、小茴香、菊花、甘草、甘松、肉桂、白芷、青皮、薄荷、砂仁、细辛、红曲、沙姜、干姜一起放入布袋中，然后将此布袋放入容器中；

②将烧酒倒入容器中，与以上诸药材充分混合；

③将容器密封，充分浸泡10天后取出；

④过滤去渣后，取药液服用。

【功能效用】

檀香具有理气和胃的功效；藿香具有消暑解表、祛湿和胃的功效；木香具有理气温中、祛湿化痰的功效；丁香具有和胃止逆的功效；大茴香具有散寒理气、清热止痛的功效；小茴香具有健胃驱寒、理气止痛的功效。此款药酒具有理气和胃、健脾祛湿的功效。主治小肠疝气、暑月受寒、脾胃气滞、脘满虚寒、食欲不佳等症。

丁香山楂煮酒

【使用方法】口服。分3次顿服。
【贮藏方法】放在干燥、阴凉、避光处保存。
【注意事项】热病、阴虚内热者忌服。

【药材配方】

丁香6粒

黄酒100毫升

山楂12克

【功能效用】

温中止痛、和胃止泻。主治外感风寒、腹胀腹痛、上吐下泻。

【泡酒方法】

①将丁香、山楂放入瓷杯中；
②加入黄酒；
③将瓷杯放在加水的锅里；
④将蒸锅加热炖煮10分钟，取药液服用。

二术酒

【使用方法】口服。每天3次，每次30～50毫升，勿醉。
【贮藏方法】放在干燥、阴凉、避光处保存。

【药材配方】

白术212克

苍术212克

清水920毫升

白酒800毫升

【功能效用】

白术具有健脾益气、祛湿利水的功效。此款药酒具有健脾养胃、消胀止泻的功效。主治脾虚所致的泄泻、胸腹胀满、食欲不佳、消化不良等症。

【泡酒方法】

①将白术、苍术分别切碎，放入容器中；
②将清水倒入容器中，上火熬煮至总量为300毫升；
③将白酒倒入容器中，与药液混匀；
④密封浸泡7天，过滤去渣后取药液服用。

便秘

◎便秘是临床常见的症状，而不是一种疾病，主要是指排便次数减少、粪便量减少、粪便干结、排便费力等。上述症状同时存在2种以上时，可诊断为症状性便秘。通常以排便频率减少为主，一般每2　3天或更长时间排便1次（或每周少于3次）即为便秘。

便秘分为器质性便秘和功能性便秘两种。器质性便秘可由多种器质性病变引起，如结肠、直肠及肛门病变，老年营养不良、全身衰竭、内分泌及代谢疾病等均可引起便秘；功能性便秘则多由功能性疾病，如肠道易激综合征、滥用药物及饮食失节、排便、生活习惯所致。便秘的临床表现还可伴有腹胀、腹痛、食欲减退、嗳气反胃等症。

随着人们饮食结构的改变及精神心理和社会因素的影响，便秘发病率有增高趋势。便秘在人群中的患病率高达27%，其中女性多于男性，老年多于青壮年。因便秘发病率高、病因复杂，患者常有许多苦恼，便秘严重时会影响生活质量。

秘传三意酒

【使用方法】口服。每天适量饮用，患病时勿服。
【贮藏方法】放在干燥、阴凉、避光处保存。
【注意事项】脾虚泄泻者忌服。

【药材配方】

枸杞400克

火麻仁240克

生地黄400克

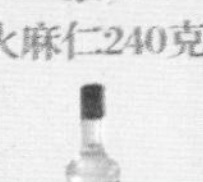
白酒3.2升

【功能效用】

此款药酒具有活血滋阴、清热解暑、润肠祛燥的功效。主治阴虚血少、头晕目眩、面色萎黄、口干舌少、体弱乏力、大便干黄等症。

【泡酒方法】

①将枸杞子、火麻仁、生地黄分别研磨成粗粉，放入布袋中，然后将此布袋放入容器中；
②将白酒倒入容器中，与以上诸药材充分混匀；
③密封浸泡约7天，过滤去渣后取药液服用。

芝麻枸杞酒

【使用方法】口服。每天2~3次，每次30~50毫升。用温水服，适量，勿醉。

【贮藏方法】放在干燥、阴凉、避光处保存。

【注意事项】脾虚泄泻者忌服。

【药材配方】

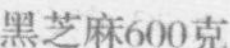
黑芝麻600克

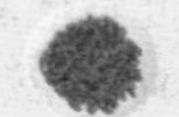
枸杞1000克

火麻仁300克

生地黄600克

糯米3000克

酒曲240克

【功能效用】

理气活血、补肝养肾、调理五脏、滋补精髓。主治腰酸膝软、食欲不佳、面瘦肌黄、发须早白、便结遗精、视线模糊等症。

【泡酒方法】

①将黑芝麻翻炒后捣碎，再将枸杞子、火麻仁、生地黄分别捣碎，一起放入容器中；
②将糯米煮熟晾凉，酒曲研磨成细粉；
③加入6升水，熬煮至4升后晾凉；
④加入药材、酒曲拌匀，置保温处密封约15天，过滤去渣后取药液服用。

芝麻杜仲牛膝酒

【使用方法】空腹口服。每天3次，每次15毫升。用温水服。

【贮藏方法】放在干燥、阴凉、避光处保存。

【注意事项】阴虚火旺者慎服；忌食牛肉。

【药材配方】

黑芝麻36克

杜仲36克

牛膝36克

白石英12克

丹参12克

白酒1升

【功能效用】

黑芝麻具有美容养颜的功效。此款药酒具有补肝肾益精血、坚筋骨、祛风湿的功效。主治精血亏损、腰酸腿软、便秘骨萎、头晕目眩、风湿痹痛等症。

【泡酒方法】

①将杜仲、牛膝、白石英、丹参分别捣碎，放入布袋中，然后将此布袋放入容器中；
②将黑芝麻翻炒加入容器中，加入白酒，搅拌均匀；
③密封浸泡约14天后过滤去渣，取药液服用。

地黄羊脂酒

【使用方法】口服。每天3次，每次20～30毫升。
【贮藏方法】放在干燥、阴凉、避光处保存。
【注意事项】阳虚怕冷、腹胀腹痛、大便溏稀者忌服。

【药材配方】

地黄140毫升

羊脂300克

白蜜150克

生姜汁100毫升　糯米酒2升

【功能效用】

此款药酒具有理气和胃、健脾调中、滋阴润燥、生津通便的功效。主治内脏虚损、脾胃虚弱、阴虚干咳、口渴烦热、食欲不佳、肠燥便秘等症。

【泡酒方法】

①将糯米酒倒入容器中，用文火熬煮至沸腾，边煮边倒羊脂，待其溶化，备用；
②将地黄捣烂取汁，再与生姜汁搅拌均匀，煮沸数十次后离火晾凉；
③将白蜜炼熟，倒入容器中搅拌均匀；
④密封浸泡3天后取药液服用。

双耳酒

【使用方法】口服。每天2～3次，每次20～30毫升。
【贮藏方法】放在干燥、阴凉、避光处保存。
【注意事项】中老年人、久病体虚者均可常服。

【药材配方】

黑木耳40克

白木耳40克

冰糖80克

糯米酒3斤

【功能效用】

黑木耳具有补血、促消化的功效。此款药酒具有补脑强心、养阴生津、理气健脾的功效。主治体弱气虚、口渴烦热、腰酸乏力、食欲不佳、大便干结等症。

【泡酒方法】

①用温水将黑木耳、白木耳泡发，去除残根，反复清洗后捞出沥干，切成丝；
②将糯米酒倒入容器中，用文火熬煮至沸腾；
③加入木耳丝，煮半小时后晾凉，密封浸泡1天后过滤去渣；
④加入已溶化、过滤的冰糖，搅拌均匀后取药液服用。

三黄酒

【使用方法】空腹口服。每天2～3次，每次20～30毫升。
【贮藏方法】放在干燥、阴凉、避光处保存。
【注意事项】因阴寒阳虚、虚症所致的便秘者忌服。

【药材配方】

黄芩48克

黄檗48克

大黄48克

甘草16克

厚朴24克

白糖240克

白酒800毫升

【泡酒方法】

①将诸药材切薄片，入容器；
②加入白酒；
③密封浸泡约7天后过滤去渣；
④加入白糖，待其溶化后取药液服用。

【功能效用】

黄芩具有清热祛湿、下火解毒、止血安胎、降血压的功效。此款药酒具有理气健身、清热解毒、通便泻火的功效。主治热结便秘。

大黄附子酒

【使用方法】空腹口服。每天2次，每次20～30毫升。用温水服。
【贮藏方法】放在干燥、阴凉、避光处保存。
【注意事项】因胃肠积热所致的便秘者忌服。

【药材配方】

大黄60克

白酒600毫升

制附子60克

【功能效用】

大黄具有去滞促消化、清热祛湿、活血化瘀、下火解毒的功效。此款药酒具有通便温中的功效。主治因阴寒阳虚、阴寒凝滞所致的便秘。

【泡酒方法】

①将大黄、制附子切成薄片，放入容器中；
②将白酒倒入容器中，与大黄、制附子充分混合；
③密封浸泡约7天；
④过滤去渣后取药液服用。

松子酒

【使用方法】口服。每天3次，每次20～30毫升。
【贮藏方法】放在干燥、阴凉、避光处保存。
【注意事项】大便溏泄、滑精、湿痰者忌服。

【药材配方】

松子仁140克

黄酒1升

【功能效用】

松子仁具有滋阴润燥、扶正补虚的功效。此款药酒具有理气活血、滋润五脏、润肠止渴的功效。主治病后体虚、便秘、盗汗、咳嗽痰少等症。

【泡酒方法】

①将松子仁炒香，捣烂成泥，放入容器中；
②加入黄酒，用文火煮至鱼眼沸，晾凉；
③密封浸泡3天；
④过滤去渣后取药液服用。

火麻仁酒

【使用方法】口服。每天2次，每次30毫升。
【贮藏方法】放在干燥、阴凉、避光处保存。
【注意事项】脾胃虚弱、孕妇、肾虚阳痿、遗精者忌服。

【药材配方】

火麻仁250克

米酒500毫升

【功能效用】

火麻仁具有润肠通便、除燥杀虫的功效。此款药酒具有润肠通便、杀毒消炎、下火去燥的功效。主治便秘、老年人或产妇产后伤血虚、大便干结等证。

【泡酒方法】

①将火麻仁研末，放入容器中；
②将米酒倒入容器中，与火麻仁充分混匀；
③密封浸泡约7天；
④过滤去渣后取药液服用。

便血

◎消化道出血，血液从肛门排出，大便带血，或全为血便，颜色呈鲜红、暗红，或柏油样便，均称为便血。便血一般见于下消化道出血，特别是结肠与直肠的出血，但偶尔可见上消化道出血。便血的颜色取决于消化道出血的部位、出血量与血液在肠道停留的时间。

便血伴有皮肤、黏膜或其他器官出血现象者，多见于血液系统疾病及其他全身性疾病，如白血病、弥散性血管内凝血等。

便血容易使体内丢失大量的铁，引起缺铁性贫血。一般发展缓慢，早期可以没有症状或症状轻微，贫血较重时则会出现面色苍白、倦怠乏力、食欲不佳、心悸、心率加快和体力活动后气促、水肿等，甚至可出现神经系统症状如易激动、兴奋、烦躁等。同时，便血也是肠恶性肿瘤的早期信号，由于便中带血的情况与痔疮出血类似，一般人很难区分，加上一些人不够重视，使早期恶性肿瘤被轻易地忽视而耽误治疗。

地榆酒

【使用方法】空腹口服。每天2次，每次20～30毫升。
【贮藏方法】放在干燥、阴凉、避光处保存。
【注意事项】切忌与辛辣食物共食。

【药材配方】

地榆150克

赤芍90克

甘草45克

白茅根150克

白糖750克

黄酒1.5升

【功能效用】

地榆具有凉血止血、清热解毒、消肿敛疮的功效；赤芍具有止痛消肿、活血化瘀的功效。此款药酒具有凉血止血的功效。主治肠胃积热、小便带血、大便带血等症。

【泡酒方法】

①将地榆、赤芍、甘草、白茅根分别捣碎，放入容器中；
②加入黄酒，密封后放入盛有水的锅中；
③隔水熬煮1小时；
④加入白糖，浸泡3天后过滤去渣，取药液服用。

附子杜仲酒

【使用方法】空腹口服。每天1次，每次10毫升，用温水服，以愈为度。

【贮藏方法】放在干燥、阴凉、避光处保存。

【药材配方】

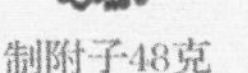
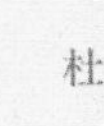

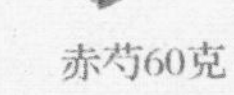

制附子48克　杜仲60克　秦艽60克　牛膝60克　赤芍60克　防风60克

赤茯苓60克　丹参60克　独活60克　薏苡仁60克　火麻仁60克　肉桂50克

石斛40克　干姜40克　五加皮100克　地骨皮60克　麦门冬50克　白酒3升

【泡酒方法】

①将17味药分别研粗，放入布袋中，然后将此布袋放入容器中；

②加入白酒；

③密封浸泡7天，过滤去渣后取药液服用。

【功能效用】

此款药酒具有散风驱寒、去积消肿、利水止痛的功效。主治小便艰涩不利、大便带血不通、小腹胀满、疼痛拒按、鼻流清涕。

刺五加酒

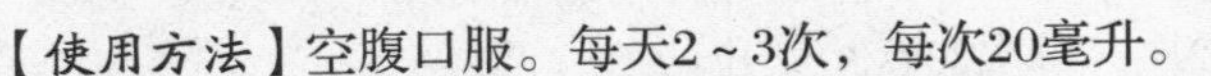

【使用方法】空腹口服。每天2～3次，每次20毫升。

【贮藏方法】放在干燥、阴凉、避光处保存。

【注意事项】切忌与辛辣食物共食。

【药材配方】

刺五加260克

白酒2升

【功能效用】

刺五加具有补虚扶弱的功效。此款药酒具有凉血通络、活血止痛的功效。主治肠风痔血、风湿骨痛、跌打损伤。

【泡酒方法】

①将刺五加捣碎，放入容器中；

②将白酒倒入容器中，与刺五加充分混合；

③密封浸泡约10天；

④过滤去渣后取药液服用。

第六篇

防治皮肤病的药酒

●皮肤病是皮肤（包括毛发和甲）受到内外因素的影响后，其形态、结构和功能均发生变化，产生病理改变的过程。皮肤病发病率很高，是严重影响人民健康的常见病、多发病之一。

皮肤病有一千多种，常见的有牛皮癣、白癜风、疱疹、青春痘、雀斑，以及性传播疾病如梅毒、尖锐湿疣、淋病、非淋菌性尿道炎等。

本章将为大家介绍一些防治皮肤病的药酒。

白癜风

◎白癜风是一种常见多发的色素性皮肤病，该病以局部或泛发性色素脱失形成白斑为特征，是一种获得性的，皮肤色素脱失形成的白色斑片。其形成原因是在这些区域出现了色素细胞的缺失或被破坏，导致这些色素被损坏或不再产生。

白癜风的脱色斑从几毫米到数厘米大小不等，在进展期，皮损可以逐渐扩大，并不断有新的脱色斑出现。肤色较浅的患者，白斑可不明显，但深肤色的人，颜色对比则很鲜明。在灯光下，白癜风病变与周围皮肤有非常明显的界限。

白癜风可以累及身体的任何部位，通常双侧对称分布。毛发变白的概率为10%～60%。白癜风的发病率很高，在中国每100个人中有1～2个人发病。其中半数在20岁以前就开始出现皮损，大约1/5的人有家族史。大部分白癜风患者身体状况良好。

对于白癜风，一般认为是和自身免疫功能紊乱有关，只有皮肤的颜色会受到影响，其构造和皮肤的品质仍然保持正常。

乌蛇浸酒方

【使用方法】口服。每天2～3次，每次10～15毫升。
【贮藏方法】放在干燥、阴凉、避光处保存。
【注意事项】切忌与毒性、黏滑食物、猪肉、鸡肉共食。

乌梢蛇270克

熟地黄120克

蒺藜90克

羌活135克

牛膝135克

五加皮90克

天麻135克

防风90克

桂心90克

枳壳135克

白酒3升

①用酒泡乌梢蛇，去皮骨后炙至微黄，与其余诸药研粉，入布袋再入容器；
②加白酒，密封浸泡约15天，过滤去渣后取药液服用。

乌梢蛇具有散风祛湿、通经活络的功效。此款药酒具有祛风、滋阴、止痒的功效。主治白癜风。

白癜风酊

【使用方法】外敷。每天3～5次。用棉球蘸药酒搽于患处。
【贮藏方法】放在干燥、阴凉、避光处保存。
【注意事项】下焦有湿热、肾阴不足、相火易动、精关不固者忌用。

【药材配方】

蛇床子80克

土槿皮适量

薄荷脑适量

苦参片80克

75%乙醇2升

【功能效用】

蛇床子具有温肾壮阳、散风祛湿、杀虫解毒的功效；苦参片具有清热祛湿、杀虫利尿的功效。此款药酒具有清热祛风、润肤止痒的功效。主治白癜风。

【泡酒方法】

①将蛇床子、土槿皮、苦参片分别研磨成粉末状，放入容器中；
②加入乙醇至渗透药物，静置6 小时；
③加入乙醇至2 000 毫升，浸泡数日；
④加入薄荷脑，待其溶化后搅拌均匀，取药液使用。

骨脂猴姜酒

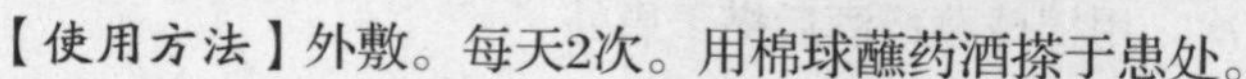

【使用方法】外敷。每天2次。用棉球蘸药酒搽于患处。
【贮藏方法】放在干燥、阴凉、避光处保存。
【注意事项】阴虚火旺者忌用。

【药材配方】

补骨脂30克

75%乙醇250克

猴姜30克

【功能效用】

补骨脂具有温肾壮阳、理气止泻的功效；猴姜具有强壮筋骨的功效。此款药酒具有活血通络、祛斑止痒的功效。适用于白癜风。

【泡酒方法】

①将补骨脂、猴姜分别捣碎，放入容器中；
②将乙醇倒入容器中，与药粉充分混匀；
③密封浸泡10天，经常摇晃容器；
④开封后，取药液使用。

补骨丝子酊

【使用方法】外敷。每天数次。用棉球蘸药酒后搽于患处。
【贮藏方法】放在干燥、阴凉、避光处保存。
【注意事项】阴虚火旺者忌用。

【药材配方】

补骨脂500克

75%乙醇2升

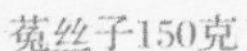
菟丝子150克

【功能效用】

补骨脂具有温肾壮阳、理气止泻的功效；菟丝子具有壮阳、调节内分泌的功效。此款药酒具有润肤止痒、理气祛风、活血通络的功效。主治白癜风。

【泡酒方法】

①将补骨脂、菟丝子分别研磨成细粉，放入容器中；
②将乙醇倒入容器中，与细粉充分混合；
③密封浸泡约7天；
④过滤去渣后取药液服用。

菟丝子酒

【使用方法】外敷。每天数次。用棉球蘸药酒后搽于患处。
【贮藏方法】放在干燥、阴凉、避光处保存。
【注意事项】阴虚火旺者忌用。

【药材配方】

菟丝子90克

白酒180毫升

【功能效用】

菟丝子具有补肾壮阳、调节内分泌、降低血压的功效。此款药酒具有润肤止痒、理气祛风的功效。主治白癜风。

【泡酒方法】

①将菟丝子洗净后切成薄片，放入容器中；
②将白酒倒入容器中，与药片充分混合；
③密封浸泡约7天；
④过滤去渣后取药液使用。

补骨川椒酊

【使用方法】外敷。早晚各1次。用棉球蘸药液少许搽患处至肤红时改羊毫笔擦。
【贮藏方法】放在干燥、阴凉、避光处保存。
【注意事项】阴虚火旺者忌用。

【药材配方】

补骨脂60克

大曲酒400毫升

川椒60克

【功能效用】

补骨脂具有温肾壮阳、理气止泻的功效；川椒具有温中止痛、杀虫止痒的功效。此款药酒具有理气活血、通络止痒、润肤祛斑的功效。主治白癜风。

【泡酒方法】

①将紫荆皮、补骨脂、川椒分别研磨成粉末状，放入容器中；
②将大曲酒倒入容器中，与药粉充分混合；
③密封浸泡约7天；
④过滤去渣后取药液使用。

复方补骨脂酒

【使用方法】外敷。每天2～3次。用棉球蘸药液搽患处至皮肤嫩红即可。
【贮藏方法】放在干燥、阴凉、避光处保存。
【注意事项】阴虚火旺者忌用。

【药材配方】

补骨脂60克

白附子30克

防风20克

前胡40克

雄黄12克

白酒400毫升

【功能效用】

补骨脂具有温肾壮阳、理气止泻的功效。此款药酒具有活血通络、解毒止痒、润肤祛斑的功效。主治白癜风。

【泡酒方法】

①将诸药材研粉，入容器中；
②将白酒倒入容器中，与药粉充分混合；
③密封浸泡约7天后取药液使用。

乌蛇蒺藜酒

【使用方法】口服。每天3次，每次10～15毫升。
【贮藏方法】放在干燥、阴凉、避光处保存。
【注意事项】切忌与毒性、黏滑食物、猪肉、鸡肉共食。

【药材配方】

乌梢蛇150克

蒺藜50克

天麻75克

五加皮25克

羌活75克

牛膝50克

枳壳75克

防风50克

桂心50克

熟地黄100克

白酒10升

【泡酒方法】

①用酒泡乌梢蛇，去皮骨后炙至微黄，枳壳炒至微黄，去瓤；
②将诸药材研细，入布袋再入容器，加白酒密封浸泡约7天，过滤去渣后取药液服用。

【功能效用】

乌梢蛇具有散风祛湿、通经活络的功效。此款药酒具有祛风、滋阴、止痒的功效。主治白癜风、紫癜。

【药材简介】

羌活

【科属】为伞形科植物羌活或者宽叶羌活的干燥根茎以及根。
【地理分布】**1. 羌活** 生于海拔2 000～4 200米的灌丛下、林缘、沟谷草丛中。分布于甘肃、陕西、四川、青海、西藏等地。**2. 宽叶羌活** 海拔1 700～4 500米的林缘及灌丛内多有生长。分布于山西、内蒙古、宁夏、陕西、甘肃、青海、四川、湖北等地。
【采收加工】春秋两季挖取根以及根茎，去除杂质，晒干或者烘干。
【药理作用】抗炎；抗过敏；解热；镇痛；扩张冠状动脉，增加冠脉流量；抗血栓；抗菌；抗心律失常；抗癫痫；抗氧化等。
【化学成分】挥发油类：柠檬烯，α-蒎烯，β-蒎烯，洋芹子油脑，愈创木醇等；香豆素类：欧芹属素乙，香柠檬酚，佛手柑内酯，花椒毒酚，佛手酚等；有机酸类：豆蔻酸，硬脂酸等；氨基酸类：组氨酸，赖氨酸，精氨酸，天冬氨酸等；其他：果糖，葡萄糖，鼠李糖等单糖，胡萝卜苷，β-谷甾醇等。
【性味归经】辛、苦，温。归膀胱、肾经。
【功能主治】除湿，止痛，散寒，祛风。用于风寒感冒头痛，肩背酸痛，风湿痹痛。

带状疱疹

◎带状疱疹，医学上称为“缠腰火丹”，俗称“缠腰龙”，是由水痘—带状疱疹病毒引起的，以沿单侧周围神经分布的簇集性小水疱为特征，常伴有明显的神经痛，多在皮肤黏膜病损完全消退后1个月内消失，少数患者可持续1个月以上，常见于老年患者，可能存在半年以上。

夏秋季节，带状疱疹的发病率较高。发病初期，常有低热、乏力症状，发疹部位有疼痛、烧灼感，三叉神经带状疱疹可出现牙痛。本病最常见为胸腹或腰部带状疱疹，约占整个病变的70%；其次为三叉神经带状疱疹，约占20%，损害沿三叉神经的分支分布。但60岁以上的老年人，三叉神经较脊神经更易罹患。

带状疱疹中，轻症患者只出现红斑及丘疹，不出现水疱，称为不全性带状疱疹。在恶性淋巴瘤、急性系统性红斑狼疮以及老年体弱者可出现坏疽性疱疹，愈后留下瘢痕，称为坏疽性带状疱疹，可全身泛发，此时常伴有高热，并出现肺炎或脑炎，病情严重时可能导致死亡，称为泛发型带状疱疹。

雄黄酒

【使用方法】外敷。每天2次。用棉球蘸药酒搽于患处。
【贮藏方法】放在干燥、阴凉、避光处保存。
【注意事项】疱疹过多过痛者，加普鲁卡因40毫升。

【药材配方】

雄黄200克

75%乙醇400毫升

【功能效用】

雄黄具有解毒杀虫、祛湿化痰的功效。此款药酒具有清热解毒、祛湿杀虫、清热去火的功效。主治带状疱疹。

【泡酒方法】

①将雄黄研磨成粉末状，放入容器中；
②将乙醇倒入容器中，与药粉充分混匀；
③将药材、白酒研磨均匀；
④取药液使用。

稻田皮炎

◎稻田皮炎与水渍疮类似，是指农民在稻田工作时，由于禽类血吸虫尾蚴或其他理化因素所致的皮肤病总称，以皮肤瘙痒、发热、继发丘疹、水疱，甚则糜烂、渗液等为主症。一般在连续下田工作3～5天后发病。

稻田皮炎发病初期，在手指或脚趾间及其周围皮肤肿胀发白，起皱，呈浸渍现象，继之表皮剥脱，露出红色糜烂面。在掌跖部可出现针头至黄豆大蜂窝状、点状角质剥脱，并感到瘙痒及疼痛。若能停止下水，数天内可自愈。

稻田皮炎临床分为两型。其中最常见的为禽畜类血吸虫尾蚴皮炎和浸渍糜烂型皮炎两种。禽畜类血吸虫尾蚴皮炎又称“鸭怪”，是由鸭、牛、羊等家禽、家畜类血吸虫尾蚴钻入皮肤内所引起的局部炎症反应，一般在含有这种尾蚴的稻田里劳动5～30分钟即可发病。浸渍糜烂型皮炎多见于气温较高的南方地区，一般在稻田连续劳动2～5天时发病。

五蛇液

【使用方法】外敷。早中晚各1次。用棉球蘸后搽于患病处。

【贮藏方法】放在干燥、阴凉、避光处保存。

【注意事项】忌食易过敏、辛辣、发湿、动血、动气食物。

【药材配方】

五倍子30克

蛇床子60克

白明矾18克

韭菜子18克

烧酒240毫升

【功能效用】

五倍子具有润肺止汗、滑肠固精、活血排毒的功效；蛇床子具有温肾壮阳、散风祛湿、杀虫解毒的功效。此款药酒具有活血祛风、消炎止痒的功效。主治稻田皮炎。

【泡酒方法】

①将五倍子、蛇床子、白明矾、韭菜子分别研磨成粗粉，放入容器中；
②将烧酒倒入容器中，与药粉充分混合；
③密封浸泡3天，每天早晚各摇晃1次；
④取药液使用。

樟脑冰酒

【使用方法】外敷。每天2～3次。用棉球蘸药液后搽于患处。
【贮藏方法】放在干燥、阴凉、避光处保存。
【注意事项】忌食易过敏、辛辣、发湿、动血、动气食物。

【药材配方】

樟脑12克

95%乙醇400毫升

冰片40克

【功能效用】

樟脑具有祛湿杀虫、温散止痛、开窍辟秽的功效；冰片具有消肿止痛、清热解毒、散风下火的功效。此款药酒具有清热止痒、消炎止痛的功效。主治皮炎。

【泡酒方法】

①将樟脑、冰片放入容器中；
②将乙醇倒入容器中，与药材充分混合；
③密封浸泡2天；
④取药液使用。

倍矾酒

【使用方法】外敷。下田劳作前，将药酒搽于手脚、小腿部。
【贮藏方法】放在干燥、阴凉、避光处保存。
【注意事项】忌食易过敏、辛辣、发湿、动血、动气食物。

【药材配方】

五倍子200克

白明矾48克

白酒800毫升

【功能效用】

五倍子具有润肺止汗、滑肠固精、活血排毒的功效；白明矾具有杀虫解毒的功效。此款药酒具有清热止痒、收敛防护的功效。主治水田皮炎。

【泡酒方法】

①将五倍子、白明矾分别捣碎，放入容器中；
②将白酒倒入容器中，与诸药粉充分混匀；
③密封浸泡约7天；
④过滤去渣后取药液使用。

冻疮

◎冻疮多发生在冬季，是由于皮肤暴露在零度以下的寒冷环境所引起的局限性、红斑性炎症损害。

寒冷、潮湿的环境是发生冻疮的主要诱因，尤其在温带气候地区，冬天降温急剧并且环境潮湿，冻疮较多见。在没有供暖的地区，妇女、儿童和老人多受累，刻意减肥而运动过度的人也易得冻疮。

中医认为，冻疮是由于暴露部位御寒不够、寒邪侵犯、气血运行凝滞引起。此外，还与患者体质较差、不耐寒冷、少动久坐、过度劳累等因素有关。潮湿可以加速体表散热，所以手足多汗也容易发生冻疮。特殊的冻疮发生于大腿部位，多见于经常穿紧身不透气裤子的人，表现为蓝色至红绀性斑块。肢端冻疮也常见于有饮食障碍的患者。病程会持续数周，具有自愈性。

当归酊

【使用方法】外敷。每天4次。用温水洗净拭干患处，再搽药酒。
【贮藏方法】放在干燥、阴凉、避光处保存。
【注意事项】湿阻中满者、大便溏泄者慎用。

【药材配方】

当归100克

桂枝60克

王不留行100克

红花100克

95%乙醇1.5升

樟脑20克

细辛20克

冰片20克

干姜60克

【泡酒方法】

①将当归、桂枝、王不留行、红花、细辛、干姜分别捣碎，放入容器中；
②加樟脑、冰片、乙醇，密封浸泡约7天，去渣取药液使用。

【功能效用】

当归具有补血活血、舒经止痛、润燥滑肠的功效。此款药酒具有活血通络、通经祛寒的功效。主治未溃型冻疮。

防治冻伤药酒

【使用方法】口服。每天2～4次，每次8～15毫升。
【贮藏方法】放在干燥、阴凉、避光处保存。
【注意事项】在严寒季节服用时，每天1次即可。

【药材配方】

红花12克

制附子8克

肉桂6克

徐长卿10克

干姜12克

60°白酒600毫升

【功能效用】

红花具有活血通经、散瘀止痛的功效。此款药酒具有活血通络、温经祛寒的功效。主治预防性冻疮。

【泡酒方法】

①将红花、制附子、肉桂、徐长卿、干姜分别捣碎，放入容器中；
②将白酒倒入容器中，与药材充分混合；
③密封浸泡7天；
④取药液饮用。

姜椒酒

【使用方法】外敷。每天2～3次。用棉球蘸药液后搽于患病处。
【贮藏方法】放在干燥、阴凉、避光处保存。

【药材配方】

生姜200克

95%乙醇600毫升

花椒200克

【功能效用】

生姜具有发汗解表、温中止呕、温肺止咳的功效。此款药酒具有活血通络、温经祛寒的功效。主治冻疮。

【泡酒方法】

①将生姜切成薄片，放入容器中；
②将花椒倒入容器中；
③将乙醇倒入容器中，与药材充分混合；
④密封浸泡3～5天后取药液使用。

复方樟脑酒

【使用方法】外敷。每天6次。用温水洗净拭干患处，再搽药酒。
【贮藏方法】放在干燥、阴凉、避光处保存。
【注意事项】用樟脑9克、辣椒油15毫升、甘油45毫升、95%乙醇添至300毫升，对冻疮未溃者效果甚佳。

【药材配方】

樟脑30克

干辣椒9克

95%乙醇300毫升

川椒150克

甘油60毫升

【功能效用】

樟脑具有祛湿杀虫、温散止痛、开窍辟秽的功效；川椒具有温中散寒、除湿止痛的功效。此款药酒具有温经通脉的功效。主治冻疮及皮肤局部干燥、皲裂。

【泡酒方法】

①将干辣椒、川椒洗净晾干后切碎，置容器中；
②将乙醇倒入容器中，与药材充分混合；
③密封浸泡7天，过滤去渣；
④加入樟脑、甘油，待其溶化后取药液使用。

复方当归红花酊

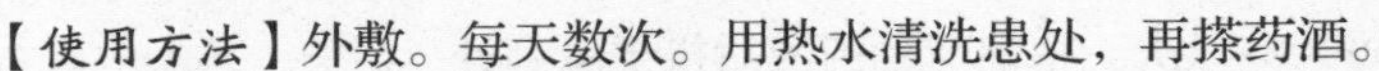

【使用方法】外敷。每天数次。用热水清洗患处，再搽药酒。
【贮藏方法】放在干燥、阴凉、避光处保存。
【注意事项】湿阻中满者、大便溏泄者慎用。

【药材配方】

当归160克

红花80克

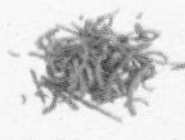
肉桂160克

70%乙醇适量

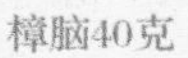
樟脑40克

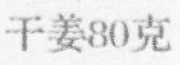
干姜80克

细辛40克

【泡酒方法】

①将当归、红花、肉桂、细辛、干姜研粗，入容器，加乙醇，密封浸泡10天后去渣；
②加入樟脑溶匀，共制成3200毫升，取药液使用。

【功能效用】

当归具有补血活血、疏经止痛、润燥滑肠的功效。此款药酒具有活血祛寒的功效。主治冻疮未溃、冻疮结块、脱痂未溃。

桂苏酒

【使用方法】外敷。每天3次。将患病部位用温水洗净拭干，用棉球蘸药酒搽于患处，一般3～5天可痊愈。

【贮藏方法】放在干燥、阴凉、避光处保存。

【药材配方】

桂枝50克

苏木50克

当归30克

细辛30克

艾叶30克

花椒30克

辣椒3克

樟脑10克

生姜30克

白酒1.5升

【泡酒方法】

①除樟脑外，其余药材捣碎入容器，加白酒密封浸泡7天后过滤去渣；

②将樟脑捣碎放入容器中，搅拌均匀后取药液使用。

【功能效用】

桂枝具有发汗润肌、温经通脉、助阳理气、散寒止痛的功效。此款药酒具有温经去痛、活血通络、消肿化瘀的功效。主治冻疮。

桂枝二乌酊

【使用方法】外敷。早晚各1次，每次5分钟，用温水蘸药酒搽。未溃时蘸药酒搽患处；溃后用药酒涂患处周围。

【贮藏方法】放在干燥、阴凉、避光处保存。

【药材配方】

桂枝100克

生草乌100克

生川乌100克

细辛40克

红花40克

芒硝80克

樟脑30克

60° 白酒2升

【泡酒方法】

①将桂枝、生草乌、生川乌、细辛、红花研粗，入容器，加白酒密封浸泡7天，过滤去渣；

②将芒硝、樟脑捣碎入容器拌匀，取药液使用。

【功能效用】

桂枝具有发汗润肌、温经通脉、助阳理气、散寒止痛的功效。此款药酒具有温经去痛、活血通络的功效。主治冻疮。

手癣

◎手癣又称鹅掌风，是指发生在手掌和指间的皮肤癣菌感染。手的活动范围较大，身体其他部位有癣，瘙痒处难免搔抓，故用手搔抓足癣部位是引起手癣的主要原因。

手癣常为单侧。若仅累及手背，出现环形或多环形损害，则仍称为体癣。手癣在全世界广泛流行，我国有较高的发病率，双手长期浸水和摩擦受伤及接触洗涤剂、溶剂等是手癣感染的重要原因。患者以青中年妇女为多，其中许多人有戴戒指史。

手癣的致病菌90%以上为红色毛癣菌，其次为絮状表皮癣菌、须癣毛癣菌等。手癣在儿童相对少见，青春期以后发病率增高，男女比例无明显差异。临床一般分为水疱型、角质过度化以及浸渍糜烂型。

手癣的临床表现为，夏天起水疱、脱皮加重，冬天则枯裂疼痛明显。手癣病程为慢性，反复发作，具传染倾向，常由患者自身足癣传染而来，若侵及指甲，可引起灰指甲。因此，在治疗手癣时要手足同时治疗。

生姜浸酒

【使用方法】外敷。早晚各1次。用棉球蘸药酒后擦患处，再入药酒中8分钟。

【贮藏方法】放在干燥、阴凉、避光处保存。

【注意事项】若加红糖1千克，余同上，每次15毫升，治寒性腹痛。

【药材配方】

生姜500～1000克

60° 白酒1升

【功能效用】

生姜具有发汗解表、温中止呕、温肺止咳的功效。此款药酒具有消毒除菌的功效。主治手癣、足癣等症。

【泡酒方法】

①将生姜捣碎，连汁放入容器中；

②将白酒倒入容器中，与药粉充分混合；

③将容器中的药酒密封浸泡2天；

④过滤去渣后，取药液使用。

大黄甘草酒

【使用方法】外敷。每天1次，每次10分钟，用棉球蘸药液后湿敷患处。
【贮藏方法】放在干燥、阴凉、避光处保存。
【注意事项】切勿内服。

【药材配方】

大黄30克

白酒200毫升

甘草60克

【功能效用】

大黄具有攻积止滞、清热泻火、凉血化瘀的功效；甘草具有抗菌消炎、抗过敏的功效。此款药酒具有杀虫止痒、消毒清热的功效。主治手足癣等症。

【泡酒方法】

①将大黄、甘草捣碎后，放入容器中；
②将白酒倒入容器中，与药材充分混合；
③将容器置火上，用文火熬煮至药熟后离火；
④过滤去渣后，取药液使用。

当归百部酒

【使用方法】用棉球蘸药液后在患处涂搽数次。甲癣需泡入药酒中5分钟，每天3次。
【贮藏方法】放在干燥、阴凉、避光处保存。
【注意事项】①患者服药期间，忌入冷水；②可用熏洗法。

【药材配方】

当归45克

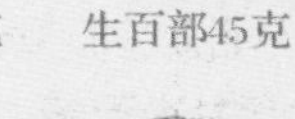
生百部45克

川椒30克

黄檗45克

白藓皮45克

白酒3升

【功能效用】

当归具有补血活血、舒经止痛、润燥滑肠的功效。此款药酒具有杀虫止痒、清热解毒的功效。主治手癣、甲癣等症。

【泡酒方法】

①将诸药材研粉，入容器中；
②加入白酒，密封浸泡2小时；
③隔水熬煮至沸腾后晾凉，取药液使用。

一号癣药水

【使用方法】外敷。每天3～4次。用棉球蘸药酒搽于患处。
【贮藏方法】放在干燥、阴凉、避光处保存。
【注意事项】有糜烂症状者忌用。

【药材配方】

蛇床子60克

地肤子60克

苦参60克

枯矾250克

土槿皮60克

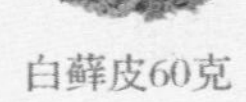
白鲜皮60克

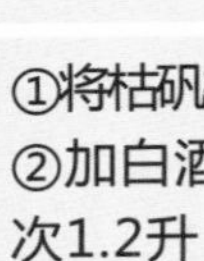
硫黄30克

樟脑30克

50° 白酒4升

大风子肉60克

【泡酒方法】①将枯矾捣碎，硫黄研细；将上述药材入容器；②加白酒，第1次1.6升，第2次1.2升，第3次1.2升，每隔2天取药液，混合3次药液；③将樟脑、白酒溶入药液，待澄清，取上层清液备用。

【功能效用】此款药酒具有杀虫止痒的功效。主治手癣、体癣、等症。

复方土槿皮酊

【使用方法】外敷。每天3～4次，用棉球蘸药酒搽于患处。
【贮藏方法】放在干燥、阴凉、避光处保存。
【注意事项】手足糜烂者忌用。

【药材配方】

苯甲酸24克

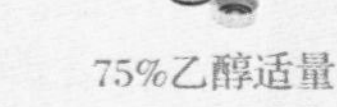
75%乙醇适量

土槿皮酊80毫升

【功能效用】此款药酒具有杀虫止痒的功效。主治手癣、脚气等症。

【泡酒方法】
①将苯甲酸倒入容器中；
②加入适量乙醇，待其溶解；
③加入土槿皮酊，待其混合均匀；
④将乙醇加至200毫升。

痱子

◎痱子是夏季常见的皮肤病，其发生与气候变化密切相关，通常发生在气温增高、天气潮湿、出汗不畅的时候，好发于额、颈、胸、背部，多见于婴幼儿，尤其是小汗管尚未发育完全的新生儿，生活或工作在炎热、潮湿环境中的成人也可出现。

痱子是因小汗腺导管闭塞导致汗液潴留而形成的皮疹，根据从角质层到真皮--表皮连接的不同水平的汗管阻塞，痱子可以分为四种类型：白痱、红痱、脓痱和深痱。最表面的为白痱；红痱最常见，为中间水平的汗管阻塞；脓痱多由其他皮炎导致汗管损伤、破坏或阻塞而诱发；深痱的阻塞部位位于真皮上部，只在热带发病，且常发生于严重的红痱之后。出汗过多，尤其是有衣物包裹，出现角质层浸渍时，可引起小汗管阻塞，形成角质栓，引起阻塞。

二黄冰片酒

【使用方法】外敷。每天3～5次。用棉球蘸药酒后搽于患处。

【贮藏方法】放在干燥、阴凉、避光处保存。

【注意事项】脾胃虚寒者忌用；枯燥伤津者、阴虚津伤者慎用。

【药材配方】

黄连10克　生大黄12克

冰片8克

60° 白酒300毫升

【功能效用】

黄连具有清热祛湿、泻火解毒的功效；生大黄具有清热祛湿、泻火解毒、活血化瘀的功效。此款药酒具有消炎解毒、去痱止痒的功效。主治痱子、疮疖等症。

【泡酒方法】

①将黄连、生大黄分别捣碎，放入容器中；
②将冰片放入容器中，与药粉充分混合；
③将白酒倒入容器中，与药粉充分混合；
④密封浸泡约7天，取药液使用。

参冰三黄酊

【使用方法】外敷。每天3～4次。用棉球蘸药酒搽于患处。
【贮藏方法】放在干燥、阴凉、避光处保存。
【注意事项】切忌入眼。

【药材配方】

黄连20克

生大黄40克

雄黄20克

苦参60克

冰片30克

75%乙醇900毫升

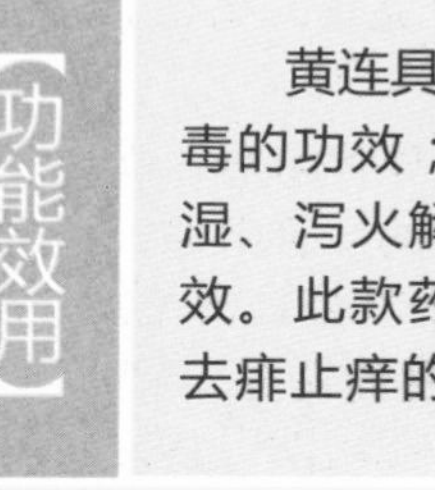

【功能效用】

黄连具有清热祛湿、泻火解毒的功效；生大黄具有清热祛湿、泻火解毒、活血化瘀的功效。此款药酒具有消炎解毒、去痱止痒的功效。主治痱子。

【泡酒方法】

①将黄连、生大黄、雄黄、苦参分别捣碎，放入容器中；
②将乙醇倒入容器中，与药粉充分混合；
③密封浸泡2～3天；
④加入冰片，待其溶化后取药液使用。

豆薯子酒

【使用方法】外敷。每天2次，每次20分钟，连3周。用棉球蘸药液后湿敷患处。
【贮藏方法】放在干燥、阴凉、避光处保存。
【注意事项】切勿内服。

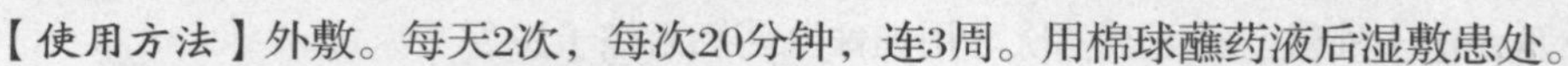

【药材配方】

豆薯子50克

75%乙醇250毫升

【功能效用】

豆薯子具有生津止渴、解酒消毒、降低血压的功效。此款药酒具有散风活络、去痱止痒的功效。主治痱子。

【泡酒方法】

①将豆薯子下锅炒黄后捣成粗粉，放入容器中；
②将乙醇倒入容器中，与药材充分混合；
③将容器中的药酒密封浸泡2天后取出；
④过滤去渣后，取药液使用。

地龙酊

【使用方法】外敷。每天3～4次。将少许药液于手心，揉搽患处。
【贮藏方法】放在干燥、阴凉、避光处保存。
【注意事项】阳气虚损、脾胃虚弱、血虚不能濡养筋脉者慎用。

【药材配方】

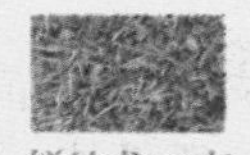
鲜地龙60克

75%乙醇400毫升

生茶叶20克

【功能效用】

鲜地龙具有清热息风、疏经活络、利尿通淋的功效；生茶叶具有清热下火的功效。此款药酒具有散风活络、消炎解毒、去痱止痒的功效。主治痱子。

【泡酒方法】

①将鲜地龙、生茶叶放入容器中；
②将乙醇倒入容器中，与药材充分混合；
③密封浸泡约7天；
④过滤去渣后取药液使用。

苦黄酊

【使用方法】外敷。每天3次。用棉球蘸药酒后搽于患处。
【贮藏方法】放在干燥、阴凉、避光处保存。
【注意事项】脾胃虚寒者忌用。

【药材配方】

苦参40克

黄连20克

生大黄40克

黄芩20克

白芷30克

丝瓜叶40克

冰片20克

75%乙醇600毫升

【泡酒方法】

①除冰片外，其余诸药捣碎，入容器；
②加乙醇，密封浸泡2～3天；
③将冰片捣碎，放入容器中，待其溶化后取药液使用。

【功能效用】

黄连具有清热祛湿、泻火解毒的功效。此款药酒具有消炎解毒、去痱止痒的功效。主治痱子、暑天疖肿。

鸡眼和胼胝

◎鸡眼和胼胝是皮肤由于长期受挤压或受摩擦而发生的角质性增生。鸡眼一般出现在脚趾，为圆锥形角质增生；胼胝则为斑块状角质增生，主要发生于手、足、指、趾受摩擦或挤压部位。

鸡眼临床表现为豌豆大小、微黄的圆锥状角质增厚，基底向外，表面光滑，有皮纹、尖端深入皮内，有明显的压痛症状，好发于足底或趾侧受压部位，可影响手足功能。

胼胝临床表现为淡黄色、扁平或稍隆起的角质增生性斑片或斑块，边缘不清楚，表面光滑，皮纹清晰，好发于掌跖突出、受压及摩擦部位。胼胝常为职业性标志，虽无主观症状及压痛，但严重者可出现皲裂。

脚上出现鸡眼时，为纠正畸形，可以选择穿合适的鞋子，垫以质地较软的鞋垫。在治疗方法上，可以选择用药物剥脱角质物，也可以通过手术挖除，或者液氮冷冻、镭射治疗的方法。而胼胝一般不需要处理，如较厚时，可以先用热水浸软后，用刀削去一部分角质层。

补骨脂酊

【使用方法】外敷。每天1次。温水清洗患处，先刮掉厚皮再蘸药酒涂抹晾干。患病处发黑、发软后，继续涂抹，使其自行脱落。

【贮藏方法】放在干燥、阴凉、避光处保存。

【注意事项】用前摇几下，使药液均匀；用后密封，防止挥发。

【药材配方】

补骨脂150克

乙醇500毫升

【功能效用】

此款药酒具有补肾壮阳、活血通络、润肤止痒、生发祛斑的功效。主治鸡眼、白癜风、扁平疣、斑秃、瘙痒、神经性皮炎等症。

【泡酒方法】

①将补骨脂捣碎，放入容器中；
②将乙醇倒入容器中，与药材充分混合；
③密封浸泡约7天；
④过滤去渣，用小瓶分装，取药液服用。

足癣

◎足癣，俗称脚气，也称“香港脚”，是一种极常见的真菌感染性皮肤病，常在夏季加重、冬季减轻，也有人终年不愈。足癣表现为足跖部、趾间的皮肤真菌感染，可延及足跟及足背，但发生于足背者属体癣。红色毛癣菌为足癣的主要致病菌，

患足癣时，常常趾间和足底瘙痒，趾间皮肤发白、溃烂、脱皮，俗称“烂脚丫”。足底皮肤常起小疱、脱屑，边缘部位也可变厚、裂口。

足癣不仅是瘙痒、脱皮、起疱、真菌传播，也是侵犯表皮、毛发和趾甲的浅部真菌病，是一种传染性的皮肤病。绝大部分人都是先患足癣，再感染到手部及其他部位，引起手癣和灰指甲。更严重的是，搔抓会导致局部细菌感染，可发展成蜂窝组织炎及丹毒，可谓后患无穷。

医学上通常将足癣分三型：糜烂型、水疱型、鳞屑角化型。糜烂型足癣好发于第三与第四，第四与第五趾间；水疱型足癣好发于足缘、足底部；鳞屑角化型足癣好发于足跟、足缘部。

十味附子酒

【使用方法】空腹口服。每天2～3次，每次10～15毫升。用温水服。

【贮藏方法】放在干燥、阴凉、避光处保存。

【注意事项】孕妇忌服；忌半夏、天花粉、贝母、白蔹、白及共用。

【药材配方】

制附子60克
丹参60克

五加皮40克

白术100克

肉桂50克

细辛50克

桑白皮100克
续断60克

牛膝60克

生姜100克

白酒3升

【泡酒方法】

①炙五加皮，与其余捣碎药材入布袋再入容器；

②加入白酒，密封浸泡14天；

③过滤去渣取药液服用。

【功能效用】

制附子具有回阳救逆、补火壮阳、散风祛湿的功效。此款药酒具有驱寒逐湿的功效。主治足癣。

二味独活酒

【使用方法】口服。酌量服用，量由小增多，常令酒气相伴。
【贮藏方法】放在干燥、阴凉、避光处保存。
【注意事项】孕妇忌服；忌半夏、天花粉、贝母、白蔹、白及共用。

【药材配方】

制附子300克

白酒4升

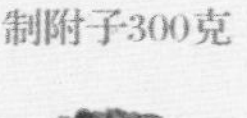

独活300克

【功能效用】

制附子具有回阳救逆、补火壮阳、散风祛湿的功效。此款药酒具有活血通络、舒筋驱寒、温经祛湿的功效。主治足癣。

【泡酒方法】

①将制附子、独活分别研磨成细粉，放入布袋中，然后将此布袋放入容器中；
②将白酒倒入容器中，浸没布袋；
③密封浸泡约7天；
④过滤去渣取药液服用。

白杨皮酒

【使用方法】口服。每天2～3次，每次20～30毫升。
【贮藏方法】放在干燥、阴凉、避光处保存。

【药材配方】

白杨皮100克

白酒1升

【功能效用】

白杨皮具有散风去痛、活血化瘀、消炎止痒的功效。此款药酒具有杀虫解毒、清热利水的功效。主治风毒脚气。

【泡酒方法】

①将白杨皮切成薄片，放入容器中；
②将白酒倒入容器中，与药材充分混合；
③密封浸泡约7天；
④取药液服用。

二牛地黄酒

【使用方法】空腹口服。每天2～3次，每次20～30毫升。用温水服。
【贮藏方法】放在干燥、阴凉、避光处保存。
【注意事项】阴虚血燥者慎服。

【药材配方】

大麻仁50克

生地黄75克

牛膝75克

牛蒡根250克

丹参45克

秦艽75克

独活45克

桂心30克

防风30克

萆薢45克

苍耳子45克

白酒1.5升

【泡酒方法】
①将牛蒡根去皮，把11味药材分别捣碎，放入布袋中，然后将此布袋放入容器中；
②加入白酒，密封浸泡约7天；
③过滤去渣后取药液服用。

【功能效用】
此款药酒具有活血通络、温经驱寒、散风祛湿的功效。主治风毒脚气、四肢乏力、抽筋疼痛。

黑豆酒

【使用方法】口服。酌量服用。
【贮藏方法】放在干燥、阴凉、避光处保存。
【注意事项】儿童勿过食。

【药材配方】

黑豆750克

白芷90克

薏苡仁180克

黄酒4500毫升

【功能效用】
黑豆具有降低胆固醇、补肾益脾的功效。此款药酒具有利水杀虫、温经散风、活血通络的功效。主治足癣、头晕目眩、抽筋疼痛、小便不畅。

【泡酒方法】
①将黑豆翻炒，与白芷、薏苡仁分别捣碎，放入容器中；
②将黄酒倒入容器中，与药材充分混合；
③密封浸泡约7天，过滤去渣后取药液服用；
④或隔水加热，浸渍12小时后取药液服用。

沃实酒

【使用方法】口服。每天数次，酌量服用，以愈为度。
【贮藏方法】放在干燥、阴凉、避光处保存。
【注意事项】儿童勿过食。

【药材配方】

牛蒡根1千克　枳实200克　磁石250克　薏苡仁250克　乌梢蛇150克

生地黄1千克　黑豆500克　玄参150克　白酒3升

【泡酒方法】

①将枳实、乌梢蛇做炙处理；
②将诸药材分别切薄片入布袋再入容器；
③加白酒密封浸泡3天，取药液服用。

【功能效用】

牛蒡根具有散风祛热、消肿杀毒的功效；枳实具有润肠通便的功效。此款药酒具有养肝、宁心、安神、敛汗利水杀虫、温经散风的功效。主治足癣。

酸枣仁酒

【使用方法】口服。酌量，用温水服。
【贮藏方法】放在干燥、阴凉、避光处保存。
【注意事项】对润肤、保健效果亦佳。

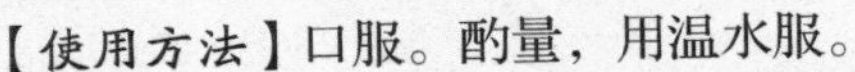

【药材配方】

酸枣仁45克　天门冬30克　黄芪45克　大麻仁125克　桂心30克　赤茯苓45克　白酒2.25升

独活30克　五加皮45克　牛膝75克　葡萄干75克　羚羊角45克　防风30克

【泡酒方法】

①将12味药材分别捣碎，放入布袋中，然后将此布袋放入容器中；
②加入白酒；
③密封浸泡约7天，过滤去渣后取药液服用。

【功能效用】

酸枣仁具有养肝护心、安神止汗的功效。此款药酒具有理气养神、散风祛湿、清肝护肤的功效。主治足癣疼痛。

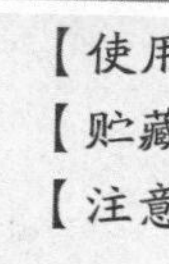

崔氏侧子酒

【使用方法】空腹温服。每天2次，初每次40毫升，逐增至90毫升。
【贮藏方法】放在干燥、阴凉、避光处保存。
【注意事项】慎食生冷、猪肉、蒜；忌食海藻、白菜、桃子、李子、生菜、葱、醋等。

【药材配方】

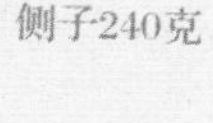
侧子240克

丹参180克

前胡240克

细辛120克

五味子240克

山茱萸240克

白术240克

当归180克

茯苓480克

独活180克

秦艽180克

炙甘草180克

防已180克

防风180克

黄芩180克

薏苡仁260克

桂心120克

川芎120克

川椒120克

磁石480克

紫苏茎2把

干姜180克

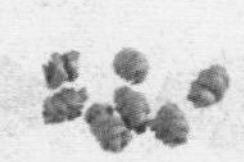
石斛480克

白酒8升

【泡酒方法】

①将侧子炮制后，去掉皮、脐；
②将侧子、丹参、前胡、细辛、五味子、山茱萸、白术、石斛、当归、茯苓、独活、秦艽、炙甘草、防己、防风、黄芩、薏苡仁、桂心、川芎、川椒、磁石、紫苏茎、干姜分别切成薄片或捣碎，放入布袋中，然后将此布袋放入容器中；
③加入白酒；
④密封浸泡约15天；
⑤过滤去渣后取药液服用。

【功能效用】

丹参具有活血通络、凉血消肿、静心除烦的功效；前胡具有散风清热、理气化痰的功效；细辛具有清热利尿、止痛镇静的功效；五味子具有敛肺养肾、收汗涩精的功效。此款药酒具有驱寒除湿、温经散风、活血通络的功效。主治足癣。

石斛独活酒

【使用方法】口服。酌量服用，饭前服。
【贮藏方法】放在干燥、阴凉、避光处保存。
【注意事项】阴虚阳盛者、孕妇忌服。

【药材配方】

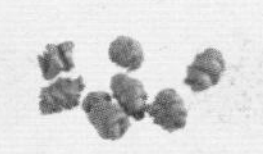
石斛60克

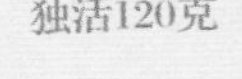
独活120克

侧子120克

丹参20克

秦艽60克

当归60克

白术60克

威灵仙60克

赤茯苓20克

淫羊藿20克

黄芩20克

汉防己20克

薏苡仁100克

桂心20克

细辛30克

川椒30克

黑豆60克

白酒600毫升

川芎20克

防风20克

紫苏茎60克

【泡酒方法】

①将侧子炮制后，去掉皮、脐；
②将紫苏去掉茎、叶；
③将黑豆炒香；
④将侧子、独活、丹参、石斛、秦艽、细辛、当归、白术、威灵仙、赤茯苓、淫羊藿、防风、黄芩、汉防己、桂心、薏苡仁、紫苏茎、川芎、川椒、黑豆分别捣碎，放入布袋中，然后将此布袋放入容器中；
⑤加入白酒，密封浸泡约7天；
⑥过滤去渣后取药液服用。

【功能效用】

石斛具有健胃生津、滋阴清热的功效；独活具有散风祛湿、驱寒止痛的功效；丹参具有活血化瘀、消肿止痛的功效；秦艽具有散风祛湿、舒筋活络、清热补虚的功效。此款药酒具有温经散寒、散风祛湿、活血通络的功效。主治足癣。

萆薢茱萸酒

【使用方法】口服。每天2～3次，每次10毫升。

【贮藏方法】放在干燥、阴凉、避光处保存。

【注意事项】忌食猪肉、冷水、醋、葱、桃子、李子、生菜、芜荑等；若妇女食用，则去掉石斛。

【药材配方】

萆薢150克

生茱萸150克

侧子75克

白术30克

独活90克

生姜75克

茴芋7.5克

薏苡仁15克

磁石250克

丹参90克

人参30克

牛膝90克

石斛250克

生地黄150克

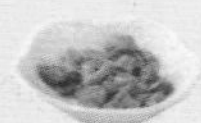
防风60克

茯苓60克

五加皮15克

川椒7.5克

桂心30克

川芎30克

当归30克

天雄30克

细辛30克

白酒5升

【泡酒方法】

①将石斛、独活、茴芋做炙处理；

②将侧子、天雄、独活、茴芋、磁石、丹参、人参、牛膝、石斛、萆薢、生茱萸、生地黄、防风、茯苓、五加皮、薏苡仁、桂心、川芎、当归、白术、细辛、川椒、生姜分别捣碎，放入布袋中，然后将此布袋放入容器中；

③将白酒倒入容器中，浸没布袋；

④将容器中的药酒密封浸泡约7天；

⑤过滤去渣后取药液服用。

【功能效用】

萆薢具有祛湿去浊、散风通痹的功效；生茱萸具有杀虫消毒、驱寒散风的功效；天雄具有填精补虚的功效；独活具有散风祛湿、驱寒止痛的功效；生姜具有发汗解表、温中止呕、润肺止咳的功效。此款药酒具有理气祛湿、温经驱寒的功效。主治足癣。

丹参牛膝酒

【使用方法】口服。每天2～3次，每次15～30毫升。
【贮藏方法】放在干燥、阴凉、避光处保存。
【注意事项】忌食海藻、大白菜、桃子、李子、雀肉、生菜、葱、醋物等。

【药材配方】

丹参90克　牛膝75克　侧子75克　白术120克　桑白皮根120克　续断75克

细辛60克　桂心60克　五加皮90克　生姜120克　白酒2.5升

【泡酒方法】

①将10味药材分别捣碎，放入布袋中，然后将此布袋放入容器中；
②加白酒密封浸泡约7天，过滤去渣后取药液服用。

【功能效用】

丹参具有活血通络、凉血消肿、静心除烦的功效。此款药酒具有活血通络、温经驱寒、舒活筋骨的功效。主治足癣。

薏苡仁酒

【使用方法】口服。每天2～3次，每次15～30毫升，用温水于饭前服。
【贮藏方法】放在干燥、阴凉、避光处保存。
【注意事项】脾虚无湿者、大便燥结者、孕妇慎服。

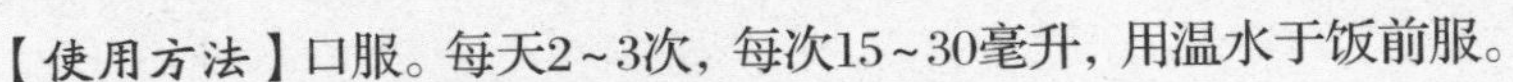

【药材配方】

薏苡仁300克　生地黄300克　牛膝300克　秦艽180克　五加皮180克

枳壳60克　羌活120克　牛蒡子120克　独活120克　大麻仁100克

黄芩120克　防风180克　升麻120克　桂心120克　地骨皮60克　白酒9升

【泡酒方法】

①将诸药材分别捣碎，放入布袋中，然后将此布袋放入容器中；
②加入白酒，密封浸泡约7天，过滤去渣后取药液服用。

【功能效用】

此款药酒具有散风祛湿的功效。主治足癣疼痛、背痛强直、风毒发歇疼痛、四肢僵硬、言语不清。

地附酒

【使用方法】口服。酌量服用。
【贮藏方法】放在干燥、阴凉、避光处保存。
【注意事项】孕妇忌服。

【药材配方】

地肤子120克

制附子120克

人参120克

生地黄120克

细辛120克

茵芋120克

防风120克

升麻120克

牛膝180克

石斛180克

独活360克

炮姜120克

白酒7升

【泡酒方法】

①将诸药材分别捣碎，放入布袋中，然后将此布袋放入容器中；
②加白酒密封浸泡约7天，过滤去渣后取药液服用。

【功能效用】

此款药酒具有温经驱寒、清热解毒、散风祛湿的功效。主治因感受风毒引起的足癣、上攻心脾、口不能语。

地黄牛膝酒

【使用方法】空腹口服。每天2～3次，每次15～30毫升。用温水服。
【贮藏方法】放在干燥、阴凉、避光处保存。
【注意事项】孕妇忌服。

【药材配方】

生地黄60克

牛膝180克

蛇床子60克

防风60克

石斛180克

细辛60克

茵芋60克

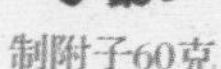
制附子60克

炮姜60克

白酒6升

【泡酒方法】

①将诸药材捣碎，放入布袋中再放入容器中；
②加白酒,密封浸泡约7天，过滤去渣后取药液服用。

【功能效用】

生地黄具有清热生津、滋阴补血的功效。此款药酒具有温经驱寒、清热解毒、散风祛湿的功效。主治足癣、言语不清。

生地黄酒

【使用方法】口服。每天2~3次，每次15~30毫升，用温水于饭前服。

【贮藏方法】放在干燥、阴凉、避光处保存。

【注意事项】脾胃有湿邪者、阳虚者忌服。

【药材配方】

生地黄1千克　丹参120克　杉木节300克　牛膝300克　牛蒡子1千克

大麻仁500克　防风180克　独活180克　地骨皮180克　白酒9升

【泡酒方法】

①将诸药材捣碎，放入布袋中，再放入容器中；

②加白酒密封浸泡约7天，过滤去渣后取药液服用。

【功能效用】

生地黄具有清热生津、滋阴补血的功效。此款药酒具有活血通络、散风祛湿的功效。主治脚气肿满、烦痛乏力。

丹参石斛酒

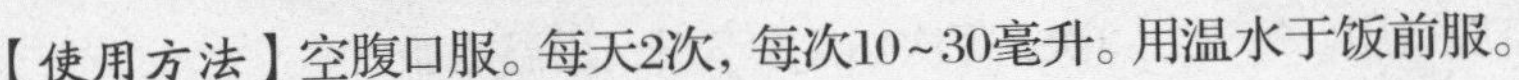

【使用方法】空腹口服。每天2次，每次10~30毫升。用温水于饭前服。

【贮藏方法】放在干燥、阴凉、避光处保存。

【注意事项】勿与藜芦共用；孕妇、无瘀血者慎服。

【药材配方】

丹参60克　石斛120克　党参60克　川芎60克　杜仲60克　山药60克

防风60克　白术60克　桂心60克　五味子60克　白茯苓60克　黄芪60克

炙甘草30克　牛膝90克　当归60克　陈皮60克　炮姜90克　白酒4升

【泡酒方法】

①将陈皮用汤浸出白炒，把17味药材研粗，放入布袋中，然后将此布袋放入容器中；

②加入白酒，密封浸泡约7天，过滤去渣后取药液服用。

【功能效用】

丹参具有活血通络、凉血消肿、静心除烦的功效。此款药酒具有散风散寒、理气舒筋、活血通络的功效。主治脚气痉挛、筋骨疼痛。

牛膝酒方

【使用方法】口服。每天2～3次，起初每次10毫升，逐渐增量。
【贮藏方法】放在干燥、阴凉、避光处保存。
【注意事项】对目晕头眩者效果甚佳。

【药材配方】

牛膝120克

丹参120克

当归90克

杜仲120克

侧子120克

山茱萸120克

秦艽90克

连翘120克

防风90克

细辛90克

桂心90克

薏苡仁90克

川芎90克

白术90克

茵芋90克

独活90克

川椒90克

石斛120克

炮姜60克

白酒9升

五加皮150克

【泡酒方法】

①将茵芋、五加皮做炙处理；
②将侧子炮制；
③将牛膝、丹参、当归、杜仲、侧子、石斛、山茱萸、秦艽、连翘、防风、细辛、独活、桂心、薏苡仁、川芎、白术、茵芋、五加皮、川椒、炮姜研磨为粗粉，放入布袋中，然后将此布袋放入容器中；
④将白酒倒入容器中，与诸药材充分混合；
⑤密封浸泡约7天；
⑥过滤去渣后取药液服用。

【功能效用】

牛膝具有补肝益肾、强筋健骨、活血舒筋、利尿通淋的功效；丹参具有活血通络、凉血消肿、静心除烦的功效；当归具有补血活血、调经止痛、润燥滑肠的功效；杜仲具有强筋壮骨、降低血压的功效。此款药酒具有温经散风、活血通络的功效。主治脚气湿痹、脚弱不声。

石斛浸酒方

【使用方法】空腹口服。每天3次，每次10～15毫升。用温水服。

【贮藏方法】放在干燥、阴凉、避光处保存。

【注意事项】勿与藜芦共用；孕妇、无瘀血者慎服。

【药材配方】

石斛150克

丹参150克

秦艽120克

杜仲60克

五加皮150克

茵芋150克

侧子120克

山茱萸120克

桂心90克

川芎90克

独活90克

黄芪90克

牛膝120克

薏苡仁100克

白前90克

当归90克

钟乳粉240克

陈皮60克

川椒90克

白酒9升

炮姜60克

【泡酒方法】

①将侧子炮制；

②将石斛、丹参、秦艽、杜仲、五加皮、茵芋、侧子、山茱萸、桂心、川芎、独活、黄芪、牛膝、薏苡仁、白前、当归、钟乳粉、陈皮、川椒、炮姜放入布袋中，然后将此布袋放入容器中；

③将白酒倒入容器中，浸没布袋；

④密封浸泡约7天；

⑤过滤去渣后取药液服用。

【功能效用】

石斛具有健胃生津、滋阴清热的功效；独活具有散风祛湿、驱寒止痛的功效；丹参具有活血化瘀、消肿止痛的功效；秦艽具有散风祛湿、舒筋活络、清热补虚的功效；杜仲具有强筋壮骨、降低血压的功效。此款药酒具有温经散寒、散风祛湿、活血通络、理气化痰的功效。主治脚气肿满、行走不能。

牛膝丹参酒方

【使用方法】空腹口服。每天5次，每次15毫升。不饮酒者少服。
【贮藏方法】放在干燥、阴凉、避光处保存。
【注意事项】中气下陷者、脾虚泄泻者、下元不固者、梦遗失精者、月经过多者、孕妇忌服。

【药材配方】

牛膝500克

丹参500克

人参180克

石斛360克

侧子240克

薏苡仁500克

五加皮300克

白术300克

萆薢240克

赤茯苓240克

独活360克

茵芋叶180克

天雄180克

桂心180克

生地黄500克

川芎180克

细辛120克

升麻120克

磁石1千克

生姜300克

防风240克

白酒10升

【泡酒方法】

①将侧子、天雄炮制；将磁石煅烧，用酒淬7次；
②将牛膝、丹参、人参、石斛、侧子、生地黄、薏苡仁、五加皮、白术、萆薢、赤茯苓、防风、独活、茵芋叶、桂心、天雄、川芎、细辛、升麻、磁石、生姜分别捣碎，放入布袋中，然后将此布袋放入容器中；
③加白酒密封浸泡，勿令透气，约7天；
④过滤去渣后取药液服用。

【功能效用】

牛膝具有补肝益肾、强筋健骨、活血舒经、利尿通淋的功效；丹参具有活血化瘀、消肿止痛的功效；人参具有大补元气的功效；石斛具有健胃生津、滋阴清热的功效。此款药酒具有温经散寒、理气祛湿、舒筋通络的功效。主治足癣。

独活浸酒方

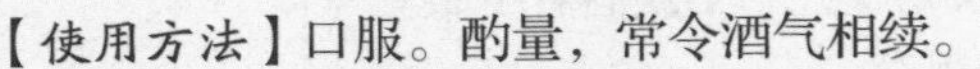

【使用方法】口服。酌量，常令酒气相续。
【贮藏方法】放在干燥、阴凉、避光处保存。
【注意事项】脾胃有湿邪者、阳虚者忌服。

【药材配方】

独活180克

生地黄180克

桂心60克

生黑豆皮200克

海桐皮120克

大麻仁200克

白酒6升

【泡酒方法】

①将诸药材捣碎，放入布袋中，再放入容器中；
②加白酒密封浸泡约7天，过滤去渣后取药液服用。

【功能效用】

独活具有散风祛湿、驱寒止痛的功效。此款药酒具有清热祛湿、温经散寒、活血通络的功效。主治脚气、热毒火盛、脾肺虚热等症。

五加皮酒

【使用方法】空腹口服。每天2～3次，每次20毫升。饭前温服。
【贮藏方法】放在干燥、阴凉、避光处保存。
【注意事项】中气下陷、脾虚泄泻、下元不固、梦遗失精、月经过多者及孕妇忌服。

【药材配方】

五加皮180克

牛膝300克

牛蒡根500克

生地500克

海桐皮120克

防风180克

独活180克

薏苡仁300克

大麻仁30克

桂心60克

黑豆500克

白酒6升

【泡酒方法】

①将诸药材分别捣碎，放入布袋中，然后将此布袋放入容器中；
②加白酒密封浸泡约7天，过滤去渣后取药液服用。

【功能效用】

此款药酒具有清热祛湿、温经散寒、活血通络的功效。主治脚气疼痛、筋脉拘急、行走不能。

独活酒

【使用方法】口服。每天3次，初每次30毫升，逐增，令酒气相续。

【贮藏方法】放在干燥、阴凉、避光处保存。

【注意事项】阴虚血燥者慎服。

【药材配方】

独活180克

侧子180克

山茱萸180克

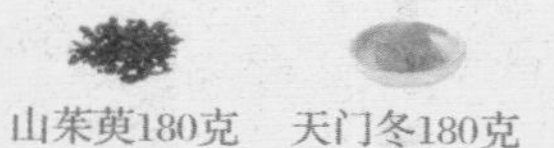

天门冬180克

生姜300克

黄芪180克

防风180克

防已180克

白术180克

赤茯苓180克

生地黄400克

牛膝180克

枸杞180克

磁石540克

甘菊花180克

贯众120克

天雄180克

白酒10升

【泡酒方法】

①将17味药材分别研磨成粗粉，入布袋再入容器；

②将贯众锉后捼去黄末；

③加入白酒，密封浸泡约14天，取药液服用。

【功能效用】

此款药酒具有温经驱寒、理气祛湿、活血通络、健脾滋阴、健脾化痰的功效。主治脚气、头痛喘闷、胸膈疼痛。

茵陈酒

【使用方法】口服。每天2次，每次15毫升。

【贮藏方法】放在干燥、阴凉、避光处保存。

【注意事项】非因湿热引起的发黄忌服。

【药材配方】

茵陈母子酒2升

法半夏34克

白术34.4克

冰糖100克

65° 白酒3.5升

【功能效用】

此款药酒具有清热解毒、活血通络、舒筋祛湿的功效。主治脚气，因湿热引起的关节痛、脘腹痞满、皮肤瘙痒、小便不畅。

【泡酒方法】

①将茵陈母子酒、法半夏、白术、冰糖、白酒放入容器中；

②待冰糖溶化后取出药材；

③将药材倒入缸内；

④密封浸泡约半年，过滤去渣后取药液服用。

苦参黄檗酒

【使用方法】外敷。每天3～4次，将患处浸入温水中。
【贮藏方法】放在干燥、阴凉、避光处保存。
【注意事项】脾胃虚寒者忌用。

【药材配方】

苦参100克

白酒1升

黄檗100克

【功能效用】

苦参具有清热祛湿、杀虫利尿的功效；黄檗具有清热祛湿、泻火除蒸、解毒疗疮的功效。此款药酒具有清热解毒、清燥祛湿的功效。主治脚气、肿痛欲脱等症。

【泡酒方法】

①将苦参切成薄片，放入容器中；
②将黄檗捣碎，放入容器中；
③将白酒倒入容器中，与药材充分混合；
④密封浸泡10天，过滤去渣后取药液使用。

香豉酒方

【使用方法】口服。酌量，以愈为度。
【贮藏方法】放在干燥、阴凉、避光处保存。

【药材配方】

香豉5升

橘皮适量

生姜适量

白酒15升

【功能效用】

香豉具有和胃除烦、解腥杀毒、祛寒散热的功效；生姜具有发汗解表、温中止呕的功效。此款药酒具有清热解毒、祛湿化痹的功效。主治脚气冲心、瘴毒脚气。

【泡酒方法】

①将香豉、橘皮、生姜放入容器中；
②将白酒倒入容器中，与药材充分混合；
③将容器中的药酒密封浸泡3天后取出；
④取药渣服用。

香犀酒

【使用方法】口服。每天3次，酌量，以愈为度。
【贮藏方法】放在干燥、阴凉、避光处保存。
【注意事项】孕妇忌服。

【药材配方】

香豉1500克

白酒适量

犀角200克

【功能效用】

香豉具有和胃除烦、解腥杀毒、祛寒散热的功效；犀角具有清热凉血、定惊解毒的功效。此款药酒具有清热解毒、祛湿化痹的功效。主治足癣。

【泡酒方法】

①将香豉三蒸三曝，放入布袋中，然后将此布袋放入容器中；
②将白酒倒入容器中，浸没布袋；
③将犀角研磨成粉末状，放入容器中；
④密封浸泡5天，取药液服用。

枳壳豆酒方

【使用方法】口服。酌量服药酒，再服漏芦丸，后用白蔹汤洗患处。
【贮藏方法】放在干燥、阴凉、避光处保存。
【注意事项】脾胃有湿邪者、阳虚者忌服。

【药材配方】

生地黄2千克

枳壳400克

黑豆500克

白酒40升

【功能效用】

此款药酒具有舒活腰脚、顺肠和胃、清热解毒的功效。主治脚气肿满生疮、积年不差、饮酒壅滞、散在腠理、风痒疥癣、毒气下注。

【泡酒方法】

①将枳壳去瓤切薄片，生地黄、黑豆切成薄片研粗粉，过目筛后放入布袋中，然后将此布袋放入容器中；
②将白酒倒入容器中，浸没布袋；
③密封浸泡3天，过滤去渣后取药液服用。

蒜酒方

【使用方法】口服。每天3次，初100毫升，逐增至200毫升。常令酒气相伴。

【贮藏方法】放在干燥、阴凉、避光处保存。

【药材配方】

蒜1千克

桃仁500克

香豉500克

白酒5升

【功能效用】

蒜具有温中和胃、消食理气的功效；香豉具有和胃除烦、解腥杀毒、祛寒散热的功效。此款药酒具有清热解毒的功效。主治足癣。

【泡酒方法】

①将蒜去皮翻炒，桃仁去皮翻炒，香豉翻炒，然后放入布袋中，将此布袋放入容器中；

②将白酒倒入容器中，浸没布袋；

③密封浸泡，春夏季3天，秋冬季7天；

④过滤去渣后取药液服用。

文仲大麻子酒方

【使用方法】口服。酌量服用。用温水服。

【贮藏方法】放在干燥、阴凉、避光处保存。

【注意事项】大麻子有毒，慎用。

【药材配方】

大麻子500克

白酒1500克

【功能效用】

大麻子具有消肿杀毒、去痱止痒、散风活血、止痛镇静的功效。此款药酒具有清热解毒的功效。主治脚气、脚肿、小腹痛痹等症。

【泡酒方法】

①将大麻子捣碎，放入容器中；

②将白酒倒入容器中，与药材充分混合；

③将容器密封浸渍3天后取出；

④过滤去渣后取药液服用。

乌麻酒方

【使用方法】口服。酌量服用。
【贮藏方法】放在干燥、阴凉、避光处保存。

【药材配方】

黑芝麻2500克

白酒5升

【功能效用】

黑芝麻具有补肝益肾、滋润五脏、理气健肌、填髓补脑的功效。此款药酒具有清热解毒的功效。主治脚气。

【泡酒方法】

①将黑芝麻熬煮后捣碎，放入容器中；
②将白酒倒入容器中，与药粉充分混合；
③将容器密封浸渍1天后取出；
④过滤去渣后取药液服用。

三味牛膝酒方

【使用方法】口服。每次50克，加白酒500毫升煮至七成，饭前服。
【贮藏方法】放在干燥、阴凉、避光处保存。
【注意事项】脾胃有湿邪者、阳虚者忌服。

【药材配方】

生地黄12克

牛膝12克

虎骨12克

白酒适量

【功能效用】

生地黄具有清热生津、滋阴补血的功效。此款药酒具有强身健体、祛湿止泻的功效。主治少腹滞痛、腰膝水肿、足趾冰冷、筋骨乏力。

【泡酒方法】

①将生地黄净洗控干晒两日，与牛膝、虎骨分别捣烂，用纸裹住，以黄泥加固；
②用火炙药团，控制火候，勿令黄泥干裂；
③将药团烤至黄泥干固，用灰火炙半天，再以炭火烧之；
④将药团待冷，去掉黄泥、纸，捣为散粉状。

岭南瘴脚气酒方

【使用方法】口服。酌量服用。

【贮藏方法】放在干燥、阴凉、避光处保存。

【注意事项】孕妇忌服。

【药材配方】

白矾石500克

制附子75克

香豉1500克

白酒15升

【功能效用】

白矾石具有抗菌杀虫、凝固蛋白、收敛去燥的功效；香豉具有和胃除烦、解腥杀毒、祛寒散热的功效。此款药酒具有清热解毒的功效。主治岭南瘴脚气。

【泡酒方法】

①将白矾石、制附子、香豉放入容器中；

②将白酒倒入容器中，与诸药材充分混合；

③将容器密封浸渍4～5天后取出；

④取药液服用。

豉心酒

【使用方法】空腹口服。酌量。

【贮藏方法】放在干燥、阴凉、避光处保存。

【药材配方】

豉心1950克

白酒2.5升

【功能效用】

豉心具有和胃除烦、解腥杀毒、祛寒散热的功效。此款药酒具有理气凝神、清热解毒的功效。主治老年人脚气、痹弱、烦躁。

【泡酒方法】

①将豉心洗净，放入合适的容器中；

②将白酒倒入容器中，与药材充分混合；

③将容器密封浸泡2天后取出；

④过滤去渣后取药液服用。

疥疮

◎疥疮是由于疥虫感染皮肤引起的皮肤病，多发于冬季，病程长短不一，有的可迁延数月。

疥疮最显著的特征是疥虫隧道，此隧道是疥虫钻入皮肤角质层深部向前啮吃而成，疮内可找到浅黄色虫点。疥虫寄生于皮肤中，挖掘“隧道”中产生机械刺激，及其分泌物和排泄物引起过敏反应，导致感染者皮肤剧烈刺痒，夜间刺痒尤甚。疥虫有人型和动物型之别，后者也能感染人，但由于人的皮肤不宜长久寄生，故此病情较轻，而且临床亦少见。

疥疮多发于皮肤皱褶处及薄嫩部位，如指缝、腕部、肘窝、腋窝、乳房下、脐周、下腹部、外生殖器和股内侧等部位，但成年人头面部和掌跖部不易受累，而婴幼儿任何部位均可受累，尤其是阴部及腋下。

疥疮主要传播途径为直接接触和间接接触。三类人员最易患疥疮：一是流动人群；二是住集体宿舍的学生、职工、打工者等；三是监狱中服刑犯或看守所暂时羁押的犯罪嫌疑人。

十味百部酊

【使用方法】外敷。连敷7～10天，睡前用棉球蘸药酒搽于患处。
【贮藏方法】放在干燥、阴凉、避光处保存。
【注意事项】脾胃虚寒者忌用。

【药材配方】

百部150克

蛇床子50克

苦参50克

石榴皮50克

金铃子50克

扁蓄50克

藜芦50克

皂角刺100克

白鲜皮50克

烧酒10升

【泡酒方法】

①将诸药材研磨成粗粉，放入容器中；
②加烧酒密封浸泡约7天，过滤去渣后取药液使用。

【功能效用】

百部具有润肺止咳、杀虫灭虱的功效。此款药酒具有清热解毒、祛湿止痒的功效。主治疥疮。

苦参酒

【使用方法】口服。每天2～3次，每次10毫升。用温水于饭前服。
【贮藏方法】放在干燥、阴凉、避光处保存。
【注意事项】脾胃虚寒者忌服。

【药材配方】

苦参300克

黍米4500克

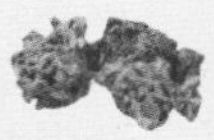
露蜂房45克

刺猬皮3个

酒曲450克

【功能效用】

苦参具有清热祛湿、杀虫利尿的功效；露蜂房具有消炎解毒的功效。此款药酒具有清热解毒、祛湿止痒的功效。主治疥疮、阴门瘙痒、癞疮等症。

【泡酒方法】

①将刺猬皮做炙处理，与苦参、露蜂房分别研磨成粗粉，用5升水熬煮至1500毫升；
②将药材过滤取药汁，将黍米煮熟晾凉；
③浸渍酒曲，与煮熟的黍米一起拌匀，放入容器中，按常法酿酒；
④待酒熟后，过滤去渣后取药液服用。

白藓酊

【使用方法】外敷。用周林频谱治疗仪调至离皮肤30厘米处，依皮肤能耐受热度照射40分钟，同时反复涂搽药酒，1周为1个疗程。
【贮藏方法】放在干燥、阴凉、避光处保存。

【药材配方】

百部100克

75%乙醇500毫升

白藓皮100克

【功能效用】

百部具有润肺止咳、杀虫灭虱的功效；白藓皮具有清热燥湿、散风解毒的功效。此款药酒具有清热解毒、祛湿止痒的功效。主治疥疮。

【泡酒方法】

①将百部、白藓皮研细，放入瓶中；
②将白酒倒入容器中，与药粉充分混合；
③将药液摇晃均匀；
④取药液使用。

灭疥灵

【使用方法】外敷。早晚各1次，5次为1个疗程。先用硫黄肥皂洗热水澡除去痂皮，拭干后取药液加温，涂搽患处。

【贮藏方法】放在干燥、阴凉、避光处保存。

【药材配方】

雄黄150克

硫黄150克

百部300克

冰片15克

苦参90克

蛇床子180克

樟脑90克

川椒90克

95%乙醇3.2升

【泡酒方法】

①将雄黄、硫黄研细，与其余诸药同入容器；
②加入乙醇，密封浸泡约7天；
③过滤去渣后取药液服用。

【功能效用】

雄黄具有解毒杀虫、祛湿化痰的功效。此款药酒具有活血通络、通经祛寒的功效。主治未溃型冻疮、疥疮等。

灭疥酒

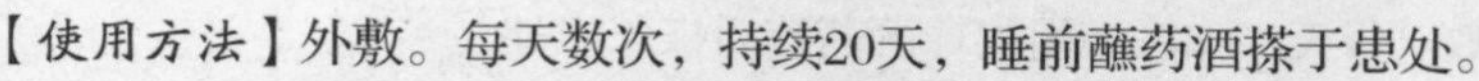

【使用方法】外敷。每天数次，持续20天，睡前蘸药酒搽于患处。

【贮藏方法】放在干燥、阴凉、避光处保存。

【注意事项】①药酒有毒，切勿口服；②孕妇忌用。

【药材配方】

雄黄12克

硫黄100克

樟脑2克

白酒1升

【功能效用】

雄黄具有解毒杀虫，祛湿化痰的功效；硫黄具有杀虫、壮阳的功效。此款药酒具有清热解毒、杀虫止痒的功效。主治疥疮。

【泡酒方法】

①将雄黄、硫黄、樟脑分别研磨成极细粉，放入容器中；
②将白酒倒入容器中，与药粉充分混合；
③将混合药液摇晃均匀；
④取药液使用。

皮肤瘙痒症

◎皮肤瘙痒是指无原发皮疹，但有瘙痒的一种皮肤病，可出现抓痕、血痂、色素沉着，日久还可引起皮肤苔藓样变。皮肤瘙痒症属于神经精神性皮肤病，是一种皮肤神经官能症疾患。皮肤瘙痒可分为局限性皮肤瘙痒和全身性皮肤瘙痒。

局限性皮肤瘙痒症发生于身体的某一部位，常见的有肛门瘙痒症、阴囊瘙痒症、女阴瘙痒症、头部瘙痒症等，多由局部受到摩擦、分泌物、药物、化妆品的刺激，寄生虫、真菌感染等所致。

全身性皮肤瘙痒症最初瘙痒仅局限于一处，进而逐渐扩展至身体大部或全身，可由内分泌失调、冬季干燥、肝肾疾病、恶性肿瘤等原因引起，精神性因素也可引起瘙痒。

常见的皮肤瘙痒症状有剧烈瘙痒和继发性皮损。剧烈瘙痒为阵发性、痒感剧烈，常在夜间加重，影响睡眠；继发性皮损是因抓挠过度而发生抓痕、血瘀，日久皮肤可出现湿疹化、苔藓样变及色素沉着。

百部酊

【使用方法】外敷。每天2～3次，用棉球蘸药液后搽于患处。

【贮藏方法】放在干燥、阴凉、避光处保存。

【药材配方】

百部草1200克

75%乙醇2.4升

【功能效用】

百部草具有温润肺气、止咳杀虫的功效。此款药酒具有杀虫止痒的功效。主治瘙痒性皮肤病、阴门瘙痒、体虱、阴虱、疥疮等症。

【泡酒方法】

①将百部草放入容器中；

②将乙醇倒入容器中，与药材充分混合；

③将容器中的药酒密封浸泡约30天后取出；

④过滤去渣后取药液使用。

枳实酒

【使用方法】口服。每天3次。取8克，加20毫升白酒浸泡，去渣、连渣服用皆可，同时用水熬煮枳实，用于清洗患处，效果甚佳。

【贮藏方法】放在干燥、阴凉、避光处保存。

【药材配方】

枳实适量　白酒适量

【功能效用】

枳实具有去滞通便、除痞消胀、止泻止痢、防治脱肛的功效。此款药酒具有理气驱寒、杀虫止痒的功效。主治白疹、周身瘙痒不止。

【泡酒方法】

①将枳实面炒黄；
②将枳实切成薄片，去其粗皮；
③将枳实研磨成细粉；
④用时取枳实细粉，混白酒食用。

蝉蜕藓皮酒

【使用方法】外敷。每天数次，用棉球蘸药酒后搽于患处。

【贮藏方法】放在干燥、阴凉、避光处保存。

【注意事项】孕妇慎用。

【药材配方】

蝉蜕90克　白藓皮90克

百部90克

蛇床子90克

白酒1.5升

【功能效用】

白藓皮具有清热燥湿、散风解毒的功效；百部具有润肺止咳、杀虫灭虱的功效。此款药酒具有散风驱寒、杀虫止痒的功效。主治瘙痒性皮肤病、阴门瘙痒、腋窝瘙痒。

【泡酒方法】

①将蝉蜕、白藓皮、百部、蛇床子分别捣碎，放入容器中；
②将白酒倒入容器中，与药粉充分混合；
③将容器中的药酒密封浸泡10天后取出；
④过滤去渣后取药液使用。

活血止痒酒

【使用方法】口服。每天60毫升，分2次服用。
【贮藏方法】放在干燥、阴凉、避光处保存。
【注意事项】孕妇慎服。

【药材配方】

蝉蜕60克

丹参120克

何首乌120克

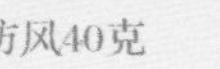
防风40克

黄酒1.2升

【功能效用】

蝉蜕具有散风清热、利咽透疹、退翳解痉的功效；丹参具有活血化瘀、消肿止痛的功效。此款药酒具有活血散风、杀虫止痒的功效。主治血虚型瘙痒性皮肤病。

【泡酒方法】

①将蝉蜕、丹参、何首乌、防风放入容器中；
②将黄酒倒入容器中，与诸药材充分混合；
③将容器上火熬煮至总量为半；
④过滤去渣后取药液服用。

枳壳浸酒

【使用方法】口服。每天2～3次，每次30～50毫升，用温水服。
【贮藏方法】放在干燥、阴凉、避光处保存。
【注意事项】脾胃虚弱者、孕妇慎服。

【药材配方】

枳壳75克

秦艽60克

肉苁蓉60克

丹参75克

独活60克

松叶250克

米酒2.5升

【泡酒方法】

①将枳壳、秦艽、肉苁蓉、丹参、独活、松叶分别捣碎，入布袋再入容器；
②加入米酒，密封浸泡7天，经常摇动，去渣后取药液服用。

【功能效用】

枳壳具有理气行痰、消积除胀的功效。此款药酒具有活血益气、散风通络的功效。主治皮肤瘙痒等症。

荨麻疹

◎荨麻疹是一种常见的皮肤病，是由于皮肤、黏膜小血管扩张及渗透性增加而出现的一种局限性水肿反应，表现为时隐时现的、边缘清楚的、红色或白色的瘙痒性风团，中医称“风隐疹”，俗称“风疹块”。有15%～20%的人一生中至少发作过一次荨麻疹。

荨麻疹临床表现为发作性的皮肤黏膜潮红或风团，风团形状不一、大小不等，颜色呈苍白、鲜红或皮肤色，时起时消，单个风团常持续24～36小时，消退后不留痕迹，少数病例亦有水肿性红斑。

少数人发病时，伴有发热、关节肿痛、头痛、恶心、呕吐、腹痛、腹泻、胸闷、气憋、呼吸困难、心悸等全身症状。急性变态反应，有时可伴有休克的症状。

枳壳秦艽酒

【使用方法】口服。每天3次，每次10～15毫升。

【贮藏方法】放在干燥、阴凉、避光处保存。

【注意事项】脾胃虚弱者、孕妇慎服。

【药材配方】

枳壳72克

秦艽96克

丹参120克

肉苁蓉96克

独活96克

松叶200克

白酒1.6升

【泡酒方法】

①将枳壳、秦艽、丹参、肉苁蓉、松叶、独活分别捣碎，入布袋再入容器；

②加白酒密封浸泡约7天，过滤去渣后取药液服用。

【功能效用】

枳壳具有理气行痰、消积除胀的功效。此款药酒具有活血祛风、杀虫止痒的功效。主治隐疹瘙痒、皮肤瘙痒、皮肤病痛等症。

丁薄搽剂

【使用方法】外敷。每天2～3次。先用胶布粘去刺入皮肤的革毛，再用棉球蘸药液后搽于患处。

【贮藏方法】放在干燥、阴凉、避光处保存。

【药材配方】

公丁香60克

95%乙醇1.5升

薄荷油10克

【功能效用】

此款药酒具有消炎止痛的功效。主治毛虫皮炎疼痛难忍、牙痛、花斑癣、荨麻疹、癣疹、药物性皮炎等症。

【泡酒方法】

①将公丁香研磨成细粉，放入容器中；
②将乙醇倒入容器中，与药粉充分混合；
③密封浸泡7天以上，经常晃动，过滤去渣；
④加入薄荷油，待其溶匀后取药液使用。

浮萍酒

【使用方法】①外敷。每天2次，用棉球蘸药酒搽于患处；②口服。每天2次，每次30～50毫升。

【贮藏方法】放在干燥、阴凉、避光处保存。

【药材配方】

浮萍80克

白酒400毫升

【功能效用】

浮萍具有清热杀虫、防治心血管疾病的功效。此款药酒具有活血祛风、杀虫止痒的功效。主治荨麻疹、过敏性皮疹、皮肤瘙痒等症。

【泡酒方法】

①将浮萍捣烂，放入容器中；
②将白酒倒入容器中，与药材充分混合；
③密封浸泡约7天；
④过滤去渣后取药液服用。

蝉蜕糯米酒

【使用方法】口服。成人1次服尽，儿童分2次服用。用温水服。

【贮藏方法】放在干燥、阴凉、避光处保存。

【注意事项】孕妇慎服。

【药材配方】

蝉蜕9克

糯米酒150毫升

【功能效用】

蝉蜕具有散风清热，利咽透疹，退翳解痉的功效。此款药酒具有散风去热、透疹解痉的功效。主治荨麻疹等症。

【泡酒方法】

①将蝉蜕研磨成细粉，放入容器中；
②将糯米酒上火，煮至沸腾后离火；
③将糯米酒加入容器中，与药粉充分混合；
④搅拌均匀药物，取药液使用。

小白菜酒

【使用方法】外敷。早晚各1次，每次5分钟，将小白菜放在患处轻轻搓揉。

【贮藏方法】放在干燥、阴凉、避光处保存。

【药材配方】

小白菜300克

白酒100毫升

【功能效用】

小白菜具有促进血液循环，益肾固元，润肠和胃的功效。此款药酒具有杀虫止痒，消毒清热的功效。主治手足癣、荨麻疹等症。

【泡酒方法】

①将小白菜洗净晾干，放入合适的容器中；
②将白酒倒入容器中，浸没小白菜；
③将容器里的药酒密封浸泡1天后取出；
④取小白菜使用。

独活肤子酒

【使用方法】口服。空腹口服。每天3次，每次10～15毫升。
【贮藏方法】放在干燥、阴凉、避光处保存。
【注意事项】阴虚血燥者慎服。

【药材配方】

地肤子100克

独活100克

当归100克

白酒1升

【功能效用】

地肤子具有清热祛湿、散风止痒的功效；独活具有散风祛湿、驱寒止痛的功效。此款药酒具有活血通络、清热解毒、祛风透疹的功效。主治荨麻疹。

【泡酒方法】

①将地肤子、独活、当归分别研磨成粗粉，放入容器中；
②将白酒倒入容器中，与诸药粉充分混合；
③将药材熬煮至沸腾，取下晾凉；
④过滤去渣后取药液服用。

碧桃酒

【使用方法】外敷。每日数次，用棉球蘸药酒后搽于患处。
【贮藏方法】放在干燥、阴凉、避光处保存。
【注意事项】虚寒症者、阴性外疡者忌服。

【药材配方】

桃叶1千克

鱼腥草120克

胆矾0.6克

冰片6克

薄荷水6克

白酒1升

【功能效用】

桃叶具有清热解毒、杀虫止痒的功效。此款药酒具有清热解毒、祛风透疹、杀虫止痒的功效。主治荨麻疹等症。

【泡酒方法】

①将桃叶、鱼腥草洗净切成薄片，放入容器中；
②将胆矾捣碎，放入容器中；
③按渗漉法，收集渗原液2升；
④加入冰片、薄荷水，待其溶解后过滤去渣，取药液使用。

胡荽酒

【使用方法】外敷。沿颈部向下，喷酒全身，切勿喷酒于脸。
【贮藏方法】放在干燥、阴凉、避光处保存。

【药材配方】

芫荽75克

白酒1升

【功能效用】

芫荽具有开胃消郁、止痛解毒的功效。此款药酒具有促进疹透、透泄疹毒的功效。主治小儿痘疹、荨麻疹、水痘等症。

【泡酒方法】

①将芫荽切成细丁，放入容器中；
②将白酒煮至沸腾，淋在芫荽上；
③将容器中的药酒密封浸泡一段时间后取出；
④过滤去渣后取药液使用。

松叶酒

【使用方法】口服。早晚各1次，1次服尽。处在温室中，出汗即愈。
【贮藏方法】放在干燥、阴凉、避光处保存。

【药材配方】

松叶250克

白酒5升

【功能效用】

松叶具有抗菌消炎、延缓衰老、降低血脂、杀毒止痛的功效。此款药酒具有清热解毒、促进疹透的功效。主治荨麻疹多年不愈。

【泡酒方法】

①将松叶切成细片，放入容器中；
②将白酒倒入容器中，与药片充分混合；
③将药酒熬煮至1500毫升；
④取药液服用。

烧烫伤

◎ 烧烫伤是生活中常见的意外伤害，是由于接触火、开水、热油等高热物质而发生的一种急性皮肤损伤，中医称之为“烫火伤”“火烧疮”。

烧烫伤的严重程度主要根据烧烫伤的部位、面积大小和烧烫伤的深浅度来判断。烧烫伤在头面部或虽不在头面部，但烧烫伤面积大、深度重的，都属于严重者。烧烫伤按照烧伤面积和程度，一般分为三种。

一度烧烫伤：只伤及表皮层，受伤的皮肤发红、肿胀，觉得火辣辣地痛，但无水疱出现。

二度烧烫伤：伤及真皮层，局部红肿、发热，疼痛难忍，有明显水疱。

三度烧烫伤：全层皮肤包括皮肤下面的脂肪、骨和肌肉都受到伤害，皮肤黝黑、坏死，这时反而疼痛不剧烈，因为许多神经也都一起被损坏了。

烧伤面积越大，人体受到的损失愈严重。烧伤越深，对局部组织的破坏越严重。烧伤时如伴有其他损伤，恢复起来比较困难。

复方儿茶酊

【使用方法】外敷。用0.1%新洁尔灭液除污物后，用0.9%生理盐水冲洗，再涂抹患处。初每3小时1次，药痂形成后每天喷药酊2次。

【贮藏方法】放在干燥、阴凉、避光处保存。

【注意事项】治疗期2小时翻身一次，以避免烧伤面受压。

【药材配方】

孩儿茶150克

黄檗150克

黄芩150克

冰片150克

80° 白酒1.5升

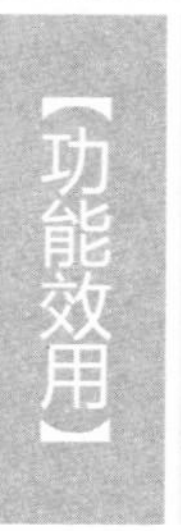

【功能效用】

黄檗具有清热燥湿、泻火除蒸、解毒疗疮的功效。此款药酒具有清热解毒、活血消炎、止痛收敛的功效。主治烧烫伤。

【泡酒方法】

①将孩儿茶、黄檗、黄芩分别研磨成细粉，放入容器中；

②将冰片加入容器中；

③将白酒倒入容器中，与诸药材充分混合，密封浸泡3天；

④过滤去渣后取药液使用。

复方虎杖酒精液

【使用方法】外敷。每天5次，用纱布蘸药液后贴于烧伤面。
【贮藏方法】放在干燥、阴凉、避光处保存。
【注意事项】①热盛出血者忌用；②湿盛中满、大便溏泄者慎用。

【药材配方】

当归25克

紫草20克

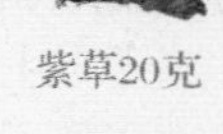
生白芷20克

95%乙醇200毫升

【功能效用】

当归具有补血活血，调经止痛，润燥滑肠的功效；紫草具有凉血活血，解毒透疹的功效。此款药酒具有清热解毒、消炎止痛的功效。主治烧伤。

【泡酒方法】

①将当归、紫草、生白芷装入大口瓶中；
②将乙醇倒入大口瓶中，与诸药材充分混合；
③将广口瓶中的药酒密封浸泡1天后取出；
④过滤去渣后取药液使用。

喜榆酊

【使用方法】外敷。每5小时1次。用纱布蘸药液后贴于烧伤面。
【贮藏方法】放在干燥、阴凉、避光处保存。
【注意事项】脾胃虚寒者慎用。

【药材配方】

穿心莲400克

地榆300克

榆树皮适量

冰片少许

80%乙醇适量

【功能效用】

穿心莲具有清热解毒、除菌抗炎、消肿止痛的功效。此款药酒具有清热消炎、止痛收敛的功效。主治烧烫伤。

【泡酒方法】

①将穿心莲、榆树皮、地榆分别晒干，研磨成细粉，放入容器中；
②加入乙醇至药层以上3厘米；
③密封浸泡约7天，过滤去渣；
④加入冰片，待其溶化后取药液使用。

大黄槐角酊

【使用方法】外敷。先用0.01%新洁尔灭液消毒烧伤面（已涂油质物质时，应先用汽油擦除），剪破水疱以排出毒液，浅二度烧伤面可不除水疱皮，深二度、浅二度水疱皮已感染者应剪除水疱皮，擦拭烧伤面。依据具体情况，选用以下方法：

①暴露疗法：适用于不易包扎的部位（面、颈、会阴等）烧伤。将药酊以棉球抹于烧伤面上或先用乙醇稀释药酊后喷于烧伤面；最初1～2日，每天3～4次，后改为每日1～2次；如有分泌物渗出，用棉签擦干再上药，不可包扎。

②半暴露疗法：适用于深二度、已感染的浅二度烧伤面。将蘸了药酊的纱布剪成与烧伤面等大，贴于烧伤面，挤压半分钟后让其半暴露。

③包扎疗法：适用于无暴露条件患者、门诊患者。

【贮藏方法】放在干燥、阴凉、避光处保存。

【注意事项】孕妇慎用。

【药材配方】

大黄适量

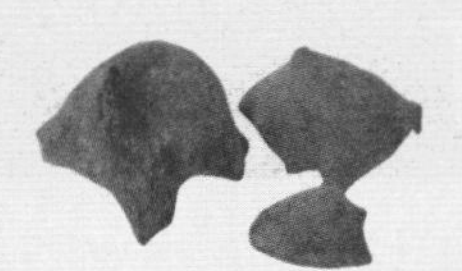

槐角适量

80%乙醇适量

【泡酒方法】

①将大黄、槐角分别研磨成细粉，放入容器中；
②将乙醇倒入容器中，直至药层以上3厘米为止；
③将容器中的药酒密封浸泡2天后取出；
④过滤去渣后取药液使用。

【功能效用】

大黄具有除积去滞、清热祛湿、泻火止痛、凉血化瘀、杀菌解毒的功效；槐角具有清热泻火、凉血止血、杀虫除菌的功效；乙醇具有促进人体吸收药物的作用，还能促进人体血液循环，治疗虚冷之症。此款药酒具有清热消炎、活血收敛、止痛生肌的功效。主治烧烫伤。

鸡蛋清外涂酒

【使用方法】外敷。每天数次，取些许敷于烧伤面。

【贮藏方法】放在干燥、阴凉、避光处保存。

【药材配方】

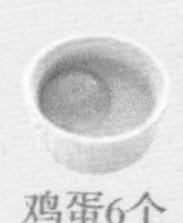

鸡蛋6个

白酒20毫升

【功能效用】

鸡蛋具有清热止痢、静心安神、安胎止痒的功效、其鸡蛋清具有润肺利咽、清热解毒的功效。此款药酒具有清热杀菌、消肿止痛的功效。主治轻微烧烫伤。

【泡酒方法】

①将鸡蛋打碎，取鸡蛋清，放入容器中；
②将白酒倒入容器中，与鸡蛋清搅拌均匀；
③加入适量水，炖至五成熟；
④搅拌炖品至糊状，晾凉后取药液使用。

复方五加皮酊

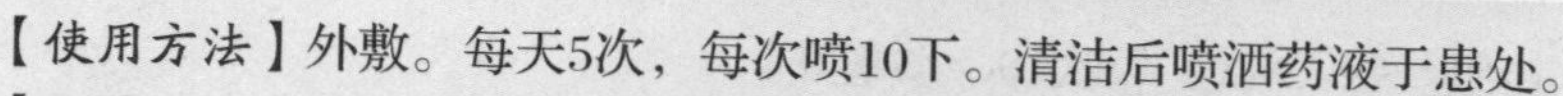

【使用方法】外敷。每天5次，每次喷10下。清洁后喷洒药液于患处。

【贮藏方法】放在干燥、阴凉、避光处保存。

【注意事项】阴虚火旺者慎用。

【药材配方】

五加皮300克

薄荷油190克

紫草190克

冰片60克

80%乙醇16升

【功能效用】

五加皮具有预防肿瘤、抵抗疲劳、降低血液黏度、防止动脉粥样硬化形成的功效。此款药酒具有活血、抗感染的功效。主治烧伤、重度烧伤。

【泡酒方法】

①将五加皮、紫草捣碎，放入容器中；
②加入乙醇，密封浸泡2天后过滤，留渣；
③取滤液于容器中，加入冰片、薄荷油；
④待药材与滤液溶解，搅拌均匀后取药液使用。

跌打损伤

◎跌打损伤，包括刀枪、跌仆、殴打、闪挫、刺伤、擦伤、运动损伤等，伤处多有疼痛、肿胀、出血或骨折、脱臼等。

跌打损伤发生后，首先要检查骨骼情况，排除骨折。凡遇到损伤后压痛较局限，疼痛较剧烈或局部有叩击痛者，必须到医院拍X射线片，以排除骨折。如果排除了骨折，则可根据伤筋后的临床表现，对症选用下述跌打损伤药。

1.急性软组织扭挫伤　如肌肉拉伤、韧带拉伤等。可选用具有活血化瘀、消肿止痛功效的药剂涂搽患处，并按摩至局部发热，每天数次，同时口服活血止痛作用较强的药物，用温黄酒或温开水送服。

2.小关节挫伤　关节扭伤及风湿骨痛，可选用具有止痛、消肿、散瘀功效的药剂涂搽患处，每天数次。

3.外伤出血、跌打肿痛　可选用云南白药酊剂、气雾剂、贴膏剂，同时口服三七片或云南白药。如果使用跌打损伤药3日后，肿痛仍明显或有加重趋势，应及时到医院就诊。

活血酒

【使用方法】口服。每天3次，每次10～15毫升。
【贮藏方法】放在干燥、阴凉、避光处保存。
【注意事项】①热盛出血患者忌服；②湿盛中满、大便溏泄者慎服。

【药材配方】

当归30克

白芷18克

川芎30克

桃仁18克

红花18克

没药18克

丹皮18克

乳香18克

泽泻24克

白酒3升

苏木24克

【泡酒方法】

①将诸药材分别研粗，放入容器中；
②加入白酒，密封浸泡7天；
③过滤去渣后取药液服用。

【功能效用】

当归具有补血活血、调经止痛、润燥滑肠的功效。此款药酒具有活血消炎、止痛消肿的功效。主治跌打损伤。

风伤擦剂

【使用方法】外敷。每天3～4次，用棉球蘸药液擦于患处，以愈为度。
【贮藏方法】放在干燥、阴凉、避光处保存。
【注意事项】切勿口服。

【药材配方】

生川乌30克

生草乌30克

生半夏30克

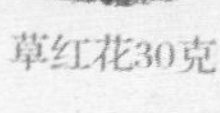
生南星30克 草红花30克

川芎30克

当归尾30克

桃仁40克

白芷40克

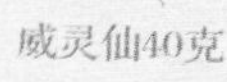
威灵仙40克

乳香40克

没药40克

木瓜40克

肉桂20克

泽兰30克

樟脑40克

川椒24克

水杨酸甲酯适量

75%乙醇3升

【泡酒方法】

①将樟脑研末；
②将生川乌、生草乌、生半夏、生南星、草红花、川芎、当归尾、桃仁、白芷、威灵仙、乳香、没药、木瓜、肉桂、泽兰、川椒分别研粗，放入容器中；
③将乙醇倒入容器中，密封浸泡30天；
④加入樟脑粉、水杨酸甲酯搅拌溶化；
⑤过滤去渣后取药液服用。

【功能效用】

生川乌具有散风祛湿、温经止痛的功效；生草乌具有散风除湿、活血温经、清热止痛的功效；生半夏具有祛湿化痰、降逆止呕、消痞散结的功效。此款药酒具有活血化瘀、消炎止痛的功效。主治跌打损伤、筋肉肿痛等症。

苏木行瘀酒

【使用方法】空腹口服。早中晚各1次，1剂分3份，睡前服用。
【贮藏方法】放在干燥、阴凉、避光处保存。
【注意事项】孕妇忌服。

【药材配方】

苏木140克

清水1升

白酒1升

【功能效用】

苏木具有活血祛痰、散风止痛的功效。此款药酒具有活血消炎、止痛消肿的功效。主治跌打损伤、肿痛。

【泡酒方法】

①将苏木研细，放入容器中；
②将清水、白酒倒入容器中，与药材充分混合；
③将容器上火，用文火熬煮至1升；
④过滤去渣后取药液服用。

闪挫止痛酒

【使用方法】口服。1次服尽，药渣外用敷于患处，以愈为度。
【贮藏方法】放在干燥、阴凉、避光处保存。
【注意事项】①热盛出血患者忌服；②湿盛中满、大便溏泄者慎服。

【药材配方】

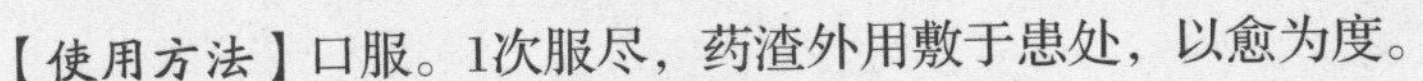
当归12克　川芎6克　红花3.6克

茜草3克

威灵仙3克

白酒适量

【功能效用】

当归具有补血活血、调经止痛、润燥滑肠的功效。此款药酒具有活血化瘀、散风消炎、止痛消肿的功效。主治跌打损伤、肿痛、闪挫伤、功能活动障碍等症。

【泡酒方法】

①将当归、川芎、红花、茜草、威灵仙放入容器中；
②将白酒倒入容器中，与诸药材充分混合；
③将容器中的药材用文火熬煮至熟；
④过滤，留渣，取药液服用。

神经性皮炎

◎神经性皮炎是一种以皮肤苔藓样变及剧烈瘙痒为特征的神经功能障碍性皮肤病，一般认为本病的发生可能系大脑皮质抑制和兴奋功能紊乱所致，精神紧张、焦虑、抑郁，局部刺激以及消化不良、饮酒、进食辛辣等均可诱发或加重本病。

神经性皮炎好发于颈部、四肢伸侧及腰骶部、肘窝、外阴，自觉剧痒，病程呈慢性，可反复发作或迁延不愈。常先有局部瘙痒，经反复搔抓摩擦后，局部出现粟粒状绿豆大小的圆形或多角形扁平丘疹，呈皮色、淡红或淡褐色，稍有光泽，以后皮疹数量增多且融合成片，成为典型的苔藓样皮损，皮损大小形态不一，四周可有少量散在的扁平丘疹。

临床上将神经性皮炎分为局限型神经性皮炎和弥漫型神经性皮炎两种。局限型神经性皮炎多发生在颈后部或其两侧、肘窝、前臂、大腿、小腿及腰骶部等；弥漫型神经性皮炎表现为全身皮肤有较明显损害，但较为少见。

红花酊

【使用方法】外敷。每天3～4次，用棉球蘸药酒搽于患处。
【贮藏方法】放在干燥、阴凉、避光处保存。
【注意事项】①皮损流水者忌用；②治疗期禁烟禁酒，起居规律。

【药材配方】

红花20克　樟脑20克

冰片20克　

白酒1升

【功能效用】

红花具有活血舒筋、去瘀止痛的功效。此款药酒具有活血祛湿、杀虫止痒的功效。主治神经性皮炎、慢性皮炎、结节性痒疹、玫瑰痤疮、皮肤瘙痒、湿疹等症。

【泡酒方法】

①将红花、樟脑、冰片放入容器；
②将白酒倒入容器中，与诸药材充分混合；
③将容器中的药酒密封浸泡约7天后取出；
④过滤去渣后取药液使用。

外擦药酒方

【使用方法】外敷。每天2～3次，用棉球蘸酒精后擦于患处。
【贮藏方法】放在干燥、阴凉、避光处保存。
【注意事项】阴亏血虚者、孕妇忌用。

【药材配方】

雄黄30克

硫黄30克

斑蝥20个

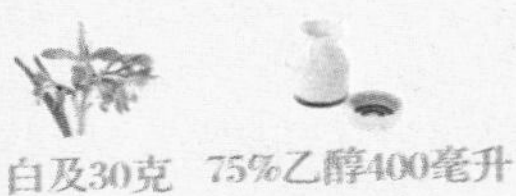
白及30克

75%乙醇400毫升

轻粉适量

【功能效用】

雄黄具有解毒杀虫、祛湿化痰的功效；硫黄具有杀虫、壮阳的功效。此款药酒具有清热解毒、活血祛风、杀虫止痒的功效。主治神经性皮炎。

【泡酒方法】

①将雄黄、硫黄、斑蝥、白及、轻粉分别研磨成细粉，放入容器中；
②将乙醇倒入容器中，与诸药粉充分混合；
③将容器中的药酒密封浸泡约7天后取出；
④过滤去渣后取药液使用。

顽癣药酒方

【使用方法】外敷。每天1～2次。刮破顽癣后，蘸药酒搽于患处。
【贮藏方法】放在干燥、阴凉、避光处保存。
【注意事项】脾胃虚寒者忌用。

【药材配方】

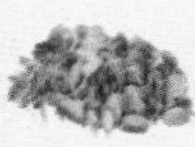
苦参12克

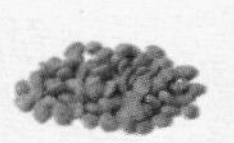
杏仁4粒

海桐皮12克

黄檗12克

白及12克

木鳖子8粒

槟榔12克

冰片12克

白酒400毫升

【泡酒方法】

①将诸药材分别捣碎，放入容器中；
②将白酒倒入容器中密封浸泡约7天，取药液使用。

【功能效用】

苦参具有清热祛湿、杀虫利尿的功效。此款药酒具有清热解毒、散风祛湿、杀虫止痒的功效。主治各类顽癣。

复方斑蝥酒

【使用方法】外敷。每天2～3次，用棉球蘸药酒搽于患处。
【贮藏方法】放在干燥、阴凉、避光处保存。
【注意事项】有水泡，先以龙胆紫溶液擦涂至水泡消失，再续用。

【药材配方】

斑蝥18克

徐长卿45克

大蒜头6个

花椒36克

冰片18克

45%乙醇1.5升

【功能效用】

徐长卿具有散风祛湿、止痛止痒的功效。此款药酒具有凉血活血、清热解毒、麻醉止痒的功效。主治神经性皮炎。

【泡酒方法】

①将斑蝥、徐长卿、大蒜头、花椒、冰片分别捣碎，放入容器中；
②将白酒倒入容器中，与诸药粉充分混合；
③将容器中的药酒密封浸泡约7天后取出；
④过滤去渣后取药液使用。

神经性皮炎药水

【使用方法】外敷。每天2～3次，用棉球蘸药液后搽于患处。
【贮藏方法】放在干燥、阴凉、避光处保存。
【注意事项】勿涂在抓破处；阴部及肛门周围不宜涂用。

【药材配方】

生草乌200克

生川乌200克

生南星200克

生半夏200克

蟾酥160克

闹羊花160克

细辛100克

土槿皮酊640毫升

50%乙醇适量

【泡酒方法】

①将诸药研粗粉，用20目筛过滤后取净粉和匀；
②将土槿皮酊加水调至含醇量50%，与净粉和匀，加乙醇浸渍2天；
③按渗漉法以每分3毫升渗漉，集渗源液3.2升，滤取药液。

【功能效用】

此款药水具有活血散风，杀菌止痒的功效。主治神经性皮炎、厚皮癣、各类顽癣等症。

苦参酊

【使用方法】外敷。每天2～3次，用棉球蘸药液后搽于患处。
【贮藏方法】放在干燥、阴凉、避光处保存。
【注意事项】脾胃虚寒者忌用。

【药材配方】

苦参60克

徐长卿60克

白降丹适量

麝香0.4克

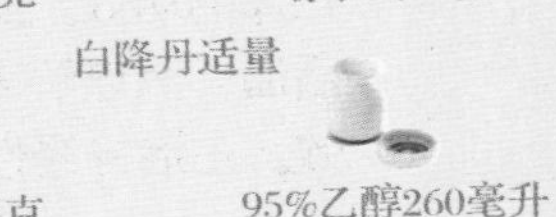

95%乙醇260毫升

【功能效用】

苦参具有清热祛湿、杀虫利尿的功效。此款药酒具有清热解毒、散风止痒、凉血止痛、活血化瘀、抗菌消炎的功效。主治神经性皮炎。

【泡酒方法】

①将苦参、徐长卿放入容器中，加清水熬煮2次；
②将药液过滤去渣，浓缩至40～50毫升；
③加入乙醇，静置2天后过滤去渣；
④加入白降丹、麝香，搅拌均匀后取药液服用。

斑蝥酊

【使用方法】外敷。每天2～3次，用棉球蘸药液后搽于患处。
【贮藏方法】放在干燥、阴凉、避光处保存。
【注意事项】斑蝥有大毒，内服需谨慎。

【药材配方】

斑蝥15克

白芷15克

细辛15克

肉桂15克

白酒2升

【功能效用】

白芷具有散风驱寒、通窍止痛、消肿排脓、燥湿止带的功效。此款药酒具有破血逐瘀、散结止痛、消炎止痒的功效。主治神经性皮炎、各类顽癣等症。

【泡酒方法】

①将斑蝥、白芷、细辛、肉桂分别研磨成粉末状，放入容器中；
②将白酒倒入容器中，与诸药材充分混合；
③将容器里的药酒密封浸泡2天后取出；
④过滤去渣后取药液使用。

复方蛇床子酒

【使用方法】外敷。每天2～3次，用棉球蘸药液后搽于患处。
【贮藏方法】放在干燥、阴凉、避光处保存。
【注意事项】脾胃虚寒者忌用。

【药材配方】

蛇床子500克

苦参500克

白藓皮250克

防风250克

明矾250克

白酒8升

【功能效用】

苦参具有清热祛湿、杀虫利尿的功效。此款药酒具有清热祛湿、杀虫止痒的功效。主治扁平疣、神经性皮炎、慢性湿疹、汗疹、皮肤瘙痒等症。

【泡酒方法】

①将蛇床子、苦参、白藓皮、防风、明矾分别研磨成粗粉，放入容器中；
②加入白酒，密封浸泡约30天，每天搅拌1次；
③将药酒过滤取清液，压榨残渣取液；
④将清液、滤液混合，静置澄清，过滤后取药液使用。

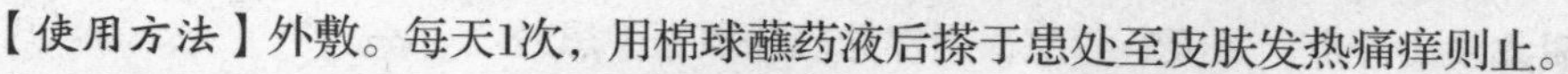

四虎二黄酒

【使用方法】外敷。每天1次，用棉球蘸药液后搽于患处至皮肤发热痛痒则止。
【贮藏方法】放在干燥、阴凉、避光处保存。
【注意事项】斑蝥有大毒，内服需谨慎。

【药材配方】

生半夏6克

生南星6克

生马钱子6克

白附子6克

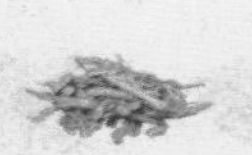
黄连4克

雄黄4克

五倍子10克

斑蝥10克

丁香6克

花椒6克

白酒500毫升

【泡酒方法】

①将诸药材研磨成粗粉，放入容器中；
②将白酒倒入容器中；
③密封浸泡约7天，滤取药液。

【功能效用】

生半夏具有祛湿化痰、降逆止呕的功效。此款药酒具有清热解毒、散风祛湿、杀虫止痒的功效。主治神经性皮炎、牛皮癣、各类癣症。

湿疹

◎湿疹是一种常见的皮肤病，以皮疹损害处具有渗出潮湿倾向而得名，是由多种复杂的内外因素引起的一种具有多形性皮损和易有渗出倾向的皮肤炎症性反应。该病自觉症状瘙痒剧烈，病程迁延难愈，易复发，可发生在任何部位，但以外露部位及屈侧为多见，往往对称性分布。常见特定部位的湿疹有耳湿疹、手足湿疹、乳房湿疹、肛门外生殖器湿疹、小腿湿疹等。

根据发病过程中的皮损程度表现不同，可分为急性湿疹、亚急性湿疹和慢性湿疹三种。急性湿疹为多数粟粒大红色丘疹、丘疱疹或水疱；亚急性湿疹常因急性期损害处理不当迁延而来；慢性湿疹多由急性、亚急性湿疹反复不愈转化而来。

除上述湿疹以外，在临床上还有部分特殊型湿疹，如继发于中耳炎、溃疡、瘘管及压疮等细菌性化脓性皮肤病的传染性湿疹样皮炎；对自体内部皮肤组织所产生的物质过敏而引发的自体敏感性湿疹。

蛇床苦参酒

【使用方法】外敷。每天2～3次，用棉球蘸药酒搽于患处。
【贮藏方法】放在干燥、阴凉、避光处保存。
【注意事项】脾胃虚寒者忌用。

【药材配方】

蛇床子120克

苦参120克

白鲜皮60克

防风60克

明矾60克

白酒2升

【功能效用】

苦参具有清热祛湿、杀虫利尿的功效。此款药酒具有散风祛湿、解毒止痒的功效。主治神经性皮炎、慢性湿疹、扁平疣、汗疹、皮肤瘙痒。

【泡酒方法】

①将蛇床子、苦参、白鲜皮、防风、明矾研磨成粗粉，放入容器中；
②加入白酒，密封，前1周每天搅拌1次，之后每周搅拌1次；
③密封浸泡30天后，过滤取清液，压榨残渣取滤液；
④将清液、滤液混合，静置后过滤，取药液使用。

苦参地肤酒

【使用方法】外敷。每天3次，用棉球蘸药酒搽于患处。
【贮藏方法】放在干燥、阴凉、避光处保存。
【注意事项】脾胃虚寒者忌用。

【药材配方】

苦参60克

地肤子30克

白鲜皮30克

豨莶草60克

明矾18克

白酒1升

【功能效用】

苦参具有清热祛湿、杀虫利尿的功效。此款药酒具有清热祛温、散风止痒的功效。主治阴囊湿疹、肛门湿疹、瘙痒难耐、阴部瘙痒等症。

【泡酒方法】

①将苦参、地肤子、白鲜皮、豨莶草、明矾分别研磨成粗粉，放入布袋中，然后将此布袋放入容器中；
②加入白酒，密封浸泡约15天后取药液使用；
③或隔水熬煮至半，晾凉后取药液使用。

白鲜皮酒

【使用方法】①口服。每天3次，每次10毫升；②外敷。每天2～3次，用棉球蘸药液后搽于患处。适用于皮肤病患者。
【贮藏方法】放在干燥、阴凉、避光处保存。

【药材配方】

白鲜皮300克

白酒1升

【功能效用】

白鲜皮具有清热祛湿、散风解毒的功效。此款药酒具有清热解毒、散风祛湿的功效。主治湿疹、疥疮、各类顽癣、老年慢性支气管炎等症。

【泡酒方法】

①将白鲜皮洗净后切成薄片，放入容器中；
②将白酒倒入容器中，与药片充分混合；
③密封浸泡约7天；
④过滤去渣后取药液服用。

苦参百部酒

【使用方法】外敷。每天2～3次，用棉球蘸药液后搽于患处。
【贮藏方法】放在干燥、阴凉、避光处保存。
【注意事项】脾胃虚寒者忌用。

【药材配方】

苦参100克　百部60克　雄黄15克

白鲜皮60克　白酒1升

【功能效用】

苦参具有清热祛湿、杀虫利尿的功效；百部具有润肺止咳、杀虫灭虱的功效。此款药酒具有清热祛湿、杀虫止痒的功效。主治湿疹等症。

【泡酒方法】

①将苦参、百部、雄黄、白鲜皮分别研磨成粗粉，放入容器中；
②将白酒倒入容器中，与诸药粉充分混合；
③将容器中的药酒密封浸泡7～10天后取出；
④取药液使用。

黄檗地肤酒

【使用方法】外敷。每天3次，用棉球蘸药液后搽于患处。
【贮藏方法】放在干燥、阴凉、避光处保存。
【注意事项】脾虚泄泻，胃弱食少者忌用。

【药材配方】

黄檗60克　地肤子100克

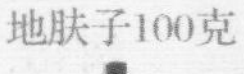

蛇床子40克　白酒1升

【功能效用】

黄檗具有清热祛湿、泻火除蒸、解毒疗疮的功效。此款药酒具有清热解毒、散风祛湿、杀虫止痒的功效。主治湿疹、阴囊湿疹。

【泡酒方法】

①将黄檗、地肤子、蛇床子分别研磨成粗粉，放入容器中；
②将白酒倒入容器，与诸药粉充分混合；
③将容器中的药酒密封浸泡约15天后取出；
④取药液使用。

五子黄檗酒

【使用方法】外敷。每天3次，用棉球蘸药液后搽于患处。
【贮藏方法】放在干燥、阴凉、避光处保存。
【注意事项】脾虚泄泻，胃弱食少者忌用。

【药材配方】

地肤子60克

苍耳子60克

蛇床子60克

黄药子60克

五倍子60克

黄檗300克

白酒1.5升

【泡酒方法】

①将地肤子、苍耳子、蛇床子、黄药子、五倍子、黄檗分别研磨成粗粉，放入容器中；
②加入白酒，每天摇晃1次；
③密封浸泡约15天，取药液使用。

【功能效用】

此款药酒具有活血通络、清热祛湿、消肿止痛、散风止痒的功效。主治湿疹、阴囊湿疹等症。

除湿药酒

【使用方法】外敷。早晚各1次，用棉球蘸药液后搽于患处。
【贮藏方法】放在干燥、阴凉、避光处保存。
【注意事项】脾胃虚寒者忌用。

【药材配方】

苦参40克

龙胆草24克

蛇床子24克

地肤子24克

白鲜皮40克

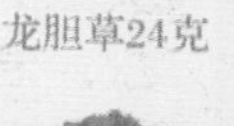
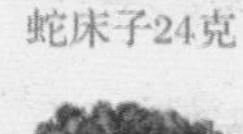

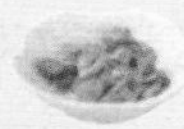
防风16克

红花16克

蝉蜕16克

白酒500毫升

【泡酒方法】

①将诸药材研成细粉，放入容器中；
②加入白酒，浸过药面即可；
③密封浸泡约15天；
④过滤去渣后，取药液使用。

【功能效用】

苦参具有清热祛湿、杀虫利尿的功效。此款药酒具有散风祛湿、杀虫止痒的功效。主治湿疹。

银屑病

◎银屑病，俗称牛皮癣，是一种常见的慢性炎症性皮肤病，具有顽固性和复发性的特点。银屑病属于多基因遗传的疾病，可有多种激发因素。

银屑病作为一种多基因疾病，免疫系统和角质形成细胞异常的一些基因多态性均可以是银屑病的发病原因。

其典型的皮肤表现是境界清楚的具有银白色鳞屑的红色斑块。轻者可表现为肘膝部位几个银币大小的斑块，重者也可以全身皮肤受累。其发病机制主要为表皮增生分化的异常和免疫系统的激活。

牛皮癣有明显的季节性，多数患者病情在春冬两季加重，夏季缓解。全国总发病率为0.072%，近年来有上升的趋势，普遍认为与工业污染和工作环境有关。其中男性多于女性，北方多于南方，城市高于农村。初发年龄，男性大多为20～39岁，女性大多为15～39岁。

斑蝥百部酊

【使用方法】外敷。每天1～2次，用棉球蘸药液后搽于患处。

【贮藏方法】放在干燥、阴凉、避光处保存。

【药材配方】

斑蝥100克　樟脑160克　生百部960克

槟榔200克　60%乙醇适量　紫荆皮适量

【功能效用】

生百部具有润肺止咳、杀虫灭虱的功效；樟脑具有祛湿杀虫、温散止痛、开窍辟秽的功效。此款药酒具有散风祛湿、杀虫止痒的功效。主治牛皮癣。

【泡酒方法】

①将斑蝥、紫荆皮、生百部、槟榔分别研磨成粗粉，放入容器中；

②加入乙醇，密封浸泡7天，过滤去渣；

③加入樟脑，待其溶解；

④将乙醇加至6400毫升，混匀后取药液使用。

何首乌酒

【使用方法】空腹口服。每天2～3次，每次30～50毫升。用温水服。
【贮藏方法】放在干燥、阴凉、避光处保存。
【注意事项】大便清泄者、有湿痰者忌服；忌铁器。

【药材配方】

何首乌24克

当归身16克

归尾16克

生地黄16克

熟地黄16克

侧柏叶12克

五加皮24克

松针24克

生川乌4克

生草乌4克

穿山甲16克

蛤蟆16克

黄酒2.4升

【泡酒方法】
①将穿山甲炙处理，与12味药材分别研细，放入布袋中，然后将此布袋放入容器中；
②加入黄酒，密封浸泡约7天；
③过滤去渣后取药液服用。

【功能效用】
生川乌具有散风祛湿、温经止痛的功效。此款药酒具有活血散风、滋阴解毒的功效。主治牛皮癣、麻风稍露虚象者。

牛皮癣酒

【使用方法】外敷。每天2次，用棉球蘸药液后搽于患处。
【贮藏方法】放在干燥、阴凉、避光处保存。
【注意事项】牛皮癣急性期者忌用。

【药材配方】

斑蝥20克

白及100克

生百部100克

10%苯甲酸适量

槟榔100克

川椒100克

白酒3升

【泡酒方法】
①将白及、生百部、槟榔、川椒捣碎入渗漉器；
②将斑蝥研细再捣烂，置顶层加盖特制木孔板；
③加白酒密封浸泡7天，按渗漉法取渗源液、滤液；
④按比例加入苯甲酸，拌匀滤取药液。

【功能效用】
软坚散结，杀虫止痒。主治牛皮癣、手癣、足癣、神经性皮炎等症。

癣药酒

【使用方法】外敷。每天1次，用棉球蘸药液后搽于患处。
【贮藏方法】放在干燥、阴凉、避光处保存。
【注意事项】土槿皮有毒，切勿内服。

【药材配方】

百部18克

白及18克

白芷18克

土大黄30克

土槿皮18克

斑蝥9克

樟脑9克

槟榔尖18克

高粱酒500毫升

【泡酒方法】①斑蝥去头皮翻炒，与百部、土槿皮、白芷、白及、土大黄、樟脑、槟榔尖研磨式粗粉入容器；②加高粱酒密封浸泡约7天，过滤去渣后取药液使用。

【功能效用】百部具有润肺止咳、杀虫灭虱的功效。此款药酒具有祛湿解毒、杀虫止痒的功效。主治牛皮癣、头癣等症。

马钱二黄酒

【使用方法】外敷。每天1~2次，用棉球蘸药液后搽于患处，以愈为度。
【贮藏方法】放在干燥、阴凉、避光处保存。
【注意事项】阴亏血虚者、孕妇忌用。

【药材配方】

生马钱子6克

生草乌6克

硫黄6克

雄黄12克

白矾12克

细辛6克

冰片6克

75%乙醇200毫升

【泡酒方法】①将生马钱子、生草乌、硫黄、雄黄、白矾、细辛、冰片研磨成细粉，放入容器中；②加入白酒，密封浸泡约7天；③过滤去渣后取药液使用。

【功能效用】生草乌具有散风除湿、活血温经、清热止痛的功效。此款药酒具有祛湿解毒、杀虫止痒的功效。主治牛皮癣、各类顽癣、久治不愈之症。

洋金花外用擦剂

【使用方法】外敷。每天2次，用棉球蘸药液后搽于患处。

【贮藏方法】放在干燥、阴凉、避光处保存。

【注意事项】忌口服、皮肤过量吸收；儿童适用体积分数10%乙醇。

【药材配方】

洋金花2千克

石膏2千克

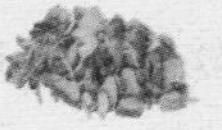

苦参2千克

黄芩2千克

防己2千克

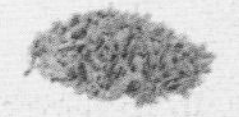

白鲜皮2千克

丹参2千克

半枝莲2千克

黄连1200克

僵蚕800克

天麻800克

野菊花800克

蜈蚣80条

蟾酥80克

冰片80克

60%乙醇适量

紫草2千克

全蝎400克

【泡酒方法】

①将洋金花、石膏、苦参、黄芩、防己、白鲜皮、丹参、半枝莲、黄连、僵蚕、天麻、野菊花、蜈蚣、蟾酥、紫草、全蝎分别研磨成粗粉，放入容器中；

②加入乙醇至药层以上3厘米；

③密封浸泡约7天，过滤去渣；

④加入蒸馏水，将酒精浓度调整为20%；

⑤加入冰片，待药液溶解后静置澄清；

⑥过滤去渣，取药液使用。

【功能效用】

苦参具有清热祛湿、杀虫利尿的功效；白鲜皮具有清热燥湿、散风解毒的功效。此款药酒具有杀虫止痒、凉风通经、活血活络、软化皮肤、扩张血管、促进循环、抑制真菌的功效。主治牛皮癣、手癣、足癣、神经性皮炎、湿疹、疥疮、皮肤瘙痒、女阴白斑等症。

寻常疣

◎寻常疣，俗称“千日疮”“瘊子”“刺瘊”，是因病毒感染引起的良性表皮内新生物，好发于手背、指背、足缘以及甲周等部位，多见于儿童和青年。

常见的寻常疣有丝状疣、跖疣、指状疣、扁平疣、跖疣、扁平疣及尖锐湿疣等。

寻常疣的临床症状为偶有压痛，一般无自觉症状，皮损为针尖至豌豆大，半圆形或多角形丘疹，表面粗糙，角化明显；触之略硬，呈灰黄、污褐或正常肤色，乳头样增殖，表面多呈花蕊或刺状。

寻常疣的初期表现为硬固的小丘疹，呈灰黄或黄褐色等，表面粗糙角化。本病发展缓慢，可自然消退，亦可采用局部的药物治疗和手术治疗。若要治疗，可采用锐匙刮除或液氮冷冻、CO_2激光治疗、外科手术切除等方法，或用鸦胆子外敷，或外涂5–氟料嘧啶软膏、疣必治。

对顽固性寻常疣，可给予免疫治疗或液氮冷冻治疗。

蝉肤白花酒

【使用方法】外敷。每天5～6次，蘸药液后搽于患处，以愈为度。

【贮藏方法】放在干燥、阴凉、避光处保存。

【注意事项】忌刺激性食物、化妆品。

【药材配方】

蝉蜕6克 白鲜皮12克

红花2克

地肤子12克

75%乙醇100毫升

明矾12克

【功能效用】

蝉蜕具有散风清热、利咽透疹、退翳解痉的功效；白藓皮具有清热燥湿、散风解毒的功效。此款药酒具有活血散风、杀菌去疣的功效。主治扁平疣。

【泡酒方法】

①将蝉蜕、白藓皮、红花、地肤子、明矾分别捣碎，放入容器中；

②将乙醇倒入容器中，与诸药材充分混合；

③密封浸泡3天；

④过滤去渣后取药液使用。

消疣液

【使用方法】外敷。每天3次，每次5分钟，持续3～6周。用棉球蘸后于患病处稍用力擦拭。

【贮藏方法】放在干燥、阴凉、避光处保存。

【注意事项】切勿内服。

【药材配方】

海桐皮240克

地肤子240克

蛇床子240克

青龙衣24克

土大黄1千克

高粱酒1升

【功能效用】

海桐皮具有散风祛湿、通经活络、杀虫止痒的功效。此款药酒具有消炎止痛、散结去疣的功效。主治寻常疣。

【泡酒方法】

①将海桐皮、地肤子、蛇床子、青龙衣、新鲜土大黄分别捣碎，放入容器中；

②加入高粱酒；

③密封浸泡30天取药液使用。

参芪活血酒

【使用方法】口服。每天3次，每次10毫升。

【贮藏方法】放在干燥、阴凉、避光处保存。

【注意事项】忌食刺激性食物。

【药材配方】

党参60克

黄芪120克

当归30克

延胡索30克

丹参100克

川芎24克

桃仁24克

甘草10克

红花18克

香附18克

全蝎12克

38度白酒3升

【泡酒方法】

①将党参、黄芪、当归、延胡索、丹参、川芎、桃仁、甘草、红花、香附、全蝎入容器；

②加入白酒，密封浸泡7天；

③过滤去渣，取药液服用。

【功能效用】

此款药酒具有益气固元、活血化瘀、散风祛湿、去结解凝的功效。主治传染性软疣。

洗瘊酒

【使用方法】外敷。每天2～3次，用棉球蘸药液后搽于患处。
【贮藏方法】放在干燥、阴凉、避光处保存。
【注意事项】对寻常疣在手足背多者，效果甚佳。

【药材配方】

苍耳子60克

75%乙醇200毫升

【功能效用】

苍耳子具有解表除汗、清热止痛、润肺滑肠的功效。此款药酒具有软化瘊子的功效。主治寻常疣等症。

【泡酒方法】

①将苍耳子捣碎，放入容器中；
②将乙醇倒入容器中，与药粉充分混合；
③将容器中的药酒密封浸泡约7天后取出；
④过滤去渣后取药液使用。

骨碎补酒

【使用方法】外敷。早晚各1次。用棉球蘸药液后搽于患处，以愈为度。
【贮藏方法】放在干燥、阴凉、避光处保存。
【注意事项】阴虚者、无瘀血者慎用。

【药材配方】

骨碎补40克　70%乙醇200毫升

【功能效用】

骨碎补具有补肾强骨、疗伤止痛的功效，适用于肾虚腰痛、耳鸣耳聋、跌扑骨折、斑秃、白癜风。此款药酒具有腐蚀软疣的功效。主治传染性软疣。

【泡酒方法】

①将骨碎补捣碎，放入容器中；
②将乙醇倒入容器中，与药粉充分混合；
③将容器中的药酒密封浸泡2天后取出；
④过滤去渣后取药液使用。

脂溢性皮炎

◎脂溢性皮炎是在皮脂溢出较多部位发生的慢性炎症性皮肤病，多见于成年人及新生儿。目前病因不甚清楚，一般认为本病是在皮脂溢出的基础上，皮肤表面正常菌群失调，糠秕马拉色菌生长增多所致。

脂溢性皮炎通常从头部开始，症状加重时向面部、耳后、上胸部等其他部位发展，表现为片状灰白色糠秕状鳞屑，基底稍红，轻度瘙痒。重者表现为油腻性鳞屑性地图状斑片，可伴渗出和厚痂。婴儿脂溢性皮炎通常发生在出生后第1个月，皮损多在头皮、额部、眉间及双颊部，为渗出性红斑，上有较厚的黄色油腻性屑痂。

苦参百部酊

【使用方法】外敷。每天1~2次。用棉球蘸药液后搽于患处，以愈为度。
【贮藏方法】放在干燥、阴凉、避光处保存。
【注意事项】脾胃虚寒者忌用。

【药材配方】

苦参620克

百部180克

白酒10升

野菊花180克

樟脑250克

【功能效用】

苦参具有清热祛湿、杀虫利尿的功效；百部具有润肺止咳、杀虫灭虱的功效。此款药酒具有杀菌止痒的功效。主治脂溢性皮炎、桃花癣、玫瑰糠疹、皮肤瘙痒等症。

【泡酒方法】

①将苦参、百部、野菊花分别捣碎，放入容器中；
②将白酒倒入容器中，与药粉充分混合；
③密封浸泡约7天，过滤去渣，取清液；
④将樟脑研磨成粉末状，加入清液后拌匀，取药液使用。

皮炎液

【使用方法】外敷。每天3次。轻摇药液，蘸后擦患处，以愈为度。

【贮藏方法】放在干燥、阴凉、避光处保存。

【注意事项】勿口服；治疗股癣，硫黄、轻粉加倍；治疗阴囊炎去掉硫黄、轻粉；对头部脂溢性皮炎继发感染者，可加入明雄黄6克。

【药材配方】

硫黄6克

枯矾2克

冰片5克

75%乙醇400毫升

【功能效用】

硫黄具有杀虫、壮阳的功效；冰片具有消肿止痛、清热解毒、散风下火的功效。此款药酒具有解毒祛湿、杀虫止痒的功效。主治脂溢性皮炎、股癣、夏季皮炎等症。

【泡酒方法】

①将硫黄、枯矾、冰片分别研磨成细粉，放入容器中；
②将乙醇倒入容器中，与药粉充分混合；
③将容器中的药酒密封浸泡1天后取出；
④过滤去渣后，取药液使用。

丝瓜络酒

【使用方法】外敷。每天晚上1次。用棉球蘸药液后搽于患处，以愈为度。

【贮藏方法】放在干燥、阴凉、避光处保存。

【注意事项】脾胃虚寒者忌用。

【药材配方】

丝瓜络500克

苦参200克

旱莲500克

芥末100克

白酒适量

【功能效用】

丝瓜络具有散风通络、清热药止血的功效；苦参具有清热祛湿、杀虫利尿的功效。此款药酒具有解毒祛湿、杀虫止痒的功效。主治脂溢性皮炎等症。

【泡酒方法】

①将丝瓜络、苦参、旱莲、芥末分别研磨成细粉，放入容器中；
②将白酒倒入容器中，与诸药粉充分混合；
③将容器中的药酒密封浸泡3天；
④过滤去渣后。取药液使用。

斑秃、脱发

◎斑秃，俗称“鬼剃头”，用来形容短时间内，头发不明原因的大量脱落，形成边界整齐、大小不等的脱发斑，一般为一块硬币大小或更大的圆形脱发斑，在少数情况下甚至发展至整个头皮、身体其他部位的毛发全部脱落。

斑秃可以发生在儿童到成年的任何时期，目前病因尚不明确。除了脱发，患者的一般健康状况良好，但在脱发之前，通常都有精神过度紧张或者劳累的情况，治疗原则是刺激局部充血，促进毛发生长。

脱发，是头发脱落的现象。由于进入退行期与新进入生长期的毛发不断处于动态平衡，会自行脱落，但能维持正常数量的头发，此为正常的生理性脱发。病理性脱发则是指头发异常或过度的脱落，其原因很多。导致脱发的主要原因是人体血液内的热毒排不出来，从而使人体出现某些病症，而表现在头发上就是毛囊萎缩、头发脱落、易断、油脂分泌多、无弹性，较为严重的情况是普脱、全脱。

枸杞沉香酒

【使用方法】外敷。每天3次，用棉球蘸药液后搽于患处，以愈为度。

【贮藏方法】放在干燥、阴凉、避光处保存。

【注意事项】外邪实热、脾虚有湿、泄泻者忌用。

【药材配方】

枸杞30克

沉香30克

熟地黄30克

白酒500毫升

【功能效用】

枸杞子具有降低血糖、减轻脂肪肝、抗动脉粥样硬化的功效。此款药酒具有补肝养肾、益气活血的功效。主治脱发、白发、健忘、不孕等症。

【泡酒方法】

①将熟地黄、沉香、枸杞子分别捣碎，放入容器中；
②将白酒倒入容器中，与药粉充分混合；
③将容器中的药酒密封浸泡10天，经常摇动；
④过滤去渣后，取药液使用。

十四首乌酒

【服用方法】口服。早晚各1次，每次15毫升。
【贮藏方法】放在干燥、阴凉、避光处保存。
【注意事项】忌服鱼腥。

【药材配方】

何首乌60克　当归30克　熟地黄70克　枸杞30克　麦门冬30克
西党参30克　龙胆草24克　白术24克　陈皮18克　茯苓24克
五味子18克　黄檗18克　桂圆肉30克　黑枣60克　白酒2升

【泡酒方法】
①将14味药分别捣碎，入布袋再入容器；
②加白酒密封浸泡14天，经常摇动；
③过滤去渣后，取药液服用。

【功能效用】
此款药酒具有补肝养肾、益气活血、清热解毒的功效。主治斑秃、青壮年血气衰弱。

神应养真酒

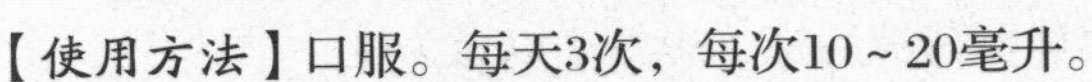

【使用方法】口服。每天3次，每次10~20毫升。
【贮藏方法】放在干燥、阴凉、避光处保存。
【注意事项】外邪实热、脾虚有湿、泄泻者忌服。

【药材配方】

当归50克　熟地黄60克　菟丝子40克　羌活18克　天麻30克
白芍60克　川芎30克　木瓜60克　白酒2升

【泡酒方法】
①将当归、熟地黄、菟丝子、羌活、天麻、白芍、川芎、木瓜研粗粉，入布袋再入容器；
②加白酒密封浸泡49天，经常摇动,去渣后取药液服用。

【功能效用】
当归具有补血活血、温经止痛、润燥滑肠的功效。此款药酒具有益气活血、散风活络的功效。主治脱发、脂溢性皮炎。

须发早白

◎须发早白，俗称“少白头”，多与精神因素、营养不良、内分泌障碍以及全身慢性消耗性疾病有关，主要是由于肝肾不足、气血亏损所致。先天性的少白头多与遗传有关，不易治疗；后天性的少白头，除了因病治疗，还应加强营养涉入。

1.肾阴亏损致白发　多见于中年人，一般数量由少至多逐渐增多，或黑发色变灰淡，再由灰淡变为灰白，甚则头发全部变白。多无自觉症状，有的可见头发稀疏脱落。

2.营血虚热致白发　多见于青少年，其白发多呈花白，数量由少至多逐渐增多，黑白相杂，甚则白发可占全部头发的70%～80%。

3.肝郁气滞致白发　多见于中壮年，少见于青少年。其白发出现比较迅速，短期内可见大量白发甚至可致全白。一般有精神情志因素可寻。

鹤龄酒

【服用方法】口服。每天3次，每次20毫升。

【贮藏方法】放在干燥、阴凉、避光处保存。

【注意事项】外邪实热、脾虚有湿、泄泻者忌服。

【药材配方】

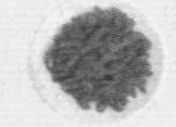

枸杞60克　何首乌60克　牛膝10克　党参10克

当归30克

生地黄10克

山茱萸10克　天门冬30克

补骨脂10克

菟丝子10克

蜂蜜60毫升

白酒1.5升

【泡酒方法】

①将诸药材捣碎，入布袋再入容器；

②加白酒密封，再用文火煮沸晾凉，埋土中7天，去渣后加蜂蜜混匀，取药液服用。

【功能效用】

此款药酒具有活血理气、补肝养肾的功效。主治须发早白、未老先衰、齿落眼花、筋骨无力等症。

首乌当归酒

【使用方法】口服。每天2次，每次10～15毫升。
【贮藏方法】放在干燥、阴凉、避光处保存。
【注意事项】大便溏薄者忌服。

【药材配方】

何首乌60克

当归30克

熟地黄60克

白酒2升

【功能效用】

当归具有补血活血、温经止痛、润燥滑肠的功效。此款药酒具有补肝养肾、益气活血的功效。主治须发早白、腰酸、耳鸣、头晕等症。

【泡酒方法】

①将何首乌、当归、熟地黄分别捣碎，放入布袋中，然后将此布袋放入容器中；
②将白酒倒入容器中，与诸药粉充分混合；
③密封浸泡14天，经常摇动；
④过滤去渣后，取药液服用。

乌发益寿酒

【使用方法】口服。每天2次，每次15～20毫升。
【贮藏方法】放在干燥、阴凉、避光处保存。
【注意事项】脾胃虚寒、肾阳不足者忌服。

【药材配方】

女贞子40克

旱莲草30克

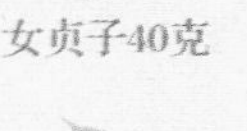
黑桑葚30克

白酒1升

【功能效用】

旱莲草具有收敛止血、补肝益肾的功效。此款药酒具有滋阴补肾、散风清热、乌须黑发的功效。主治须发早白、肝肾不足所致的头晕目眩、腰酸耳鸣、面容枯槁。

【泡酒方法】

①将女贞子、旱莲草、黑桑葚放入容器中；
②将白酒倒入容器中，与诸药材充分混合；
③将容器中的药酒密封浸泡15天；
④过滤去渣后，取药液服用。

固本酒

【服用方法】空腹口服。每天数次，每次不超过50毫升。
【贮藏方法】放在干燥、阴凉、避光处保存。
【注意事项】脾胃有湿邪及阳虚者忌服。

【药材配方】

生地黄25克

熟地黄25克

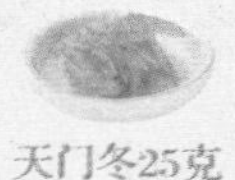
天门冬25克

麦门冬25克

白茯苓25克

人参25克

黄酒500毫升

【泡酒方法】

①将生地黄、熟地黄、天门冬、麦门冬、白茯苓、人参分别捣碎，放入容器中；
②加黄酒密封浸泡3天，后用文武火煮沸至酒黑，服药液。

【功能效用】

生地黄具有清热生津、滋阴活血的功效。此款药酒具有美容养颜、乌须黑发的功效。主治须发早白、面容枯槁。

一醉散

【使用方法】口服。每天1次，酌量服用，14天后饮尽，大醉见效。
【贮藏方法】放在干燥、阴凉、避光处保存。
【注意事项】脾胃有湿邪及阳虚者忌服。

【药材配方】

生地黄30克

旱莲草3克

槐角24克

白酒1升

【功能效用】

生地黄具有清热生津、滋阴活血的功效；旱莲草具有收敛止血、补肝益肾的功效。此款药酒具有散风活血、乌须黑发的功效。主治须发早白。

【泡酒方法】

①将生地黄、旱莲草、槐角分别研末，放入容器中；
②将黄酒倒入容器中，与诸药材充分混合；
③将容器中的药酒密封浸泡20天；
④过滤去渣后，取药液服用。

其他皮肤病

◎游风，又称赤游风或赤游丹。是一种急性的以皮肤表现为主的风证。多见于小儿，多发于口唇、眼睑、耳垂、胸腹、背部、手背等处。

◎顽癣，指一种慢性顽固性皮肤病，多因风、湿、热、虫四者，使血燥风毒克于脾、肺二经。

◎白屑风，是头皮白屑脱落为主的一种病症，主要病发于头皮，相当于干性皮脂溢性皮炎。多以外治为主，可调敷颠倒散洗剂，或选用润肌膏。

◎痒疹，是一组以小风团样丘疹、结节、奇痒难忍为特征的急性或慢性炎症性皮肤病。其致病原因比较复杂，多认为发病与变态反应有关。

◎痤疮，俗称青春痘，为慢性炎症性毛囊皮脂腺疾病，是皮肤科最常见的疾病之一。

◎白色糠疹，又称单纯糠疹，为多见于儿童颜面的表浅性干燥鳞屑性浅色斑，炎症轻微。

花草酊

【使用方法】外敷。每天3次。先局部按摩，再蘸药酒擦患处。
【贮藏方法】放在干燥、阴凉、避光处保存。
【注意事项】孕妇慎用。

【药材配方】

红花300克

紫草180克

赤芍240克

当归240克

60%乙醇10升

【功能效用】

红花具有活血舒筋、去瘀止痛的功效；当归具有补血活血、温经止痛、润燥滑肠的功效。此款药酒具有活血通络、凉血解毒的功效。预防压疮。

【泡酒方法】

①将红花、紫草、赤芍、当归分别切成薄片，放入容器中；
②将乙醇倒入容器中，与诸药片充分混合；
③将容器中的药酒密封浸泡约15天；
④过滤去渣后，取药液使用。

苦百酊

【使用方法】外敷。每天2~3次。用棉球蘸药液后搽于患处，以愈为度。
【贮藏方法】放在干燥、阴凉、避光处保存。
【注意事项】切勿口服。

【药材配方】

苦参200克

白酒2升

百部200克

【功能效用】

苦参具有清热祛湿、杀虫利尿的功效；百部具有润肺止咳、杀虫灭虱的功效。此款药酒具有清热祛湿、杀虫止痒的功效。主治痤疮。

【泡酒方法】

①将苦参、百部分别捣碎，放入容器中；
②将白酒倒入容器中，与诸药粉充分混合；
③将容器中的药酒密封浸泡约7天；
④过滤去渣后。取药液使用。

当归荆芥酒

【使用方法】外敷。每天3次，每次10分钟。蘸药酒搽于患处。
【贮藏方法】放在干燥、阴凉、避光处保存。
【注意事项】热盛出血者忌用；湿盛中满、大便溏泄者、孕妇慎用。

【药材配方】

当归180克

荆芥180克

羌活180克

防风180克

蜂蜜750克

水酒4.5升

【功能效用】

当归具有补血活血、温经止痛、润燥滑肠的功效。此款药酒具有活血散风、润肤止痒的功效。主治风吹裂皮肤痛不可忍、海水伤裂皮肤。

【泡酒方法】

①将当归、荆芥、羌活、防风、蜂蜜放入容器中；
②将水酒倒入容器中，与诸药材充分混合；
③将容器上火，熬煮出汤；
④过滤去渣后，取药液使用。

满天星酊

【使用方法】外敷。每天3次，每次10分钟。视丹毒蔓延走向，在末端离病灶3厘米处，蘸药液涂圆圈，由内向外反复涂擦。

【贮藏方法】放在干燥、阴凉、避光处保存。

【注意事项】对过敏性皮疹无效。

【药材配方】

满天星2千克

75%乙醇8升

雄黄48克

【功能效用】

满天星具有散风清热、消炎止痛的功效。雄黄具有解毒杀虫、祛湿化痰的功效。此款药酒具有散风解毒、杀虫止痒的功效。主治丹毒。

【泡酒方法】

①将满天星洗净晾干，切碎后放入容器中；
②加入乙醇，密封浸泡10天；
③将药材过滤，取渣捣烂，取滤液和药液混合；
④将雄黄研磨成粉末状，加入混合液中，拌匀后取药液使用。

止痒酒

【使用方法】外敷。每天2～3次。用棉球蘸药液后搽于患处。

【贮藏方法】放在干燥、阴凉、避光处保存。

【注意事项】脾胃虚寒者忌用。

【药材配方】

苦参300克

土荆芥300克

白鲜皮300克

白酒2升

【功能效用】

苦参具有清热祛湿、杀虫利尿的功效；白鲜皮具有清热燥湿、散风解毒的功效。此款药酒具有散风祛湿、杀虫止痒的功效。主治神经性皮炎、癣疮、牛皮癣等症。

【泡酒方法】

①将苦参、土荆芥、白鲜皮分别研磨成粗粉，放入容器中；
②将白酒倒入容器中，与诸药粉充分混合；
③将容器中的药酒密封浸泡14天；
④过滤去渣后取药液使用。

甘草生麻酒

【使用方法】口服。早晚各1次。同时可取药渣敷在患病处。
【贮藏方法】放在干燥、阴凉、避光处保存。
【注意事项】孕妇忌服。

【药材配方】

炙甘草60克　升麻60克　沉香60克

麝香1.8克　淡豆豉108克　黄酒适量

【功能效用】

炙甘草具有益气滋阴、壮阳通脉的功效；升麻具有发表透疹、清热解毒、理气壮阳的功效。此款药酒具有消肿止痛的功效。主治头癣、头上肿痛作痒。

【泡酒方法】

①将炙甘草、升麻、沉香、淡豆豉分别捣碎，再用目筛过滤后，放入容器中；
②加入麝香，搅拌均匀；
③加入黄酒，熬煮至八成；
④过滤去渣后取药液服用。

苦参藓皮酒

【使用方法】饭后口服。早晚各1次，初每次10毫升，渐加至30毫升。
【贮藏方法】放在干燥、阴凉、避光处保存。
【注意事项】家庭里按此法泡酒，可适当减量。

【药材配方】

苦参300克　白藓皮120克　天麻48克

露蜂房45克　糯米3千克　酒曲750克

【功能效用】

苦参具有清热祛湿、杀虫利尿的功效；白藓皮具有清热燥湿、散风解毒的功效。此款药酒具有清热解毒、散风疗疮的功效。主治遍身白屑疼痛难忍。

【泡酒方法】

①将苦参、白藓皮、天麻、露蜂房放入容器中；
②用4倍水熬煮至半，过滤去渣，取药液；
③将糯米煮熟，酒曲压碎后浸渍4天，按常法酿酒；
④酒熟后过滤去渣，取药液服用。

克癣酒

【使用方法】外敷。每晚1次，14 次1个 疗程。蘸药酒擦患病处。
【贮藏方法】放在干燥、阴凉、避光处保存。
【注意事项】治疗足癣，则将患病处浸泡进药酒30分钟，每晚1次。

【药材配方】

苦参40克

樟脑8克

五倍子20克

地肤子20克

蛇床子20克

木鳖子20克

相思子20克

硫黄40克

雄黄20克

白矾40克

土茯苓20克

百部20克

白蘚皮20克

皂角20克

蝉蜕20克

蜈蚣8条

醋精1200克

冰片8克

白酒4升

【泡酒方法】

①将苦参、五倍子、地肤子、蛇床子、木鳖子、相思子、硫黄、雄黄、白矾、土茯苓、百部、白蘚皮、皂角、蝉蜕、蜈蚣、樟脑、冰片分别捣碎，放入布袋中，然后将此布袋放入容器中；
②将白酒、醋精倒入容器中；
③将容器中的药酒密封浸泡1天后取出；
④过滤去渣后，取药液使用。

【功能效用】

苦参具有清热祛湿、杀虫利尿的功效；五倍子具有润肺止汗、滑肠固精、活血排毒的功效；硫黄具有杀虫、壮阳的功效；雄黄具有解毒杀虫、祛湿化痰的功效。此款药酒具有清热祛湿、散风止痒的功效。主治体癣、手癣、足癣、头癣。

参白藓药水

【使用方法】外敷。每天2次。用前摇晃，再蘸药酒搽患处。
【贮藏方法】放在干燥、阴凉、避光处保存。
【注意事项】脾胃虚寒者忌用。

【药材配方】

苦参450克

白藓皮450克

百部300克

蛇床子450克

地肤子450克

黄檗300克

硫黄300克

茵陈300克

75%乙醇适量

【泡酒方法】①苦参、白藓皮、百部、蛇床子、地肤子、黄檗、茵陈研粉；②诸药入容器，加乙醇按渗漉法制药酊，加硫黄溶匀，再加乙醇制成9升，取药液使用。

【功能效用】苦参具有清热祛湿、杀虫利尿的功效；白藓皮具有清热燥湿、散风解毒的功效。此款药酒具有散风止痒的功效。主治各类癣症。

苦楝根皮酒

【使用方法】外敷。每天2～3次。用棉球蘸药液后搽于患处，以愈为度。
【贮藏方法】放在干燥、阴凉、避光处保存。
【注意事项】切勿内服。

【药材配方】

苦楝根皮24克

樟脑45克

苦参45克

苯甲酸适量

地榆24克

斑蝥3克

蜈蚣6克

碘酒适量

75%乙醇1.2升

水杨酸1.6克

【泡酒方法】①将诸药材研粉入容器，加乙醇密封浸泡15天，取药液；②每取药液25.5毫升，加苯甲酸1.8克、水杨酸1.8克、碘酒4.5毫升。

【功能效用】苦参具有清热祛湿、杀虫利尿的功效。此款药酒具有清热祛湿、杀虫止痒的功效。主治体癣、股癣等症。

去癣酊

【使用方法】外敷。每天2次。用棉球蘸药液后搽于患处。

【贮藏方法】放在干燥、阴凉、避光处保存。

【药材配方】

马钱子40粒

斑蝥40个

大蜈蚣40条

土槿皮80克

全蝎40只

海金沙120克

76%乙醇1.2升

【功能效用】

马钱子具有凉血健胃、消肿杀毒的功效。此款药酒具有清热解毒、散风祛湿、杀菌止痒的功效。主治体癣、桃花癣、汗斑。

【泡酒方法】

①将马钱子去皮，与土槿皮、斑蝥、大蜈蚣、全蝎、海金砂研磨成粗粉，放入容器中；

②加体积分数76%乙醇，密封浸泡7天，滤取药液使用。

南山草酒

【使用方法】外敷。每天3次。用棉球蘸药液后搽于患处。

【贮藏方法】放在干燥、阴凉、避光处保存。

【注意事项】一般3~7天可治愈。

【药材配方】

生南星20克

草河车40克

山蘑菇22克

白酒400毫升

【功能效用】

生南星具有祛湿化痰、散风止痉、散结消肿的功效；草河车具有清热解毒、消肿止痛、凉肝定惊的功效。此款药酒具有清热解毒、祛湿消肿的功效。主治带状疱疹。

【泡酒方法】

①将白酒倒入碗中，备用；

②将以上药材分别捣碎后倒入容器中，与白酒搅匀；

③将药酒过滤去渣，取澄清药液使用。

第七篇

防治风湿痹痛类疾病的药酒

●风湿痹痛是泛指影响骨、关节及周围软组织的疾病，关节炎占重要组成部分。多数风湿痹痛类疾病呈慢性病程，同一疾病在不同个体或不同时期临床表现可能有较大差异。病程呈反复发作与缓解交替。

风湿痹痛类是多因素的疾病，要预防有一定困难。其中痛风性关节炎与生活习性关系较密切，只要在饮食上戒烟忌酒，少吃含嘌呤高的食物，便可以减少发作。

本篇将为大家介绍多个可防治风湿痹痛的药酒。

白花蛇酒

【使用方法】口服。每天2次，每次10～15毫升。

【贮藏方法】放在干燥、阴凉、避光处保存。

【注意事项】白花蛇有毒，务必先炮制加工后，方可使用。

【药材配方】

白花蛇180克

天麻48克

秦艽60克

羌活60克

当归60克

防风60克

五加皮60克

烧酒4升

【泡酒方法】

①将白花蛇去头骨尾，晾干；

②将诸药材研磨成粗粉，入布袋再入容器；

③加入烧酒，密封浸泡约30天，方可服用。

【功能效用】

此款药酒具有活血通络、散风祛湿的功效。主治风湿痹证、关节酸痛、恶风发热、苔薄白肿。

薏苡仁酒

【使用方法】口服。早晚各1次，每次10～15毫升。用温水于饭后服。

【贮藏方法】放在干燥、阴凉、避光处保存。

【注意事项】阴虚火旺、便秘者忌服；忌生冷、辛辣、不消化食物。

【药材配方】

薏苡仁60克

牛膝60克

海桐皮30克

五加皮30克

独活30克

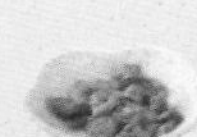
防风30克

杜仲30克

白术15克

枳壳30克

熟地黄45克

米酒1.5升

【泡酒方法】

①将杜仲姜炙、枳壳翻炒，与其余诸药捣碎，放入布袋中，然后将此布袋放入容器中；

②加米酒密封浸泡约15天；

③过滤去渣，取药液服用。

【功能效用】

强筋壮骨，散风祛湿。主治风湿痹症、腰背僵硬、关节肿胀、手足麻木、脘腹虚胀、消化不良、骨质增生等症。

龟潜酒

【使用方法】口服。每天数次，酌量服用。
【贮藏方法】放在干燥、阴凉、避光处保存。
【注意事项】阴虚火旺忌服；脾虚泄泻、胃虚食少、胸膈多痰者慎服。

【药材配方】

【泡酒方法】

①将独活、龟板、狗脊、牛膝、黑故子、生地黄、骨碎补、枸杞子、当归、羌活、续断、桑寄生、海风藤、红花、白茯苓、杜仲、川芎、丹参、乳香、没药、何首乌、小茴香、人工虎骨分别切成薄片，放入布袋中，然后将此布袋放入容器中；
②将白酒倒入容器中，密封加固；
③将容器上火，隔水熬煮1.5小时，离火后晾凉；
④将药罐埋入土中封存2天，取药液服用。

【功能效用】

龟板具有滋阴补阳、补肾壮骨的功效；狗脊具有散风祛湿、补肝益肾、强腰健膝的功效；牛膝具有活血化瘀的功效；黑故子具有补肾益气的功效。此款药酒具有活血舒筋、清热止痛的功效。主治风湿痹痛、日久不愈、肢体疼痛、痿弱无力等症。

丹参加皮酒

【使用方法】空腹口服。每天2～3次。起初每次10～20毫升，逐渐增至30毫升，以愈为度。

【贮藏方法】放在干燥、阴凉、避光处保存。

【注意事项】脾胃湿热者、肺热咳者、孕妇、患胃溃疡者、感冒发烧者忌服。

【药材配方】

五加皮160克

枳壳70克

丹参80克

桂皮30克

当归30克

制附子10克

川椒30克

白藓皮30克

薏苡仁15克

大麻仁70克

木通30克

川芎10克

炮姜10克

白酒2升

【泡酒方法】

①将当归、川椒翻炒，与11味药材分别捣碎，放入布袋中，然后将此布袋放入容器中；
②加入白酒，密封浸泡7天；
③过滤去渣，取药液服用。

【功能效用】

活血通络，理气驱寒，舒筋止痛，强筋壮骨。主治风湿性关节炎、类风湿关节炎、肌肉风湿、怕冷恶风、胸闷心烦、脉管炎等症。

冯了性酒

【使用方法】口服。每天2次，每次15毫升。饭前服，外敷亦可。

【贮藏方法】放在干燥、阴凉、避光处保存。

【注意事项】外感发热、阴虚带热者忌服；孕妇忌服。

【药材配方】

五加皮9克

威灵仙12克

山栀子7.5克

当归尾7.5克

麻黄24克

小茴香9克

桂枝12克

川芎7.5克

防己9克

白芷12克

羌活9克

独活9克

白酒1.5升

【泡酒方法】

①将诸药材捣碎入容器蒸透；
②用冷浸法，密封浸泡45～60天，取药液服用；
③采用温浸法，密封浸泡后隔水加热2次，取药液服用。

【功能效用】

此款药酒具有活血通络、散风驱寒、舒筋止痛的功效。主治风湿痹症、跌打损伤、怕冷恶风等症。

独活寄生酒

【使用方法】饭后温服。早晚各1次，每次10毫升，30天1疗程。
【贮藏方法】放在干燥、阴凉、避光处保存。
【注意事项】便秘痰咳、溃疡发烧、阴虚阳亢、口舌生疮者忌服；孕妇忌服。

【药材配方】

独活60克　桑寄生40克　党参60克　当归100克　秦艽60克
白芍60克　牛膝60克　防风40克　川芎40克　生地黄100克
杜仲100克　茯苓80克　肉桂30克　细辛24克　甘草30克　白酒3升

【泡酒方法】
①将15味药材分别捣碎，放入布袋中，然后将此布袋放入容器中；
②加入白酒，密封浸泡14天，过滤去渣，取药液服用。

【功能效用】
散风祛湿，补肝养肾，活血通络，舒筋止痛。主治风湿痹症、怕冷恶风、关节炎、肩周炎、中风偏瘫、硬皮病、脉管炎等症。

痹酒

【使用方法】口服。早晚各1次，每次10毫升。用温水于饭后服。
【贮藏方法】放在干燥、阴凉、避光处保存。
【注意事项】阴虚火旺、肺热痰咳、便秘、溃疡肠炎者忌服；孕妇忌服。

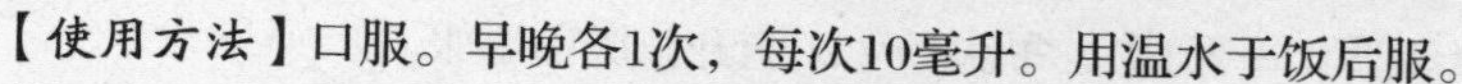

【药材配方】

人参30克　黄芪60克　姜黄60克　当归80克　羌活48克
赤芍60克　防风48克　甘草20克　炮姜30克　白酒2升

【泡酒方法】
①将人参、黄芪、姜黄、当归、羌活、赤芍、防风、甘草、炮姜研粗末入布袋再入容器；
②加白酒密封浸泡约3天；
③过滤去渣，取药液服用。

【功能效用】
散风祛湿，活血通络，理气痛痹，疏利关节。主治肩周炎、颈椎病、脉管炎、脑血栓偏瘫、肌肉风湿、怕冷恶风、脘腹冷痛等症。

杜仲丹参酒

【使用方法】口服。早晚各1次，每次10～15毫升。用温水于饭前服。
【贮藏方法】放在干燥、阴凉、避光处保存。
【注意事项】忌食辛辣、不易消化食物。

【药材配方】

杜仲60克

丹参60克

川芎30克

白酒2升

【功能效用】

补肾益肝，活血通络，强筋壮骨，散风止痛。主治风湿痹症、怕冷恶风、冠心病、脉管炎、脑血栓偏瘫、胸闷心悸、腰背僵硬、中老年人气滞血瘀等症。

【泡酒方法】

①将杜仲、丹参、川芎分别研磨成粗粉，放入布袋中，然后将此布袋放入容器中；
②将白酒倒入容器中，密封浸泡约15天；
③过滤去渣，取药液服用。

萆薢防风酒

【使用方法】空腹口服。每天3次，每次10～20毫升。饭前温服。
【贮藏方法】放在干燥、阴凉、避光处保存。
【注意事项】阴虚火旺者、肾虚遗精者、多尿及腰痛者忌服。

【药材配方】

萆薢30克

防风15克

菟丝子15克

制附子15克

杜仲15克

黄芪15克

石斛15克

川椒15克

生地黄15克

地骨皮15克

续断15克

肉苁蓉15克

菊花15克

白酒1.2升

【泡酒方法】

①将杜仲去粗皮翻炒、石斛去根、肉苁蓉用酒浸后焙、川椒去目炒出汗；
②诸药材研粗末入容器，加菊花、白酒密封浸泡10天，滤取药液。

【功能效用】

萆薢具有祛湿去浊、散风通痹的功效。此款药酒具有散风祛湿、补肾理气的功效。主治风湿痹症、阳痿遗尿等症。

追风活络酒

【使用方法】空腹口服。早晚各1次，每次10~15毫升。用温水服。
【贮藏方法】放在干燥、阴凉、避光处保存。
【注意事项】孕妇忌服。

【药材配方】

【泡酒方法】

①将补骨脂、杜仲盐制；
②将当归、麻黄、秦艽、刘寄奴、补骨脂、续断、羌活、独活、天麻、川芎、血竭、乳香、没药、牛膝、防风、杜仲、土鳖虫、制草乌、白芷、紫草、木瓜、白糖分别捣碎，装袋放入容器中；
③将红花、红曲、白酒倒入容器中，与上述诸药材混匀；
④密封浸泡8天；
⑤将药酒取出，过滤去渣；
⑥取药液服用。

【功能效用】

当归具有补血活血、调经止痛、润燥滑肠的功效；麻黄具有发汗散寒、润肺平喘、利水消肿的功效；秦艽具有散风祛湿、舒筋活络、清热补虚的功效。此款药酒具有舒筋活络、散风驱寒的功效。主治风湿痹症、受风受寒、四肢麻木、关节疼痛、伤筋动骨。

石斛附子酒

【使用方法】口服。每天2～3次，每次10～15毫升。饭前温服。
【贮藏方法】放在干燥、阴凉、避光处保存。
【注意事项】热病早期阴未伤、湿温病未化燥、脾胃虚寒者忌服。

【药材配方】

石斛16克

制附子32克

丹参8克

紫苏16克

淫羊藿8克

赤茯苓8克

黄芩8克

防己8克

防风8克

肉桂8克

川芎8克

细辛12克

当归16克

白术16克

威灵仙16克

薏苡仁8克

独活32克

秦艽16克

黑豆240克

川椒8克

白酒1.2升

【泡酒方法】

①将川椒去目，炒至出汗；
②将黑豆炒熟；
③将石斛、制附子、丹参、紫苏、淫羊藿、赤茯苓、黄芩、防己、防风、肉桂、川芎、细辛、当归、白术、威灵仙、薏苡仁、独活、秦艽、黑豆、川椒分别捣碎，放入布袋中，然后将此布袋放入容器中；
④将白酒倒入容器中，密封浸泡7天；
⑤将药酒过滤去渣；
⑥取药液服用。

【功能效用】

石斛具有和胃生津、滋阴清热的功效；制附子具有回阳救逆、下火助阳、散风驱寒的功效；丹参具有活血舒筋、化瘀止痛、清心除烦的功效；淫羊藿具有补肾壮阳、散风祛湿、强筋键骨的功效。此款药酒具有活血化瘀、散风祛湿、温中散寒的功效。主治脐中冷痛、四肢不遂、腿脚乏力、疼痛难忍。

络石藤酒

【使用方法】口服。每天2～3次，每次10～15毫升。
【贮藏方法】放在干燥、阴凉、避光处保存。
【注意事项】仙茅有毒，应注意用量。

【药材配方】

络石藤48克

牛膝12克

仙茅12克

萆薢12克

骨碎补48克

狗脊24克

生地黄24克

当归身24克

薏苡仁24克

白术12克

黄芪12克

玉竹12克

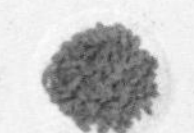
枸杞12克

山茱萸12克

白芍12克

红花12克

续断12克

杜仲12克

木瓜12克

黄酒2升

【泡酒方法】

①将络石藤、牛膝、仙茅、萆薢、骨碎补、狗脊、生地黄、当归身、薏苡仁、白术、黄芪、玉竹、枸杞子、山茱萸、白芍、红花、续断、杜仲、木瓜分别研磨成粗粉，再放入容器中；
②将黄酒倒入容器中，与上述药材充分混合；
③密封浸泡约15天；
④将药酒过滤去渣后，取澄清药液服用。

【功能效用】

络石藤具有散风活络、凉血消肿的功效；牛膝具有活血化瘀、散风止痛的功效；仙茅具有补肾壮阳、强筋健骨、驱寒祛湿的功效。此款药酒具有补肾养肝、活血活络、散风祛湿、理气舒经的功效。主治肝肾虚弱、脾虚血弱、挟有风湿的肢体麻木、疼痛，腰膝酸软、体倦身重等症。

川乌杜仲酒

【使用方法】口服。每天2～3次，每次10～15毫升。饭前服。

【贮藏方法】放在干燥、阴凉、避光处保存。

【注意事项】孕妇忌服。

【药材配方】

制川乌24克 杜仲32克 羌活32克 制附子32克 萆薢32克

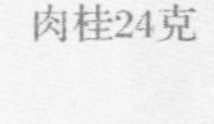

续断32克 防风32克 地骨皮24克 五加皮32克 肉桂24克

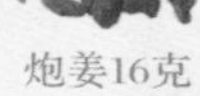
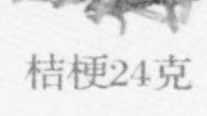
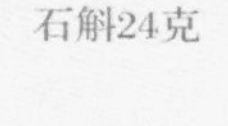

川芎24克 秦艽24克 石斛24克 桔梗24克 炮姜16克

炙甘草16克 栝蒌根16克 细辛20克 川椒12克 白酒1.6升

【泡酒方法】

①将制川乌、杜仲、羌活、制附子、萆薢、续断、防风、地骨皮、五加皮、肉桂、川芎、秦艽、石斛、桔梗、炮姜、炙甘草、栝蒌根、细辛、川椒分别研磨成粗粉，放入容器中；

②将白酒倒入容器中，与上述药材充分混匀；

③密封浸泡约7天；

④过滤去渣后，取药液服用。

【功能效用】

制川乌具有祛风除湿、温经止痛的功效；杜仲具有理气补血的功效；羌活具有温肾壮阳、纳气止泻的功效；制附子具有回阳救逆、补火助阳、散风寒祛湿的功效。此款药酒具有驱寒祛湿、补肾壮阳、强腰壮骨、舒筋止痛的功效。主治肾虚腰痛、风寒腰痛、坠伤腰痛。

活血药酒

【使用方法】口服。每天2～3次，每次10～15毫升。饭前服。
【贮藏方法】放在干燥、阴凉、避光处保存。
【注意事项】孕妇忌服。

【药材配方】

【泡酒方法】

①将杜仲、桃仁、苍术分别翻炒；
②将狗脊、骨碎补烫制；
③将当归、老鹳草、续断、川芎、制川乌、地龙、赤芍、牛膝、苍术、红花、陈皮、桂枝、狗脊、独活、羌活、乌梢蛇、海风藤、甘草、骨碎补、制附子、荆芥、桃仁、麻黄、木香、制马钱子、杜仲、白糖分别研磨成粗粉，放入容器中；
④加白酒密封浸泡15天，需经常搅拌；
⑤将药酒过滤去渣，取药液服用。

【功能效用】

当归具有补血活血、舒经止痛、润燥滑肠的功效；老鹳草具有散风祛湿、通经活络、止泻利水的功效；续断具有补肝益肾、疏通关节、活血安胎的功效。此款药酒具有活血通络、舒筋止痛、散风驱寒的功效。适用于风湿痹症、腰腿疼痛、四肢麻木。

神曲酒

【使用方法】口服。每天2～3次，每次10～15毫升。

【贮藏方法】放在干燥、阴凉、避光处保存。

【注意事项】中气下陷者、脾虚泄泻者、下元不固者、梦遗失精者、月经过多者、孕妇忌服。

【药材配方】

六神曲72克

牛膝36克

玉竹96克

白术36克

桑寄生30克

蚕沙24克

防风24克

川芎24克

当归18克

红花18克

甘草12克

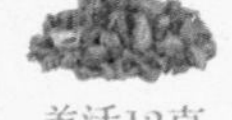
羌活12克

独活12克

续断12克

鹿角胶6克

鳖甲胶6克

木瓜18克

冰糖2千克

白酒11升

【泡酒方法】

①将六神曲、牛膝、玉竹、白术、桑寄生、蚕沙、防风、川芎、当归、红花、甘草、羌活、独活、续断、木瓜分别研磨成粗粉，然后一起放入容器中；
②将鹿角胶、鳖甲胶稀释成液，再分别倒入容器中，与以上诸药材搅拌均匀至充分混合；
③将冰糖、白酒倒入容器中，与诸药材搅拌均匀；
④将药酒过滤去渣后，取澄清药液服用。

【功能效用】

六神曲具有健脾和胃、消食调中的功效；牛膝具有活血化瘀、散风止痛的功效；玉竹具有滋阴润肺、生津止渴的功效；白术具有健脾理气、祛湿利水、止汗安胎的功效。此款药酒具有活血通络、舒筋止痛、散风驱寒的功效。主治风湿痹痛、四肢麻木、关节疼痛。

黄芪续断酒

【使用方法】口服。每天数次，每次1杯。用温水服。

【贮藏方法】放在干燥、阴凉、避光处保存。

【注意事项】表实邪盛者、气滞湿阻者、痈疽初起者、溃后热毒尚盛者、阴虚阳亢者忌服。

【药材配方】

黄芪15克

续断15克

淫羊藿15克

防风15克

肉桂15克

萆薢15克

天麻15克

白芍15克

白术15克

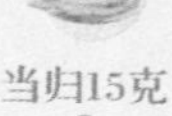

当归15克

云母15克

茵芋叶10克

木香15克

甘草15克

白酒1.25升

【泡酒方法】

①将14味药材分别研磨成细粉，放入布袋中，然后将此布袋放入容器中；

②加入白酒，密封浸泡7天，过滤去渣后取药液服用。

【功能效用】

活血通络、舒筋止痛。主治风湿痹痛、皮肤瘙痒、筋脉拘急、手足不遂、言语謇涩、手脚麻木。

黄精益气酒

【使用方法】口服。每天2次，每次15～20毫升。

【贮藏方法】放在干燥、阴凉、避光处保存。

【注意事项】脾虚有湿者、咳嗽痰多者、中寒泄泻者忌服。

【药材配方】

黄精200克

白酒2升

【功能效用】

黄精具有理气养阴、健脾润肺、养肾宁心的功效。此款药酒具有养心益气、润肺和胃、强壮筋骨的功效。主治风湿疼痛、病后体虚血少等症。

【泡酒方法】

①将黄精洗净、切片；

②将黄精放入布袋中，然后将此布袋放入容器中；

③将白酒倒入容器中，浸没布袋；

④密封浸泡30天后，取药液服用。

秦艽桂苓酒

【使用方法】空腹口服。每天3次，每次1～2杯。用温水服。

【贮藏方法】放在干燥、阴凉、避光处保存。

【注意事项】久痛虚羸者、溲多便滑者忌服。

【药材配方】

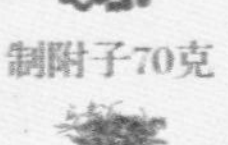

秦艽60克　肉桂60克　茯苓60克　牛膝60克　川芎60克　杜仲120克

丹参120克　制附子70克　石斛70克　麦门冬70克　防风60克　独活60克

地骨皮70克　五加皮120克　薏苡仁60克　大麻仁30克　炮姜70克　白酒4升

【泡酒方法】

①将麦门冬去心、大麻仁翻炒，与其余诸药捣碎入容器；

②加白酒密封浸泡，春秋季7天，夏季3天，冬季10天；

③过滤去渣后取药液服用。

【功能效用】

秦艽具有散风祛湿、舒筋活络、清热补虚的功效。此款药酒具有活血通络、舒筋止痛的功效。主治风湿痹痛、腰膝虚冷、久坐湿地。

牛膝玉米酒

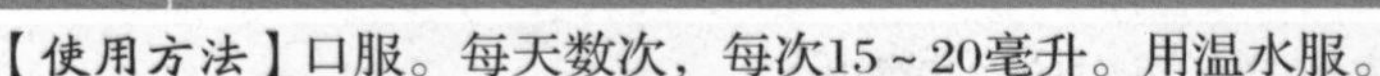

【使用方法】口服。每天数次，每次15～20毫升。用温水服。

【贮藏方法】放在干燥、阴凉、避光处保存。

【注意事项】中气下陷者、脾虚泄泻者、下元不固者、梦遗失精者、月经过多者忌服；孕妇忌服。

【药材配方】

牛膝60克　薏苡仁60克　酸枣仁60克　柏子仁60克　制附子60克

石斛60克　炙甘草40克　炮姜60克　赤芍60克　白酒3升

【泡酒方法】

①将牛膝、薏苡仁、酸枣仁、柏子仁、制附子、赤芍、石斛、炙甘草、炮姜研细入容器；

②加白酒密封浸泡7天，滤取药液。

【功能效用】

此款药酒具有活血通络、舒筋止痛的功效。主治腰膝冷痛、筋脉抽挛、手臂麻木、四肢不利、大便溏泄、精神萎靡。

牛膝大豆浸酒方

【使用方法】空腹温服。早中晚各1次，每次300～500毫升。
【贮藏方法】放在干燥、阴凉、避光处保存。
【注意事项】中气下陷者、脾虚泄泻者、下元不固者、梦遗失精者、月经过多者忌服；孕妇忌服。

【药材配方】

牛膝250克

大豆250克

生地黄250克

白酒15升

【功能效用】

牛膝具有活血化瘀、散风止痛的功效；大豆具有健脾润燥、清热解毒的功效。此款药酒具有清热解毒、活血润肤的功效。主治风湿痹痛、腰膝冷痛、胃气结聚。

【泡酒方法】

①将牛膝浸酒切碎、大豆翻炒；
②将牛膝、大豆、生地黄放入布袋中，然后将此布袋放入容器中；
③将白酒倒入容器中，浸没布袋；
④密封浸泡1天，取药液服用。

巨胜子酒

【使用方法】空腹口服。临睡前1次，每次1～2杯。用温水服。
【贮藏方法】放在干燥、阴凉、避光处保存。
【注意事项】脾虚泄泻者、胃虚食少者、胸膈多痰者慎服。

【药材配方】

巨胜子500克

薏苡仁250克

生地黄60克

白酒2升

【功能效用】

巨胜子具有补肝益肾、滋润五脏的功效；薏苡仁具有利水消肿、健脾除痹的功效。此款药酒具有清热解毒、舒筋通络的功效。主治风湿痹痛、脚膝乏力、痉挛急痛。

【泡酒方法】

①将巨胜子、薏苡仁翻炒，与生地黄分别研粗末，放入布袋中，然后将此布袋放入容器中；
②加入白酒，密封浸泡，春夏季3～5天，秋冬季6～7天；
③过滤去渣后取药液服用。

松叶麻黄酒

【使用方法】口服。每天3次，每次200毫升。用温水服。
【贮藏方法】放在干燥、阴凉、避光处保存。
【注意事项】体虚自汗者、盗汗虚喘者、阴虚阳亢者忌服。

【药材配方】

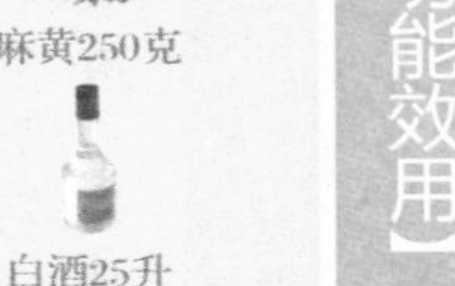

松叶2500克　麻黄250克　独活250克　白酒25升

【功能效用】

此款药酒具有散风祛湿、活络止痛的功效。主治顽痹风痹、口舌生疮、半身不遂、腰背强直、耳聋目暗、恶疰流转、见风泪出等症。

【泡酒方法】

①将麻黄去筋，与松叶、独活分别研磨成细粉，放入布袋中，然后将此布袋放入容器中；
②加入白酒，密封浸泡，春秋季7天，夏季5天，冬季10天；
③过滤去渣后取药液服用。

狗骨木瓜酒

【使用方法】口服。每天数次，酌量服用。
【贮藏方法】放在干燥、阴凉、避光处保存。
【注意事项】中气下陷者、脾虚泄泻者、下元不固者、梦遗失精者、月经过多者忌服；孕妇忌服。

【药材配方】

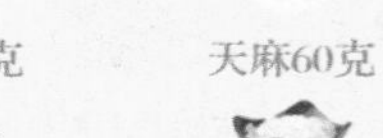

狗骨60克　木瓜180克　当归60克　天麻60克　五加皮60克
川芎60克　牛膝60克　续断60克　冰糖500克　玉竹120克
秦艽30克　防风30克　红花60克　桑枝240克　高粱酒5升

【泡酒方法】

①将狗骨炙处理，15味药材研粗末入布袋再入容器；
②加入高粱酒，密封浸泡7天，过滤去渣后加入白糖，取药液服用。

【功能效用】

当归具有补血活血、调经止痛、润燥滑肠的功效。此款药酒具有清热解毒、活血通络的功效。主治风湿痹痛、深入经络。

当归附子酒

【使用方法】空腹温服。每天数次，每次1杯，酒量不胜者少服。
【贮藏方法】放在干燥、阴凉、避光处保存。
【注意事项】热盛出血忌服；湿盛中满者、大便溏泄者慎服。

【药材配方】

当归70克

白酒2升

制附子30克

【功能效用】

当归具有补血活血、调经止痛，润燥滑肠的功效；制附子具有回阳救逆、下火壮阳的功效。此款药酒具有活血通络、舒筋止痛的功效。主治腰脚寒冷痹痛。

【泡酒方法】

①将当归、制附子分别研细；
②将处理过的药粉放入布袋中，然后将此布袋放入容器中；
③将白酒倒入容器中，浸没布袋；
④密封浸泡，春夏季3天，秋冬季7天，取药液服用。

苁蓉黄芪酒

【使用方法】空腹口服。每天3次，每次1～2杯。用温水服。
【贮藏方法】放在干燥、阴凉、避光处保存。
【注意事项】表实邪盛者、气滞湿阻者、痈疽初起者、溃后热毒尚盛者、阴虚阳亢者忌服。

【药材配方】

肉苁蓉60克　黄芪60克　熟地黄60克　酸枣仁60克　桔梗60克
茯神60克　羌活60克　石斛60克　制附子60克　萆薢60克
防风60克　山羊角30克　石菖蒲60克　川芎60克　牛膝60克　白酒4升

【泡酒方法】

①将山羊角酥炙、酸枣仁翻炒、远志去心、石菖蒲用米泔水浸泡1天后切碎晾干、肉苁蓉用酒浸泡1天、牛膝用酒浸泡1天；
②将诸药研细入布袋再入容器，加白酒密封浸泡，春夏季3天，秋冬季7天，取药液服用。

【功能效用】

清热解毒，舒筋活络。主治腰膝风痹、皮肤不仁、恍惚健忘、头晕目眩。

海藻酒

【使用方法】口服。每天数次，初次200毫升，逐渐增量，以愈为度。
【贮藏方法】放在干燥、阴凉、避光处保存。
【注意事项】孕妇忌服。

【药材配方】

海藻50克

茯苓50克

制附子50克

白术75克

大黄50克

鬼箭50克

防风50克

独活50克

当归50克

白酒10升

【泡酒方法】①将海藻、茯苓、制附子、白术、大黄、鬼箭、防风、独活、当归捣碎，放入容器中；②加入白酒，密封浸泡5天，取药液服用。

【功能效用】海藻具有软坚消痰、利水消肿的功效。此款药酒具有散风祛湿、解毒止痛的功效。主治游风行走无定、腹背肿胀等症。

狗骨酒

【使用方法】口服。每天数次，酌量服用。
【贮藏方法】放在干燥、阴凉、避光处保存。
【注意事项】表虚自汗者、阴虚盗汗者、喘咳虚喘者慎服。

【药材配方】

狗骨适量

白酒适量

【功能效用】此款药酒具有散风止痛、祛湿活络的功效。主治风湿痹痛、腰腿疼痛、肌肉萎缩等症。

【泡酒方法】
①将狗骨放入容器中；
②将白酒倒入容器中，浸没狗骨；
③将药酒密封浸泡15天后取出；
④过滤去渣后，取药液服用。

大凤引酒

【使用方法】口服。1次服尽，3次1疗程。
【贮藏方法】放在干燥、阴凉、避光处保存。
【注意事项】孕妇忌服。

【药材配方】

大豆200克

防风40克

制附子32克

枳实40克

泽泻40克

陈皮40克

茯苓40克

米酒2升

【泡酒方法】

①将诸药材入布袋再入容器；
②用米酒熬煮大豆后入容器；
③将药材熬煮至1500克，分成三份后取药液服用。

【功能效用】

大豆具有健脾润燥、清热解毒的功效。此款药酒具有祛湿止痛、活血通络的功效。主治风湿痹痛、周身胀满。

长松酒

【使用方法】口服。每天数次，每次1~2杯。用温水于饭前服。
【贮藏方法】放在干燥、阴凉、避光处保存。

【药材配方】

松根500克

白酒500毫升

【功能效用】

松根具有散风除湿、活血止血的功效。此款药酒具有祛湿止痛、舒筋活络的功效。主治风湿痹痛、腰膝痛弱、阳痿。

【泡酒方法】

①将松根切成薄片，经过九蒸九晒之后，放入容器；
②将白酒倒入容器中，浸没松根；
③将药酒密封浸泡7天后取出；
④过滤去渣后，取药液服用。

草乌酒

【使用方法】口服。每天数次，酌量服用。用温水服。
【贮藏方法】放在干燥、阴凉、避光处保存。
【注意事项】热盛出血者忌服；湿盛中满者、大便溏泄者慎服。

【药材配方】

制草乌10克

当归35克

白芍35克

金银花90克

黑豆35克

白酒750毫升

【功能效用】

制草乌具有散风除湿、温经止痛的功效；当归具有补血活血、润燥滑肠的功效。此款药酒具有散风祛湿、活血止痛的功效。主治手足风湿性疼痛、妇女鸡爪风。

【泡酒方法】

①将黑豆炒至半熟，放入容器中；
②将白酒倒入容器中，浸没黑豆；
③将制草乌、当归、白芍、金银花分别捣碎，放入容器中；
④密封浸泡5天，取药液服用。

芝麻杜仲酒

【使用方法】空腹口服。每天3次，每次15毫升。用温水服。
【贮藏方法】放在干燥、阴凉、避光处保存。
【注意事项】阴虚火旺者慎服。

【药材配方】

黑芝麻24克

杜仲24克

丹参12克

牛膝24克

白石英12克

白酒1升

【功能效用】

此款药酒具有补肝养神、活血通络、散风祛湿的功效。主治风湿痹痛、大便秘结、精血亏损、筋骨痿软、腰腿酸软、头晕目眩等症。

【泡酒方法】

①将黑芝麻炒熟后捣碎；
②将杜仲、丹参、牛膝、白石英分别捣碎，放入布袋中，然后将此布袋放入容器中；
③加入黑芝麻、白酒，并拌匀，密封浸泡14天，过滤去渣后取药液服用。

附录 常见中药材功效详解

“性”是指寒、热、温、凉四种性质；“味”是指辛、甘、酸、苦、咸五种味道；“归经”是指中药材对于机体的某一部分具有的选择性作用。以上几种要素所构成的“性味归经”，便是中药材具有药效的基础。

泡制药酒，可根据中药材独特的性味归经，再严格按照每种药酒的泡制方法，才能泡出具有疗效的药酒。

以下内容将为大家介绍多种常见中药材性味归经、功效主治、使用方法、用药禁忌等。

北沙参

【药材别名】真北沙参、海沙参、根条参、野香菜根。

【性味归经】性凉，味甘、苦。归胃、肺经。

【功效主治】养阴清肺、祛痰止咳、益气生津。常用于肺热咳嗽、痨嗽咯血，以及热病伤津引起的食欲缺乏、口渴舌干、大便燥结等。

【使用方法】内服：煎汤，15～25克；或熬膏；或入丸剂。

【用药禁忌】风寒作嗽及肺胃虚寒者忌服；忌与藜芦同用。

枸杞子

【药材别名】枸杞、枸杞红实、甜菜子、西枸杞。

【性味归经】性平，味甘。归肝、肾经。

【功效主治】滋肾润肺、补肝明目。多用于治疗肝肾阴亏、腰膝酸软、头晕目眩、目昏多泪等病症。

【使用方法】内服：煎汤，5～15克；或入丸、散、膏、酒剂。

【用药禁忌】外邪实热、脾虚有湿及泄泻者不宜食用。

女贞子

【药材别名】女贞实、冬青子、爆格蚤、白蜡树子、鼠梓子。

【性味归经】性平，味苦、甘。归肝、肾经。

【功效主治】补肝肾、强腰膝。可用于治疗阴虚内热、头晕目花、耳鸣、腰膝酸软、须发早白、滋补肝肾、明目乌发等症。

【使用方法】①内服：煎汤，6～15克；或入丸剂。

②外用：适量，敷膏点眼。

【用药禁忌】脾胃虚寒泄泻者及阳虚者忌服。

桂枝

【药材别名】柳桂、肉桂枝。

【性味归经】性温，味辛、甘。归心、肺、膀胱经。

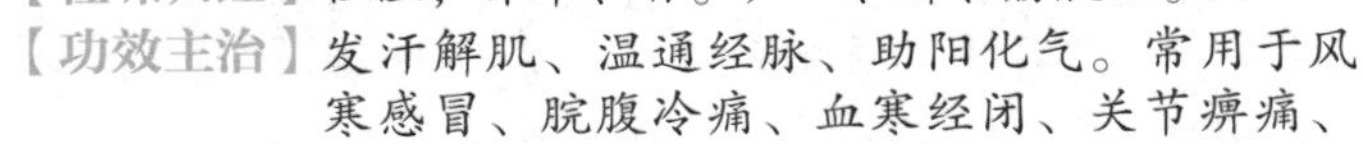

【功效主治】发汗解肌、温通经脉、助阳化气。常用于风寒感冒、脘腹冷痛、血寒经闭、关节痹痛、水肿、心悸等病症。

【使用方法】内服：煎汤，2.5～10克；或入丸、散剂。

【用药禁忌】热病及出血患者、孕妇、月经过多者忌服。

生姜

【药材别名】紫姜、生姜、鲜姜、老姜。

【性味归经】性温，味辛。归肺、脾、胃经。

【功效主治】解表、散寒、止呕、开痰。常用于脾胃虚寒、食欲减退、胃寒呕吐、风寒或寒痰咳嗽、恶风发热、鼻塞头痛等病症。

【使用方法】①内服：煎汤，5～15克；或捣汁。

②外用：捣敷，擦患处或炒热熨。

【用药禁忌】阴虚、内有实热或患痔疮者忌用。

栀子

【药材别名】山栀子、枝子、黄栀子、山栀、白蟾。

【性味归经】性寒，味苦。归心、肝、肺、胃、三焦经。

【功效主治】泻火除烦、清热利湿、凉血解毒。常用于治疗热病、虚烦不眠、黄疸、淋病、消渴等病症。

【使用方法】内服：煎汤，5～10克；或入丸、散剂。

【用药禁忌】脾虚便溏者不宜用。

决明子

【药材别名】决明、马蹄决明、假绿豆、金鼓豆。

【性味归经】性凉，味甘、苦。归肝、肾、大肠经。

【功效主治】清肝明目、润肠通便。用于目赤涩痛、头痛眩晕、目暗不明、大便秘结等病症。

【使用方法】①内服：煎汤，7.5～15克；或研末。

②外用：研末调敷。

【用药禁忌】脾虚泄泻及低血压的患者忌服。

黄连

【药材别名】王连、支连。

【性味归经】性寒，味苦。归心、肝、胃、大肠经。

【功效主治】泻火燥湿、解毒杀虫。主治时行热盛心烦、痞满呕逆、热毒菌痢、热泻腹痛等病症。

【使用方法】①内服：煎汤，2.5～5克；或入丸、散剂。

②外用：研末调敷、煎水洗或浸汁点眼。

【用药禁忌】胃虚呕恶、脾虚泄泻者慎服。

苦参

【药材别名】地槐、白茎地骨、山槐、野槐。
【性味归经】性寒，味苦。归肝、肾、胃、大肠经。
【功效主治】清热、燥湿、杀虫。主治热毒血痢、肠风下血、赤白带下、小儿肺炎等。
【使用方法】①内服：煎汤，7.5～15克；或入丸、散剂。
②外用：煎水洗。
【用药禁忌】脾胃虚寒、肾虚无热者禁服。

金银花

【药材别名】忍冬、金银藤、银藤、二色花藤、二宝藤。
【性味归经】性寒，味甘。归肺、胃经。
【功效主治】清热解毒。可治发热、热毒血痢、痈疡、肿毒等一切热毒病症，炎夏常饮金银花茶可预防中暑。
【使用方法】①内服：煎汤，50～100克；或入丸、散剂。
②外用：适量、捣敷。
【用药禁忌】脾胃虚寒及气虚疮疡内陷者忌服。

蒲公英

【药材别名】蒲公草、尿床草、黄花地丁、黄花三七。
【性味归经】性寒，味苦、甘。归肝、胃经。
【功效主治】清热解毒、利尿散结。主治急性乳腺炎、疔毒疮肿、急性结膜炎、急性扁桃体炎等症。
【使用方法】①内服：煎汤，15～50克（大剂100克）；捣汁或入散剂。
②外用：捣敷。
【用药禁忌】脾胃虚弱者慎用。

赤芍

【药材别名】木芍药、红芍药、臭牡丹根。
【性味归经】性微寒，味苦。归肝、脾经。
【功效主治】清热凉血、散瘀止痛，常用于吐血、衄血、目赤肿痛、闭经痛经、症瘕腹痛等病症的治疗。
【使用方法】内服：煎汤，7.5～15克；或入丸、散剂。
【用药禁忌】血虚有寒者、孕妇及月经过多者忌用。不宜与藜芦同用。

生地黄

【药材别名】原生地、干生地、婆婆奶、狗奶子、山烟、山白菜。
【性味归经】性微寒，味甘、苦。归心、肝、肾经。
【功效主治】清热凉血、养阴生津。主要用于热风伤阴、舌绛烦渴、发斑发疹、便血、尿血等病症。
【使用方法】取生地黄10～30克煎煮后服用，或者把鲜品捣汁服用。
【用药禁忌】脾虚湿滞、腹满便溏者不宜使用。

独活

【药材别名】胡王使者、独摇草、独滑、长生草。
【性味归经】性温，味辛、苦。归肝、肾、膀胱经。
【功效主治】祛风散寒、胜湿止痛，主治风寒湿痹、腰膝酸痛、手脚挛痛、慢性气管炎、头痛等病症。
【使用方法】①内服：煎汤，5～15克；浸酒或入丸、散剂。②外用：煎水洗。
【用药禁忌】高热而不恶寒、阴虚血燥者慎服。

川乌

【药材别名】鹅儿花、铁花、五毒。
【性味归经】性热，味辛、苦，大毒。归心、肝、肾经。
【功效主治】祛风去湿、温经止痛。用于治疗风寒湿痹、关节疼痛、心腹冷痛、寒疝作痛等病症。
【使用方法】①内服：煎汤3～9克；或研末1～2克；或入丸、散剂。须先炮制后入汤剂煎。
②外用：适量，研末撒或调敷。
【用药禁忌】孕妇忌用；忌与贝母类、半夏、白及、白蔹、天花粉、瓜蒌类同用。

苍术

【药材别名】赤术、青术、仙术。
【性味归经】性温，味辛、苦。归脾、胃、肝经。
【功效主治】燥湿健脾、祛风散寒、明目。主治湿阻中焦、脘痞腹胀、食欲缺乏、呕吐泄泻、痰饮、头身重痛、风湿痹痛、夜盲症等病症。
【使用方法】内服：煎汤，7.5～15克；熬膏或入丸、散剂。
【用药禁忌】阴虚内热、气虚多汗者忌服。

厚朴

【药材别名】油朴、厚皮、重皮、赤朴、烈朴、川朴。
【性味归经】性温，味辛、苦。归脾、胃、大肠经。
【功效主治】温中下气、燥湿消痰。主治胸腹痞满、胀痛、反胃、呕吐、宿食不消、痰饮喘咳。
【使用方法】内服：煎汤，3～10克；或入丸、散。
【用药禁忌】气虚津亏者及孕妇慎用。

砂仁

【药材别名】缩砂蜜、缩砂仁、阳春砂、春砂仁、蜜砂仁。
【性味归经】性温，味微辛。归脾、胃、肾经。
【功效主治】化湿行气、温中止泻、安胎。主治腹痛痞胀、胃呆食滞、噎嗝呕吐、寒泻冷痢。
【使用方法】内服：煎汤，3～6克，后下；或入丸、散剂。
【用药禁忌】阴虚有热者忌服，有些人服用后易出现过敏反应。

茯苓

【药材别名】茯苓个、茯苓皮、茯苓块、赤茯苓、白茯苓。
【性味归经】性平，味甘、淡。归心、肺、脾、肾经。
【功效主治】利水渗湿、健脾补中、宁心安神。主治小便不利、水肿胀满、痰饮咳嗽、食少脘闷、呕吐、泄泻、心悸不安、失眠健忘等病。
【使用方法】内服：煎汤，15～25克；或入丸、散剂。
【用药禁忌】虚寒精滑或气虚下陷者忌服。

薏苡仁

【药材别名】薏仁、苡米、生苡仁。
【性味归经】性凉，味甘、淡。归脾、胃、肺经。
【功效主治】健脾补肺、清热利湿。主要用于治疗泄泻、湿痹、筋脉拘挛、屈伸不利、水肿、脚气等病。
【使用方法】内服：煎汤，15～50克；或入散剂。
【用药禁忌】脾虚便难及妊娠期妇女慎服。

高良姜

【药材别名】风姜、小良姜、高凉姜、良姜、蛮姜。
【性味归经】性温，味辛。归脾、胃经。
【功效主治】温胃散寒、行气止痛。用于治疗脾胃中寒、脘腹冷痛、胃寒呕吐、呃逆反胃、食积腹胀、疟疾、腹痛冷泻、冷癖等病症。
【使用方法】内服：煎汤，2.5～7.5克；或入丸、散剂。
【用药禁忌】阴虚有热者忌服。

枳实

【药材别名】枸头橙、臭橙、香橙。
【性味归经】性寒，味苦。归脾、胃、肝、心经。
【功效主治】消痞散结、行气化痰。主要治疗胃肠食积、胸腹胀满、胸痹、咳嗽痰多等属寒证病者。
【使用方法】①内服：水煎，3～10克；或入丸、散剂。②外用：适量，研末调涂；或炒热熨。
【用药禁忌】脾胃虚弱者及孕妇慎服。

人参

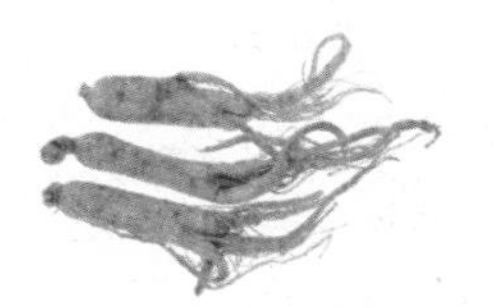

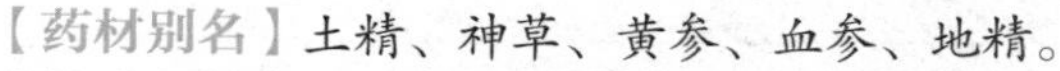
【药材别名】土精、神草、黄参、血参、地精。
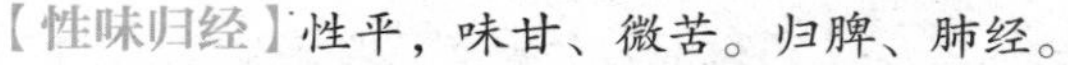
【性味归经】性平，味甘、微苦。归脾、肺经。
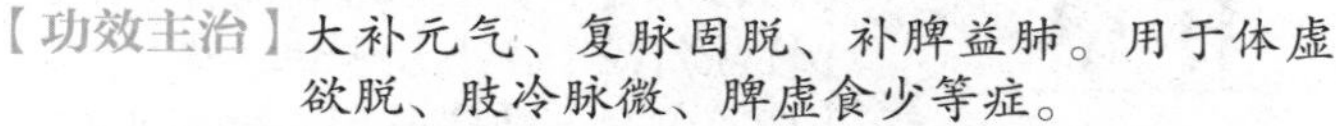
【功效主治】大补元气、复脉固脱、补脾益肺。用于体虚欲脱、肢冷脉微、脾虚食少等症。
【使用方法】内服：煎汤，3～10克，大剂量10～30克，宜另煎兑入；或研末，1～2克；或敷膏；或泡酒；或入丸、散剂。
【用药禁忌】忌与藜芦、五灵脂同服，服药期间忌食萝卜、浓茶。

党参

【药材别名】黄参、防党参、上党参、狮头参、中灵草。
【性味归经】性平，味甘。归脾、肺经。
【功效主治】补中益气、健脾益肺。用于劳倦乏力、气短心悸、食少、虚喘咳嗽、内热消渴等症。
【使用方法】内服：煎汤，6～15克；或熬膏、入丸、散剂。
【用药禁忌】忌与藜芦同用；气滞和火盛者慎用，有实邪者忌服。

黄芪

【药材别名】棉芪、绵黄芪、棉黄芪、黄蓍、黄耆。
【性味归经】性温，味甘。归肺、脾、肝、肾经。
【功效主治】补中益气、敛汗固表、托毒敛疮。用于内脏下垂、崩漏带下。
【使用方法】煎服，10～15g，大剂量30～60g。益气补中宜炙用；其他方面多生用。
【用药禁忌】高血压患者、面部感染和有实证、热证者慎用。

山药

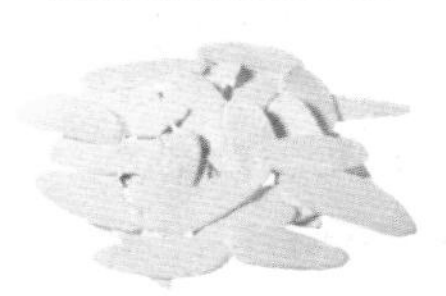

【药材别名】三角、怀山药、淮山药、药蛋、土薯。
【性味归经】性平，味甘。归肺、脾、肾经。
【功效主治】补脾养胃、生津益肺、补肾涩精。用于脾虚食少、久泻不止、肺虚喘咳等症。
【使用方法】①内服：煎汤，15～30克；或入丸、散剂。
②外用：捣敷。
【用药禁忌】感冒、发热者忌食；不可与碱性药物同服。

白术

【药材别名】山蓟、杨枹蓟、山芥、天蓟、山姜、山连。
【性味归经】性温，味苦、甘。归脾、胃经。
【功效主治】健脾益气、燥湿利水、止汗、安胎。常用于脾胃气弱、倦怠少气、虚胀腹泻、水肿、黄疸、小便不利、自汗、胎气不安等病。
【使用方法】内服：煎汤，7.5～15克；熬膏或入丸、散。
【用药禁忌】高热、阴虚火盛者忌用。

甘草

【药材别名】美草、密甘、密草、国老、粉草、甜草。
【性味归经】性平，味甘。归心、肺、脾、胃经。
【功效主治】补脾益气、祛痰止咳。用于脾胃虚弱、痈肿疮毒等，还可缓解药物之毒性、烈性。
【使用方法】①内服：煎汤，3～9克，大剂量30～60克。
②外用：适量，煎水洗渍；或研末敷。
【用药禁忌】湿热中满、呕吐、水肿及高血压患者忌服。

鹿茸

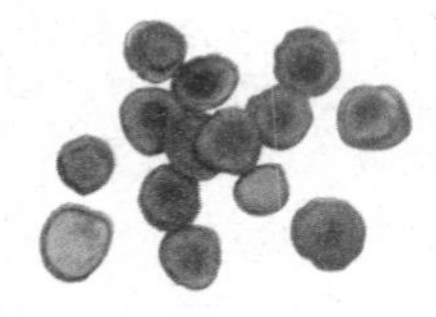

【药材别名】斑龙珠。
【性味归经】性温，味甘、咸。归肾、肝经。
【功效主治】补肾壮阳、益精生血、强筋壮骨，主治畏寒肢冷、阳痿早泄、宫冷不孕等病症。
【使用方法】内服：研粉冲服，1～3克；或入丸剂，亦可浸酒服。
【用药禁忌】体内有热者及热性病患者均忌服。

巴戟天

【药材别名】巴吉天、戟天、巴戟肉、鸡肠风、猫肠筋。
【性味归经】性温，味辛、甘。归肝、肾经。
【功效主治】补肾阳、壮筋骨、祛风湿，可治疗阳痿遗精、小腹冷痛、小便不禁、宫冷不孕等症状。
【使用方法】内服：煎汤，6～15克；或入丸、散剂；亦可浸酒或熬膏。
【用药禁忌】火旺泄精、小便不利、口干舌燥者忌服。

冬虫夏草

【药材别名】中华虫草。
【性味归经】性温，味甘。归肾、肺经。
【功效主治】补虚损、益精气、止咳化痰、补肺肾，主治阳痿遗精、咳嗽气短、自汗盗汗等症。
【使用方法】内服：煎汤，7.5～15克；或入丸、散剂。
【用药禁忌】风寒感冒引起的咳嗽及肺热咯血者均忌食冬虫夏草。

肉苁蓉

【药材别名】大芸、寸芸、苁蓉、地精、查干告亚。
【性味归经】性温，味甘、酸、咸。归肾、大肠经。
【功效主治】补肾阳、益精血、润肠通便。常用于治疗男子阳痿、女子不孕、带下、血崩、腰膝酸软、筋骨无力、肠燥便秘等病症。
【使用方法】内服：煎汤，10～15克；或入丸剂。
【用药禁忌】胃弱便溏、实热便秘者忌服。

补骨脂

【药材别名】骨脂、故子、故脂子、故之子。
【性味归经】性温，味辛。归心包、肺、脾、肾经。
【功效主治】补肾助阳。用于治疗肾阳不足、下元虚冷、腰膝冷痛、阳痿、尿频、遗尿、虚喘不止、大便久泻、白癜风、斑秃、银屑病等。
【使用方法】①内服：煎汤，6～15克；或入丸、散剂。
②外用：适量，酒浸涂患处。
【用药禁忌】阴虚火旺、大便秘结者禁用。

杜仲

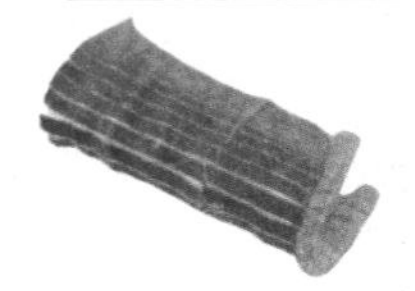

【药材别名】丝楝树皮、丝棉皮、棉树皮、胶树。
【性味归经】性温，味甘、微辛。归肝、肾经。
【功效主治】补肝肾、强筋骨、安胎气、降血压。可治疗腰脊酸疼、肾虚阳痿、足膝痿弱、小便余沥等。
【使用方法】内服：煎汤，15～25克；浸酒或入丸、散剂。
【用药禁忌】阴虚火旺者慎服。

续断

【药材别名】川断、龙豆、属折、接骨。
【性味归经】性微温，味苦、辛。归肝、肾经。
【功效主治】补肝肾、续筋骨、调血脉。常治疗腰背酸痛、肢节麻痹、足膝无力、胎动崩漏等病症。
【使用方法】①内服：煎汤，9～15克；或入丸、散剂。
②外用：鲜品适量，捣敷。
【用药禁忌】初痢者勿用。

当归

【药材别名】秦归、云归、西当归、岷当归。
【性味归经】性温，味甘、辛。归肝、心、脾经。
【功效主治】补血活血、调经止痛、润燥滑肠。多用于治疗月经不调、经闭腹痛、瘀血、崩漏等症。
【使用方法】内服：煎汤，6～12克；或入丸、散剂；或浸酒；或敷膏。
【用药禁忌】湿阻中满、便溏腹泻以及热盛出血者忌服。

熟地黄

【药材别名】熟地。
【性味归经】性微温，味甘。归肝、肾经。
【功效主治】滋阴补血、益精填髓。用于肝肾阴虚、腰膝酸软、盗汗遗精、内热消渴、血虚萎黄等。
【使用方法】内服：煎汤，10～30克；或入丸散剂；或熬膏，或浸酒。
【用药禁忌】感冒、消化不良、大便泄泻者不宜服用。

石斛

【药材别名】石斛、石兰、吊兰花、金钗石斛、枫斗。
【性味归经】性微寒，味甘。归胃、肾经。
【功效主治】生津益胃、清热养阴。可用于治疗热伤津液、低热烦渴、舌红少苔、口渴咽干、呕逆少食、胃脘隐痛、肾阴不足、视物昏花等病症。
【使用方法】内服：煎汤6～15克，鲜品加倍；或入丸、散剂；或熬膏。
【用药禁忌】虚而无热、痰湿重、脾虚便溏者慎用。

以酒养生，古来有之，既强身健体，又享乐其中，何乐而不为？